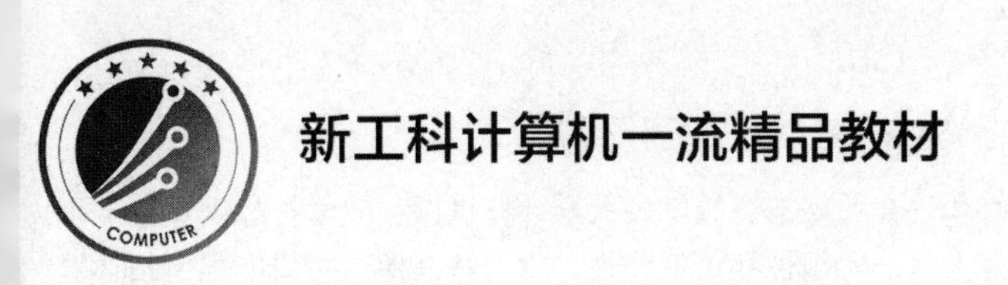

大学计算机应用基础

（第2版）

◎吕亚娟　杨春哲　主　编

◎李　莹　葛　笑　副主编

電子工業出版社

Publishing House of Electronics Industry

北京·BEIJING

内 容 简 介

本书以 Windows 11+WPS 为软件平台，内容符合教育部高等学校大学计算机课程教学指导委员会课程基本要求，适合分层次教学，安排的内容具有很强的实用性和可操作性。本书共 9 章，主要内容包括计算机基础知识、操作系统、WPS 文字、WPS 表格、WPS 演示、计算机网络基础、数据库技术基础、多媒体技术与应用和计算机新技术。

本书适合作为高等院校非计算机专业本科开展分层次教学的教材，也可以作为计算机等级考试二级的辅导用书。

图书在版编目（CIP）数据

大学计算机应用基础 / 吕亚娟，杨春哲主编.
2 版. -- 北京 : 电子工业出版社，2024. 8. -- ISBN
978-7-121-48732-3

Ⅰ. TP3

中国国家版本馆 CIP 数据核字第 2024KB9878 号

责任编辑：王羽佳　　特约编辑：张燕虹
印　　刷：三河市良远印务有限公司
装　　订：三河市良远印务有限公司
出版发行：电子工业出版社
　　　　　北京市海淀区万寿路 173 信箱　邮编　100036
开　　本：787×1 092　1/16　印张：11.25　字数：340 千字
版　　次：2017 年 7 月第 1 版
　　　　　2024 年 8 月第 2 版
印　　次：2024 年 8 月第 1 次印刷
定　　价：39.90 元

凡所购买电子工业出版社图书有缺损问题，请向购买书店调换。若书店售缺，请与本社发行部联系，联系及邮购电话：（010）88254888，88258888。

质量投诉请发邮件至 zlts@phei.com.cn，盗版侵权举报请发邮件至 dbqq@phei.com.cn。

本书咨询联系方式：（010）88254535，wyj@phei.com.cn。

前　言

“大学计算机基础”课程是高等学校本科生通识教育的必修课程，是计算机教学的基础和重点。本书以当前流行的计算机和网络为基本硬件平台，以 Windows 11 为操作系统，详细介绍了 WPS 的使用，主要内容包括计算机基础知识、操作系统、WPS 文字、WPS 表格、WPS 演示、计算机网络基础、数据库技术基础、多媒体技术与应用和计算机新技术。

在知识体系结构和内容上，本书由浅入深、循序渐进，适合初学者学习。书中重要知识点都配有例题，每道例题都具有代表性和实用性，便于读者理解相应知识点。本书具有内容丰富、结构清晰、图文并茂、实例充足、易学易教等特点。

本书由吕亚娟、杨春哲担任主编，由李莹、葛笑担任副主编，具体编写情况如下：第 1 章由王彦丽、陈新宇编写，第 2、9 章由吕亚娟、葛笑编写，第 3、4 章由李莹、杨春哲、常涵吉编写，第 5 章由楚智媛编写，第 6 章由方胜吉编写，第 7 章由王志力编写，第 8 章由王洪伟编写。全书由吕亚娟负责统稿。

由于编者水平和经验有限，书中难免有疏漏与不足之处，恳请读者提出宝贵的意见和建议。

编　者

目　录

第 1 章　计算机基础知识

电子计算机（Computer）又称计算机或电脑，是一种能够按照事先存储的程序，自动、高速地进行大量数值计算和各种信息处理的现代化智能电子设备。它是 20 世纪最伟大的科学技术发明之一，是人类社会进入信息时代的重要标志。

党的二十大报告指出，中国共产党的中心任务就是团结带领全国各族人民全面建成社会主义现代化强国、实现第二个百年奋斗目标，以中国式现代化全面推进中华民族伟大复兴。

没有信息化就没有现代化，信息化是四化同步发展的加速器、催化剂，这深刻阐释了信息化和中国式现代化的内在关系。电子计算机是实现信息化的重要工具与手段。电子计算机的开拓过程经历了从制作部件到整机、从专用机到通用机、从“外加式程序”到“存储程序”的演变。它从神秘不可近的庞然大物变成多数人不可或缺的工具，其应用领域从最初的军事科研应用扩展到当前社会的各个领域，形成了规模巨大的计算机产业，带动了全球范围的技术进步，引发了深刻的社会变革，对人类的生产活动和社会活动都产生了重要的影响，并以强大的生命力飞速发展。

本章从计算机发展历史入手，简单介绍了计算机的特点、应用领域、冯·诺依曼计算机的基本结构，以及计算机的软、硬件组成；详细讲解了计算机信息的表示；最后介绍了计算机科学、计算思维的概念，以及大学生计算思维培养的重要性。

1.1　计算机概述

1.1.1　计算机的产生与发展

早在中国古代就发明了算筹这一计算工具。算筹是一种由竹子、木头、兽骨、象牙、金属等材料制成的细棍子，用来表示数量和进行计算。中国发明的珠算是以算盘为工具进行数字计算的一种方法，系由“筹算”演变而来。珠算始于汉代，至宋走向成熟，元明达于兴盛，清代以来在全国范围内普遍流传。算盘是一种比算筹更先进的计算工具，可以快速地进行加减乘除运算。虽然这些早期计算工具十分简单，但它们为后来的计算机发展奠定了基础。

1. 计算机的产生

计算机的产生是众多科学家多年来共同努力的结果，人们不断地探索计算与计算装置的原理、结构和实现方法。我国发明的算盘被广泛应用于商业贸易中，一直使用至今。直到 1642 年，法国科学家、数学家兼哲学家布莱斯·帕斯卡发明了自动进位加法器，称为 Pascaline，它是人类历史上第一台机械式计算工具，其原理对后来的计算工具产生了持久的影响。1673 年，德国数学家莱布尼茨研制了一台能进行四则运算的机械式计算器，称为莱布尼茨四则运算器。1822 年，英国数学家查尔斯·巴贝奇设计了差分机；1834 年，他又设计了分析机，该分析机采用的一些计算机思想沿用至今。1944 年，美国科学家艾肯制造出机电式计算机，因其典型部件是普通的继电器，故机电式计算机的运算速度受到限制，而 20 世纪 30 年代已经具备了制造电子计算机的技术能力，因此机电式计算机注定会很快被电子计算机替代。事实上，电子计算机和机电式计算机的研制几乎是同时开始的。总之，在现代计算机问世之前，计算机的发展经历了机械式计算机、机电式计算机和萌芽期的电子计算机这三个阶段。

现代电子计算机的早期研究是从20世纪30年代末开始的。1936年，计算机逻辑的奠基者艾伦·麦席森·图灵发表了一篇论文《论可计算数及其在判定问题中的应用》，提出逻辑机的通用模型，现在人们把这个模型称为“图灵机”。1939年，美国艾奥瓦州立大学的约翰·文森特·阿塔纳索夫和他的研究生克利福特·贝瑞一起研制了一台称为ABC（Atanasoff-Berry Computer）的电子计算机。在这个设计方案中，第一次提出采用电子技术来提高计算机的运算速度。

1946年2月，美国宾夕法尼亚大学的物理学家莫克利和工程师埃克特等人共同开发了电子数值积分计算机（Electronic Numerical Integrator And Calculator，ENIAC），如图1-1所示。ENIAC的出现标志着电子计算机时代的到来。

虽然ENIAC是世界上继ABC（阿塔纳索夫-贝瑞计算机）之后的第二台电子计算机和第一台通用计算机，但它不具备现代计算机“存储程序”的思想。1946年6月，冯·诺依曼博士发表了《电子计算机装置逻辑结构初探》论文，并设计出第一台“存储程序”的离散变量自动电子计算机（Electronic Discrete Variable Automatic Computer，EDVAC），如图1-2所示，EDVAC于1952年正式投入运行，其运算速度是ENIAC的240倍。时至今日，现代电子计算机仍然被称为冯·诺依曼计算机。

图1-1　ENIAC工作场景

图1-2　冯·诺依曼和EDVAC

2．计算机的发展阶段

由于计算机的发展与电子技术的发展密切相关，所以每当电子技术有突破性的发展时，就会导致计算机发生一次重大的变革。因此，人们通常以计算机物理器件的变革作为标志，将计算机硬件系统的发展划分为四代，计算机的发展阶段如表1-1所示。

表1-1　计算机的发展阶段

年代	第一代（1946—1957）	第二代（1958—1964）	第三代（1965—1970）	第四代（1971至今）
主要元器件	电子管	晶体管	中、小规模集成电路	大规模和超大规模集成电路
运算速度	5000～30000次/秒	几十万至百万次/秒	百万至几百万次/秒	几百万至千万亿次/秒
处理方式	机器语言 汇编语言	监控程序 高级语言	实时处理 操作系统	实时/分时处理网络 操作系统
特点与应用领域	计算机发展的初级阶段。体积巨大，运算速度较低，耗电量大，存储容量小。主要用来进行科学计算	体积减小，耗电较少，运算速度较高，价格下降。不仅用于科学计算，还用于数据处理和事务管理，并逐渐用于工业控制	体积更小、功耗更低，可靠性及速度更高。应用领域进一步拓展到文字处理、企业管理、自动控制、城市交通管理等方面	性能大幅度提高，价格大幅度下降，广泛应用于社会生活的各个领域，进入办公室和家庭。在办公室自动化、电子编辑排版、数据库管理、图像识别、语音识别、专家系统等领域大显身手

目前，常用的计算机属于第四代计算机，而新一代计算机即第五代计算机正处在设想和研制阶段。从20世纪80年代开始，日本、美国及欧盟都相继开展了第五代计算机的研究。新一代计算机主要是把信息采集、存储、处理、通信和人工智能结合在一起的智能计算机，它具有一些人类智能的属性，如自然语言理解能力、模式识别能力和推理判断能力等，能帮助人类开拓未知的领域和获

取新的知识。毫无疑问，随着大规模集成电路的发展，以及新的计算机体系结构和软件技术的发展，第五代计算机是完全新型的一代计算机。

3．计算机的发展趋势

现代计算机的发展趋势具体表现在以下四个方面。

（1）巨型化：巨型化是指计算机具有极高的运算速度、大容量的存储空间、更加强大和完善的功能，主要用于尖端科学技术领域。随着科技的不断发展，巨型化计算机的性能不断提高，应用范围也越来越广泛。

（2）微型化：微型化是随着大规模及超大规模集成电路的发展而实现的，它使计算机体积更小、功耗更低、性能更高、便携性更强。微型化计算机的出现极大地推动了计算机的普及和应用。

（3）网络化：网络化彻底改变了人类世界，人们通过互联网进行沟通、交流、教育资源共享、信息查阅共享等。网络化的发展使得计算机的使用更加便捷，同时也推动了计算机技术的发展。

（4）智能化：智能化是计算机发展的一个重要方向，让计算机能够模拟人类的智力活动，如学习、感知、理解、判断、推理等能力。智能化具备理解自然语言、声音、文字和图像的能力，具有说话的能力，使人机能够用自然语言直接对话。它可以利用已有的和不断学习到的知识，进行思维、联想、推理，并得出结论，能解决复杂问题，具有汇集记忆、检索有关知识的能力。

除了上述几个方面，计算机的发展趋势还包括个性化、云计算、大数据处理等方面。未来计算机将会更加个性化，满足不同领域的需求；云计算会成为计算机应用的重要方向；大数据处理会成为计算机的重要应用场景。总之，随着科技的不断发展，计算机会在性能、功能、应用等方面不断创新和发展，为人类社会的进步和发展做出更大的贡献。

1.1.2　计算机的特点

计算机之所以能够在短时间内风靡全球，并且对传统工作方式造成近乎颠覆性的冲击，自然是有其独特的魅力的。计算机主要具有以下几个特点。

1．运算速度快

计算机采用了高速的电子器件和线路，并利用先进的计算技术，具有极高的运算速度，可以执行大量的基本指令，并且常用单位是 MIPS（每秒执行百万条指令）。

2．计算精确度高

计算机的精度取决于机器的字长位数，字长越长，精度越高。计算机采用二进制表示数据，易于扩充机器字长，从而获得更高的精度。计算机可以进行双倍字长或多倍字长的运算，甚至达到数百位二进制。

3．存储容量大

计算机能把参与运算的数据、程序及计算结果保存起来，供用户随时调用。它的存储器可以存储大量数据，使计算机具有了“记忆”功能，这是它与传统计算工具的一个重要区别。

4．逻辑判断能力强

由于采用了二进制，计算机能够进行各种基本的逻辑判断，并且根据判断的结果自动决定下一步该做什么。这种能力使计算机不仅能对数值型数据进行计算，而且也能对非数值型数据进行处理，广泛应用于非数值型数据处理领域，如信息检索、图形识别及各种多媒体应用等。

5．自动化程度高

计算机内部操作是根据事先编好的程序自动控制进行的。根据实际应用需要，事先设计好运行步骤与程序，计算机就会严格地按照相应程序规定的步骤操作，无须人工干预。

6．可靠性、稳定性和通用性高

计算机在运算、处理、控制过程中具有高可靠性、稳定性和通用性。

1.1.3 计算机的分类

计算机的分类可以从不同角度进行，以下是一些常见的分类方式。

1．模拟计算机和数字计算机

按照处理信号类型，计算机可分为模拟计算机和数字计算机两大类。模拟计算机处理模拟信号，数字计算机处理数字信号。

2．专用计算机和通用计算机

按照用途，数字计算机又可分为专用计算机和通用计算机。专用计算机是针对特定任务而设计的，其结构简单、体积小、质量轻、成本低、速度快、可靠性高，但不可更改用途。通用计算机可进行各种复杂计算任务和处理各类数据。

3．巨型机、大型机、中型机、小型机、微型机

按照规模、速度和功能，计算机又可分为巨型机、大型机、中型机、小型机、微型机。

巨型机也称超级计算机，它采用大规模并行处理的体系结构，是运算速度最快、体积最大、价格最昂贵的主机；其运算速度每秒可以达到几十万亿次，字长为64位，主要用于尖端科学研究领域。

大型机也称大型计算机，指运算速度快、处理能力强、存储容量大、功能完善的计算机。它的软、硬件规模较大，价格也较高。

中型机也称部门级服务器，是介于小型机和大型机之间的一种服务器，其规模和运算速度比大型机低，但比小型机高。

小型机也称工作站，是在20世纪80年代初发展起来的一种小型计算机，比较适合中小型企事业单位的部门计算或作为网络服务器。

微型机也称个人计算机，其规模小、结构简单、成本较低，易于大规模生产、使用和维护，被广泛用于办公自动化、管理自动化和家庭等领域。

4．嵌入式计算机

嵌入式计算机是一种专用的嵌入其他设备中的微型计算机，通常用于控制其他设备或实现特定功能。这种类型的计算机广泛应用于汽车、航空航天、医疗设备等领域。

5．生物计算机、光子计算机和量子计算机

随着科技的不断发展，新的计算机类型不断涌现。生物计算机是一种利用生物分子代替传统电子元件的计算机，具有体积小、存储量大、运算速度快等特点。光子计算机利用光子代替电子进行信息处理，具有并行度高、干扰小等优点。量子计算机利用量子力学的原理进行信息处理，具有超强的计算能力。

1.1.4 计算机的应用

1．科学计算

科学计算是指数值计算，即利用计算机来完成科学研究和工程技术中提出的数学问题的计算，

是计算机最初且最重要的应用领域之一。随着现代科学技术的发展，数值计算在现代科学研究中的地位不断提高，在尖端科学领域中显得尤为重要。例如，人造卫星轨迹计算、火箭发射与控制、宇宙飞船研究设计、原子能利用、生命科学、材料科学、海洋工程、房屋抗震强度的计算等现代科学技术研究都离不开计算机的精确计算。

2．数据处理

数据处理是对各种数据进行收集、存储、整理、分类、统计、加工、利用和传播等一系列活动的统称。据统计，80%以上的计算机主要用于数据处理。数据处理经历了电子数据处理（Electronic Data Processing，EDP）、管理信息系统（Management Information System，MIS）和决策支持系统（Decision Support System，DSS）三个发展阶段。目前，计算机已广泛地应用于办公自动化、企事业计算机辅助管理与决策、情报检索、图书管理、电影电视动画设计、会计电算化等领域。

3．过程控制

过程控制是指利用计算机对连续的工业生产过程进行控制。采用计算机进行过程控制，不仅可以大大提高控制的自动化水平，还可以提高控制的及时性和准确性，从而改善劳动条件、提高产品质量及合格率。因此，计算机过程控制已在机械、冶金、石油、化工、纺织、水电、航天等部门得到广泛的应用。

4．辅助系统

计算机辅助系统包括计算机辅助设计、计算机辅助制造、计算机辅助测试、计算机辅助教学等。

（1）计算机辅助设计（Computer-Aided Design，CAD）：利用计算机的计算、逻辑判断、数据处理及绘图等功能，并与人的经验和判断能力相结合，完成各种产品或者工程项目的设计工作，实现设计过程的自动化或半自动化。

（2）计算机辅助制造（Computer-Aided Manufacturing，CAM）：利用计算机系统进行生产设备的管理、控制和操作的过程。CAM 技术可以提高产品质量，降低成本，缩短生产周期，提高生产率和改善劳动条件。将 CAD 和 CAM 技术集成，可实现设计生产自动化，这种技术称为计算机集成制造系统（Computer Integrated Manufacturing System，CIMS）。

（3）计算机辅助测试（Computer-Aided Testing，CAT）：利用计算机收集和处理零部件的各种参数，从而检验零部件是否满足加工或装配要求。

（4）计算机辅助教学（Computer-Aided Instruction，CAI）：利用计算机辅助学生学习的自动系统。

此外，还有其他计算机辅助系统，如利用计算机对学生的教学、训练和教学事务进行管理的计算机辅助教育；利用计算机对文字、图像等信息进行处理、编辑、排版的计算机辅助出版系统；计算机管理教学等。

5．人工智能

人工智能（Artificial Intelligence，AI）是计算机模拟人类的智能活动，如感知、判断、理解、学习、问题求解和图像识别等。现在，人工智能的研究已取得不少成果，在医疗诊断、定理证明、语言翻译、机器人等方面，人工智能技术已经卓有成效。

例如，医疗专家系统就是根据医生提供的知识，模拟医生诊治时的推理过程，为疾病等的诊治提供帮助，利用人工智能技术编制的辅助诊治系统。其核心由知识库和推理机构成。由于在诊治中有许多不确定性，人工智能技术能够较好地解决这种不精确推理问题，使医疗专家系统更接近医生诊治的思维过程，获得较好的结论。有的专家系统还具有自学功能，能在诊治疾病的过程中再获得知识，不断提高自身的诊治水平。

6．计算机的医学应用

随着人类医学科研的发展，计算机技术在基因组学、蛋白质组学、生物信息学、计算机辅助药物设计、医学影像、网络医学等领域发挥着越来越重要的作用。特别是在医学研究中，利用计算机进行数据采集，对数据进行压缩及对生物医学信号进行处理，以其方便、准确的特点而逐渐取代了以往人工采集数据、数据分析，用模拟信号（如示波器）采取数据等方法。计算机的医学应用进展如下。

（1）在远程医疗中的应用：远程医疗是指应用通信和信息处理技术，跨越空间的限制，远距离地传递声音、数据、文件、图片的医疗系统，形成了集医疗、保健、教学、科研、信息于一体的网络体系。远程医疗一般包括远程会诊、远程教育、远程医学信息服务、远程护理、医疗保健咨询、预约服务等项目。

（2）在辅助诊断中的应用：计算机在诊断中所起的作用就是辅助检查，比较突出的有医学影像领域的应用。20多年来，计算机断层扫描（Computed Tomography，CT）技术使医学影像已经成为医学技术中发展最快的领域之一，其结果是使临床医生对人体内部病变部位的观察更直接、更清晰，确诊率也更高。由于三维医学图像含有丰富的信息和逼真的视觉效果，可直接应用于诊断放射学、矫形学、放射肿瘤学、心脏病学和外科学。同时，在计算机辅助治疗方案的制定上，利用三维系统可以进行预演手术，并可以提供全方位方式观察更细小的部位，可以使治疗更加安全可靠。医学图像存储与传输系统（Picture Archiving and Communication System，PACS）是临床医学、医学影像学、数字化图像技术与计算机技术、网络通信技术相结合的产物。它将医学影像资料转化为计算机能识别处理的数字形式，通过计算机及网络通信设备，完成对医学影像信息及其相应信息的采集、存储、处理及传输等功能，使医学信息资源共享，并得到充分的利用。

（3）在医学文献检索中的应用：医学情报检索系统利用计算机的数据库技术和通信网络技术对医学图书、期刊、各种医学资料进行管理。通过关键词等即可迅速查找出所需文献资料，不仅能够为医务人员的学习研究带来极大的便利，而且可以更好地交流国内外的医学信息，实现全球医学知识共享，为我国医学事业的发展与国际接轨提供保证。

（4）在医学辅助教学中的应用：计算机辅助医学教学（Computer-Aided Medical Instruction，CAMI）在医学教学过程中也发挥着不可取代的作用，而在现代教学中表现尤为突出。教师在教学的过程中通过计算机多媒体技术，可以对现实场景进行模拟化演示，这样的教学方式形象、容易理解，解决了教师在边操作边讲解的教学方式中遇到的困难，不仅激发了学生的求知欲，还能使教师轻松教学，提高了教学效率，达到了良好的教学效果。

1.2 计算机系统

一个完整的计算机系统由硬件系统和软件系统两大部分组成并按照一定的层次关系进行组织。硬件处于最内层，其上层是软件系统中的操作系统。操作系统是系统软件的核心，它把用户和计算机硬件系统隔离开来，用户对计算机的操作一律转化为对系统软件的操作，所有应用软件只有在操作系统的支持和服务下才能运行。操作系统的上层是应用软件，最外层为用户。各层完成各层的任务，层间定义接口。这种层次关系为软件的开发、扩充和使用提供了强有力的手段。计算机系统的层次结构如图1-3所示。

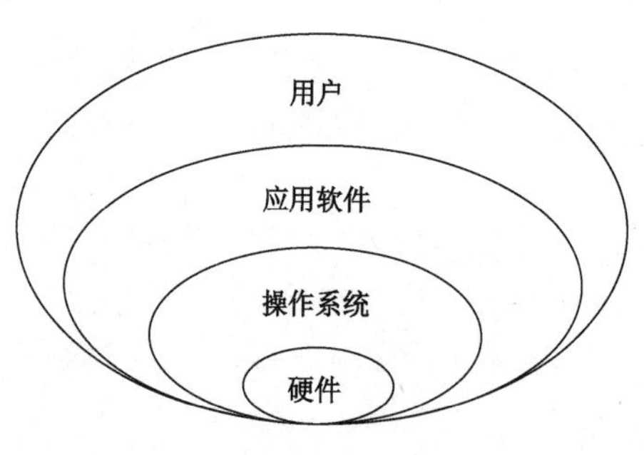

图1-3 计算机系统的层次结构

1.2.1　计算机的硬件系统

计算机的硬件系统由运算器、控制器、存储器、输入设备和输出设备五大部分组成。

1. 运算器

运算器又称算术逻辑部件（Arithmetic Logic Unit，ALU）。它是对信息或数据进行处理和运算的部件，用于实现算术运算和逻辑运算。算术运算是指按照算术规则进行的运算，如加、减、乘、除等。逻辑运算是指非算术的运算，如与、或、非、异或、比较、移位等。运算器每次完成的不管是算术运算还是逻辑运算，都只是基本运算。也就是说，运算器的每步只能做这些最简单的运算，复杂的计算需要通过一步一步的基本运算来实现。由于运算器的运算速度快得惊人，因而计算机才有高速的信息处理功能。

运算器从内存中读/写的操作是在控制器的控制下进行的。

2. 控制器

控制器主要由指令寄存器、译码器、程序计数器和操作控制器等部件组成。它是计算机的神经中枢和指挥中心，负责从存储器中读取程序指令并进行分析，然后按时间先后顺序向计算机的各部件发出相应的控制信号，以协调、控制输入/输出操作和对内存的访问。

3. 存储器

存储器是存储各种信息（如程序和数据等）的部件或装置。存储器分为主存储器（或称内存储器，简称内存）和辅助存储器（或称外存储器，简称外存）。

4. 输入设备

输入设备是用来把计算机外部的程序、数据等信息送入计算机内部的设备。

5. 输出设备

输出设备负责将计算机的内部信息传递出来（称为输出），或在屏幕上显示，或在打印机上打印，或在外部存储器上存储。

1.2.2　计算机的软件系统

1. 软件的概念

软件是指计算机程序及其有关文档。程序是指为了得到某种结果可以由计算机等具有信息处理能力的装置执行的代码化指令序列。指令是要求计算机执行某种操作的命令。换句话说，程序就是由多条有逻辑关系的指令按一定顺序组成的对计算过程的描述。而文档指的是用自然语言或者形式化语言所编写的文字资料和图表，用来描述程序的内容、组成、设计、功能规格、开发情况、测试结果及使用方法，如程序设计说明书、流程图、用户手册等。

2. 软件的分类

计算机的软件系统一般分为系统软件和应用软件两大部分。

（1）系统软件：负责对整个计算机系统资源的管理、调度、监视和服务。其功能是方便用户，提高计算机使用效率，扩充系统的功能。系统软件是构成计算机系统必备的软件，系统软件通常包括以下几种。

① 操作系统（Operating System，OS）是管理计算机的各种资源、自动调度用户的各种作业程序、处理各种中断的软件。

② 程序设计语言即人与计算机进行交流的语言。目前，程序设计语言可分为4类：机器语言、汇编语言、高级语言及第四代高级语言。

③ 语言处理程序包括汇编程序、解释程序和翻译程序。

④ 数据库系统主要包括数据库和数据库管理系统。

⑤ 工具软件又称为服务性程序，是在系统开发和系统维护时使用的工具，完成一些与管理计算机系统资源及文件有关的任务，包括编辑程序、链接程序、计算机测试和诊断程序等。这种程序需要操作系统的支持，而它们又支持软件的开发和维护。

（2）应用软件：指利用计算机和系统软件为解决各种问题而编制的程序。它包括应用软件包和面向问题的应用软件。一些应用软件经过标准化、模块化，逐步形成了解决某些典型问题的应用程序组合，称为软件包（Package）。例如，AutoCAD绘图软件包、通用财务管理软件包等。

1.2.3 计算机的工作原理

1945年6月，冯·诺依曼与戈德斯坦、勃克斯等人，联名发表了一篇长达101页的报告，即计算机史上著名的"101页报告"，是现代计算机科学发展里程碑式的文献。其中明确了计算机由五大基本部件组成的硬件体系结构；采用二进制形式表示数据和指令；将程序（数据和指令序列）预先存放在主存储器（程序存储）中，使计算机在工作时能够自动高速地从存储器中取出指令，并加以执行（程序控制），人们称之为"冯·诺依曼"原理。虽然现在的计算机制造技术已经发生了巨变，但是目前绝大多数计算机仍遵循着这一原理。

计算机工作时，由控制器控制整个程序和数据的存取及程序的执行，而控制器本身也要根据指令来进行工作，如图1-4所示。

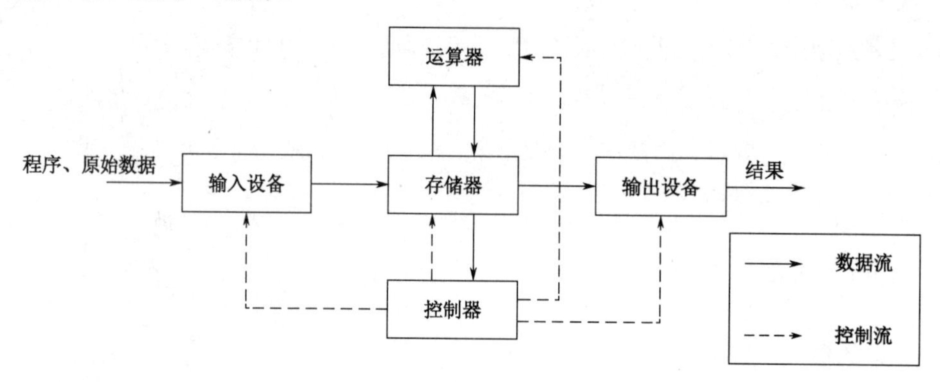

图1-4 计算机的工作原理

计算机的工作过程实际上是快速执行指令的过程。其过程简单描述如下：首先，程序和原始数据通过输入设备输入存储器，如果需要运算，计算机就从存储器中取出指令送到控制器中识别，分析该指令要进行什么操作；然后，控制器根据指令的含义发出相应的命令，即将存储单元中存放的操作数据取出送往运算器进行运算，再把运算结果送回存储器指定的单元中；当运算任务完成后，就可以根据指令将结果通过输出设备输出了。当计算机工作时，有两种信息在流动：一种是数据流，另一种是控制流。数据流是指原始数据、中间运算结果、最终运算结果、程序等。控制流是由控制器对指令进行分析、解释后向各部件发出的控制命令，用于指挥各部件协调工作。

20世纪80年代以后，运算器和控制器被整合到一块集成电路上，称为中央处理器（Central Processing Unit，CPU）。这类计算机的工作模式很直观：在一个时钟周期内，计算机先从存储器中获取指令和数据，然后执行指令，存储数据，再获取下一条指令。这个过程被反复执行，直至获得一个终止指令。总之，计算机的工作就是执行程序，即自动连续地执行一系列指令。

1.2.4　微型计算机的主要硬件

硬件系统是由主机和外部设备构成的。它是能看得见、摸得着的物理实体。本节主要介绍主板、微处理器、存储器、输入设备、输出设备和总线等。

1．主板

主板又称主机板（Mainboard）、系统板（Systemboard）或母板（Motherboard）；它安装在机箱内，是微型计算机（简称微机）最基本且最重要的部件之一。主板的类型和档次决定着整个计算机的类型与档次，主板的性能影响着整个计算机的性能。主板一般为矩形电路板，上面安装了组成计算机的主要电路，一般有 BIOS 芯片、I/O 控制芯片、键盘和面板控制开关接口、指示灯插接件、扩充插槽、主板及插卡的直流电源等元器件。目前，常见的主板有 ATX、BTX、NLX、一体化主板等类型，它们之间的差异主要是尺寸、形状和元器件的放置位置。

2．微处理器

在微型计算机中，运算器和控制器制作在同一块半导体芯片上，称为中央处理器即 CPU。CPU 是计算机系统的核心，其主要功能是按照程序给出的指令序列分析指令、执行指令，完成对数据的加工处理。计算机所发生的全部动作都受 CPU 的管理和控制。CPU 决定了计算机的性能和速度。几十年来，CPU 技术飞速发展，其功能越来越强，运行速度越来越快，器件的集成度越来越高。

由于 CPU 的运行速度越来越快，其功率也越来越大，为了使 CPU 运行中所产生的热能及时散发以免烧坏，通常在 CPU 上安装一个风扇。

3．存储器

存储器是计算机的记忆装置，主要用来存放输入的原始数据、中间运算结果、最终运算结果和程序。存储器划分成若干个单元，每个单元的编号称为该单元的地址。存储器内的信息是按地址存取的。向存储器内存入信息称为“写入”。写入新的内容则覆盖原来的旧内容。从存储器里取出信息，也称为“读出”。信息读出后并不破坏原来存储的内容，因此信息可以重复取出，多次利用。存储器可分为主存储器和辅助存储器两种，简称为内存（主存）和外存（辅存）。

（1）内存：直接和 CPU 相连，它是计算机中各种信息进行存储和运算的场所。其特点是存取速度快，基本上能与 CPU 的速度相匹配。内存分为两类：随机存储器和只读存储器。

① 随机存储器（Random Access Memory，RAM）：RAM 在计算机上工作时，既可从其中读出信息，也可随时向其写入信息，它通常用来存储由输入设备输入的数据和程序，但内存不能永久保存数据，断电后，数据就会丢失，故要借助外存保存信息。按照存储信息的不同，随机存储器又分为静态随机存储器（Static RAM，SRAM）和动态随机存储器（Dynamic RAM，DRAM）。

静态随机存储器的优点是速度快、使用简单、不需刷新、功耗极低；缺点是元件数多、集成度低、功耗大。在计算机中，SRAM 常作为高速缓冲存储器（Cache）。

动态随机存储器的优点是集成度远高于 SRAM，功耗和价格低；缺点是因需刷新而外围电路复杂，刷新也使存取速度较 SRAM 慢。在计算机中，DRAM 常作为主存储器。

② 只读存储器（Read Only Memory，ROM）：ROM 在计算机上工作时，只能从其中读出信息，而不能向其写入信息。利用这一特点常将操作系统基本输入/输出程序固化在其中，机器一通电，立刻执行其中的程序，ROM BIOS 就是指含有这种基本输入/输出程序的 ROM 芯片。

只读存储器是一种只能读取资料的内存。在制造过程中，将资料以一特制光罩烧录于线路中，其资料内容在写入后不能被更改，所以有时又称其为“光罩式只读内存”。

可编程程序只读存储器（Programmable ROM，PROM）的内部有行列式的熔断器，需要利用电流将其烧断，写入所需的资料，但仅能写录一次。

可抹除可编程只读存储器（Erasable Programmable Read Only Memory，EPROM）可利用高电压将资料编程写入，抹除时将线路曝光于紫外线下，则资料可被清空，并且可重复使用。通常，在封装外壳上会预留一个石英透明窗以方便曝光。

电子式可抹除可编程只读存储器（Electrically Erasable Programmable Read Only Memory，EEPROM）的运作原理类似于EPROM，但抹除时使用高电压完成，因此不需要透明窗。

快闪存储器（Flash Memory）的每个记忆都具有一个“控制闸”与“浮动闸”，利用高电压改变浮动闸的临限电压即可进行编程动作。

（2）外存：主要用来存储一些暂时不用而又需长期保存的程序或数据。外存不能直接和CPU进行数据交换，外存必须通过内存才能和 CPU 进行数据交换，即外存中的程序或数据必须通过CPU输入/输出指令，将其调入RAM才能被CPU执行处理。

内存是程序存储的基本要素，其存取速度快，但价格较贵，容量不可能配置得非常大；而外存响应速度相对较慢，但容量可以很大。外存的价格比较便宜，并且可以长期保存大量程序或数据，是计算机中必不可少的重要设备。

外存中常用的有软盘（软磁盘）、硬盘（硬磁盘）、光盘和U盘（移动磁盘）。

① 软盘：其常用的存储容量为1.44MB，其特点是成本低、质量轻、价格便宜，但由于软盘的读/写速度慢、存储容量小、使用寿命短，并且需要专门的软盘驱动器，所以目前基本上已经被市场淘汰。

② 硬盘：是计算机主要的存储介质之一，由一个或者多个铝制或者玻璃制的碟片组成，碟片外覆有铁磁性材料。硬盘可分为固态硬盘、机械硬盘和混合硬盘三类，其特点是存储容量大、读/写速度快、可靠性高、使用方便。

③ 光盘：是以光信息作为存储的载体并用来存储数据的一种辅助存储器，分为不可擦写光盘，如CD-ROM、DVD-ROM等；可擦写光盘，如CD-RW、DVD-RAM等。CD-ROM的存储容量通常为700MB左右，而DVD-ROM的存储容量可达4.5GB左右。

④ U盘：是一个不需要物理驱动器的微型高容量移动存储产品，可以通过USB接口与计算机连接，实现即插即用，是目前使用最多的移动存储设备之一。

4. 输入设备

输入设备（Input Device）是用来输入程序和数据的部件。典型的输入设备有键盘、鼠标、触摸屏、扫描仪、摄像头、光笔、手写输入板、游戏杆和语音输入装置等。

（1）键盘：按照按键个数多少可分为84键、101键、104键等几种，目前广泛使用的是101键、104键标准键盘。

（2）鼠标：从结构和原理上可分为机械鼠标、光电鼠标或两键鼠标、三键鼠标等。

（3）触摸屏：是一种新型输入设备，是最简单、方便、自然的人机交互方式。用户只要用手指轻轻地接触计算机显示屏上的图符或文字就能实现对主机的操作，触摸屏的应用非常广泛。

（4）扫描仪：是一种光电一体化的高科技产品，将图形、文字等各种信息输入计算机中。扫描仪的应用也是比较广泛的。

5. 输出设备

输出设备（Output Device）是用于接收计算机数据的输出显示、声音、打印和控制外围设备操作等的终端设备，即将各种数据或信息用数字、字符、图像、声音等形式表示出来。常见的输出设备有显示器、打印机、绘图仪、影像输出系统、语音输出系统、磁记录设备等。

（1）显示器（Display）：又称监视器，是实现人机对话的主要工具。它既可以显示键盘输入的命令或数据，也可以显示计算机数据处理的结果。

显示器主要有两种类型：CRT（Cathode Ray Tube，阴极射线管）显示器、液晶显示器（Liquid Crystal Display，LCD），如图 1-5 所示。

图 1-5　CRT 显示器（左）和 LCD（右）

显示器的性能参数如下。

① 分辨率：指像素点与点之间的距离，像素数越多，其分辨率就越高。由于在图形环境中，高分辨率能有效地收缩屏幕图像，因此，在屏幕尺寸不变的情况下，其分辨率不能越过它的最大合理限度，否则就失去了意义。

② 点距（或条纹间距）：指一种给定颜色的一个发光点与离它最近的相邻同色发光点之间的距离，是显示器的一个非常重要的硬件指标。这种距离不能用软件来更改，这一点与分辨率是不同的。在任何相同分辨率下，点距越小，图像就越清晰。

③ 刷新率：指每秒钟出现新图像的数量，单位为 Hz（赫兹）。刷新率越高，图像的质量就越好，闪烁越不明显，人的感觉就越舒适。一般认为，70～72Hz 的刷新率即可保证图像的稳定。

（2）打印机：按传输方式，可以分为一次打印一个字符的字符打印机、一次打印一行的行式打印机和一次打印一页的页式打印机。按工作原理，可以分为击打式打印机和非击打式打印机。其中，击打式又分为字模式打印机和点阵式打印机。非击打式又分为喷墨印字机、激光印字机、热敏印字机和静电印字机。

通常将输入设备和输出设备统称为外部设备，简称 I/O（Input/Output，输入/输出）设备。

6．总线

计算机中传输信息的公共通路称为总线（Bus）。计算机的各个部件不是孤立存在的，它们是通过总线连接在一起的。

按照总线上传输信息的不同，总线可分为以下三类。

（1）数据总线（Data Bus，DB）：用来传送数据信息，它主要用于连接 CPU 与各个部件，是它们之间交换信息的通路。数据总线是双向的，而具体的传送方向由 CPU 控制。

（2）地址总线（Address Bus，AB）：用来传送地址信息。CPU 通过地址总线中传送的地址信息访问存储器。通常地址总线是单向的。

（3）控制总线（Control Bus，CB）：用来传送控制信号，以协调各部件之间的操作。

总之，微型计算机系统是由硬件系统和软件系统两个大部分组成的。硬件是软件建立和依托的基础，软件是计算机系统的“灵魂”。硬件与软件相互结合才能充分发挥电子计算机系统的功能，计算机系统组成结构如图 1-6 所示。

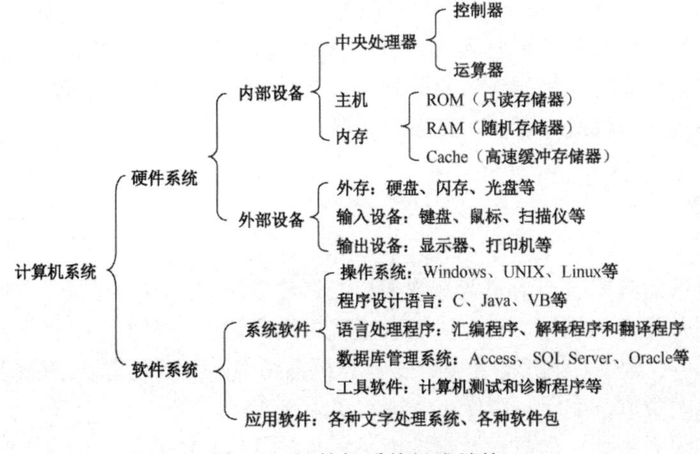

图 1-6　计算机系统组成结构

1.2.5 计算机的主要技术指标

计算机的性能主要通过字长、主频、运算速度、内存容量和输入/输出最高速率等技术指标来衡量。

1. 字长

字的长短直接影响计算机的功能强弱、精度高低和速度快慢。

2. 主频

计算机的中央处理器对每条指令的执行是通过若干个微操作来完成的。这些微操作是按时钟周期的节拍来“动作”的。时钟周期的微秒值反映了计算机的运算速度。有时，也用时钟周期的倒数——时钟频率（MHz），即主频来表示。

3. 运算速度

计算机的运算速度是衡量计算机水平的一项主要指标，它取决于指令执行时间。运算速度的计算方法多种多样，目前常用在单位时间内执行多少条指令来表示。而计算机执行各种指令所需时间不同，因此常根据在一些典型题目计算中，各种指令执行的频度及每种指令执行时间来折算出计算机的等效速度。

4. 内存容量

内存容量反映了计算机记忆信息的能力。它常以字节为单位来表示。

5. 输入/输出最高速率

主机与外部设备之间交换数据的速率也是影响计算机系统工作速度的重要因素。由于各种外部设备本身工作的速率不同，常用主机能支持的数据输入/输出最高速率来表示。

除以上几个指标外，微型计算机经常还要考虑以下几个参数：机器的兼容性、系统的可靠性和性价比。

1.3 计算机中信息的表示

计算机中信息的表示主要是通过二进制编码实现的。二进制编码是一种数字编码方式，它使用两个不同的符号（通常是 0 和 1）来表示信息。在计算机中，信息以被转换成二进制编码的形式进行存储和传输。

除了二进制编码，计算机中还有其他的信息表示方式。例如，文本信息可以直接以字符的形式存储和传输，图像信息可以采用像素矩阵表示，音频信息可以采用波形数据表示等。这些信息表示方式都可以通过计算机进行存储、传输和处理。

1.3.1 信息与数据

信息在计算机内的具体表现形式就是数据，信息是数据的内涵，它是对数据进行有含义的解释的过程。数据则是信息的载体，它可以表示客观事物的数量、大小、位置等属性，也可以表示具有一定意义的文字、数字、图形等符号。在计算机系统中，数据通常以二进制形式存储和传输，它可以是一些具体的数值、文字、图像、音频和视频等形式。

数据和信息的关系密切，信息是数据的内涵，数据是信息的载体。信息的质量与价值在于数据的准确性、可靠性和及时性。为了更好地利用数据，需要对其进行处理、分析和挖掘，提取出有价值的信息和知识。

随着信息化时代的到来，数据已经成为一种重要的资源，对各个领域都有着重要的影响。例如，在商业领域中，通过对消费者数据的分析，可以更好地理解客户需求，优化产品设计，提高营销效果；在医疗领域中，通过对医疗数据的分析，可以更好地诊断疾病，制订治疗方案，提高医疗服务的质量和效率。

1.3.2　数据的单位

在计算机科学中，数据的单位通常采用比特（bit）和字节（Byte）来表示。比特是信息量的最小单位，表示一个二进制位，只有 0 和 1 两种状态。字节则由 8 个比特组成，是信息存储和传输的基本单位。

除了比特和字节，还有其他的单位用于表示更大的信息量，例如千字节（Kilobyte）、兆字节（Megabyte）、吉字节（Gigabyte）、太字节（Terabyte）等。这些单位之间的关系可以用数学公式表示，例如：

1 KB = 1024 B

1 MB = 1024 KB

1 GB = 1024 MB

1 TB = 1024 GB

这些单位用于描述数据量的大小，如文件大小、存储容量、网络带宽等。在实际应用中，需要根据数据量的大小选择合适的单位来表示和管理数据。

1.3.3　进位计数制

进位计数制：利用固定的数字符号和统一的规则来计数的方法。

在进位计数制中，每种计数制都包含 3 个基本要素：数码、基数和位权。

数码：一组用来表示某种计数制的符号。

基数：计数制中所用到的数字符号的个数。例如，十进制的基数为 10。

位权：对于多位数，处在某一位上的“1”所表示的数值的大小，称为该位的位权。位权的值不固定，但有一个规律：对于一个有 n 位整数、m 位小数的 R 进制数而言，从小数点向左，整数的位权依次为 R^0，R^1，R^2，…，R^{n-1}；从小数点向右，小数的位权依次为 R^{-1}，R^{-2}，…，R^{-m}。例如，对于十进制数 123.45，n=3，m=2，R=10，则每位的位权值从左至右依次为 10^2、10^1、10^0、10^{-1}、10^{-2}。

1．计算机的常用数制

（1）十进制数：基本特点是基数为 10，用 10 个数码 0、1、2、3、4、5、6、7、8、9 来表示，且逢十进一。各位的位权是以 10 为底的幂。

例 1.1　将十进制数$(123.45)_{10}$表示为

$$(123.45)_{10}=1\times10^2+2\times10^1+3\times10^0+4\times10^{-1}+5\times10^{-2}$$

这个式子称为十进制数 123.45 的按位权展开式。

（2）二进制数：基本特点是基数为 2，用两个数码 0、1 来表示，且逢二进一。各位的位权是以 2 为底的幂。

例 1.2　将二进制数$(110.101)_2$表示为

$$(110.101)_2=1\times2^2+1\times2^1+0\times2^0+1\times2^{-1}+0\times2^{-2}+1\times2^{-3}$$

（3）八进制数：基本特点是基数为 8，用 8 个数码 0、1、2、3、4、5、6、7 来表示，且逢八进一。各位的位权是以 8 为底的幂。

例 1.3 将八进制数$(12.3)_8$表示为

$$(12.3)_8=1\times8^1+2\times8^0+3\times8^{-1}$$

（4）十六进制数（Hexadecimal notation）：基本特点是基数为 16，用 16 个数码 0、1、2、3、4、5、6、7、8、9、A、B、C、D、E、F 来表示，且逢十六进一。各位的位权是以 16 为底的幂。

例 1.4 将十六进制数$(5E.A7)_{16}$表示为

$$(5E.A7)_{16}=5\times16^1+15\times16^0+10\times16^{-1}+7\times16^{-2}$$

（5）R 进制数及其特点：扩展到一般形式，一个 R 进制数，基数为 R，用 0，1，…，$R-1$ 共 R 个数码来表示，且逢 R 进一，因此各位的位权是以 R 为底的幂。

一个 R 进制数的按位权展开式为

$$(N)_R=k_{n-1}\times R^{n-1}+\cdots+k_0\times R^0+k_{-1}\times R^{-1}+k_{-2}\times R^{-2}+\cdots+k_{-m}\times R^{-m}$$

本书中，当各种计数制同时出现的时候，用下标加以区别。在其他的教材或参考书中，也有根据其英文的缩写来区分的，如将$(123.45)_{10}$表示为 123.45D，将$(10111.011)_2$、$(12.34)_8$、$(5E.A7)_{16}$分别表示为 10111.011B、12.34O、5E.A7H。

常用的进位计数制有二进制、八进制、十进制和十六进制，如表 1-2 所示。

表 1-2 常用的进位计数制

计数制	十进制	二进制	八进制	十六进制
数码	0～9	0、1	0～7	0～9、A、B、C、D、E、F
基数	10	2	8	16
位权	10^i	2^i	8^i	16^i
位权（以 111.1 最高位 1 为例）	$10^2=100$	$2^2=4$	$8^2=64$	$16^2=256$
表示法（以 111.1 为例）	111.1D	111.1B	111.1O	111.1H
	$(111.1)_{10}$	$(111.1)_2$	$(111.1)_8$	$(111.1)_{16}$

2．计算机采用二进制数的原因

计算机内部的数是用二进制数来表示的，这主要有以下 4 个方面的原因。

（1）电路简单，易于表示：计算机是由逻辑电路组成的，逻辑电路通常只有两个状态。例如，开关的接通和断开，晶体管的饱和与截止，电压的高与低等。这两种状态正好用来表示二进制的两个数码 0 和 1。若采用十进制，则需要有 10 种状态来表示 10 个数码，实现起来比较困难。

（2）可靠性高：两种状态表示两个数码，数码在传输和处理中不容易出错，电路更可靠。

（3）运算简单：二进制数的运算规则简单，无论是算术运算还是逻辑运算都容易进行。十进制的运算规则相对烦琐，现在已经证明，R 进制数的算术求和、求积规则各有 $R(R+1)/2$ 种。例如，采用二进制，求和与求积运算法各有 3 个，因而简化了运算器等物理器件的设计。

（4）逻辑性强：计算机不仅能进行数值运算，还能进行逻辑运算。逻辑运算的基础是逻辑代数，而逻辑代数是二值逻辑。二进制的两个数码 1 和 0 恰好代表逻辑代数中的“真”（True）和“假”（False）。

1.3.4 数制之间的转换

1．二进制数、八进制数、十六进制数转换为十进制数

按位权展开求和：首先将每位上的数码乘以该位所在的位权，然后将所得的结果相加即可。

例 1.5 $(10111.011)_2=1\times2^4+0\times2^3+1\times2^2+1\times2^1+1\times2^0+0\times2^{-1}+1\times2^{-2}+1\times2^{-3}$

$$=16+0+4+2+1+0+0.25+0.125$$

$$=(23.375)_{10}$$

例 1.6　$(12.3)_8=1\times8^1+2\times8^0+3\times8^{-1}=(10.375)_{10}$

2．十进制数转换为二进制数、八进制数和十六进制数

整数部分：采用除 *R*（基数）取余法，用整数部分除以基数，先得的余数为低位，后得的余数为高位，直到商是 0 为止。

小数部分：采用乘 *R*（基数）取整法，用小数部分乘以基数，先得的整数为高位，后得的整数为低位，直到小数部分是 0 或已满足所需精度为止。

例 1.7　将$(23.375)_{10}$转换为二进制数。

先对整数部分 23 转换：$(23)_{10}=(10111)_2$。

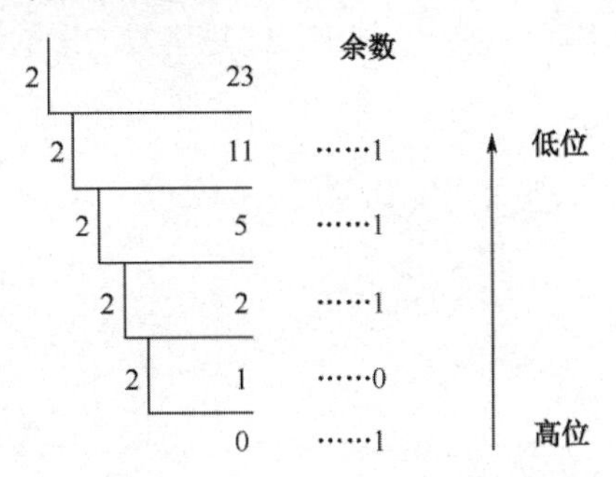

再对小数部分 0.375 转换：$(0.375)_{10}=(0.011)_2$。

取整

0.375×2=0.75　……0　高位
0.75×2=1.5　……1
0.5×2=1.0　……1　低位

最后，整数部分和小数部分合并：$(23.375)_{10}=(10111.011)_2$

3．二进制数与八进制数的相互转换

二进制数转换成八进制数的方法：将二进制数从小数点开始分别向左（整数部分）和向右（小数部分）每 3 位二进制数分成一组，不够 3 位的以 0 补齐，将每组数字转换成对应的一个八进制数，其转换后的结果即所求的八进制数。

例 1.8　将二进制数$(1010.0111)_2$转换为八进制数。

二进制数 3 位分组：001　010 . 011　100

转换成八进制数：　1　2 . 3　4

小数点照写，整理结果：$(1010.0111)_2=(12.34)_8$

八进制数转换成二进制数的方法：将每位八进制数写成相应的 3 位二进制数，再按顺序排列好。

例 1.9　将八进制数$(12.34)_8$转换为二进制数。

八进制数 1 位：　1　2 .　3　4

二进制数 3 位：001　010 .　011　100

小数点照写，整理结果：$(12.34)_8=(1010.0111)_2$

4．二进制数与十六进制数的互相转换

二进制数与十六进制数的转换方法：类似于二进制数与八进制数的转换方法，这里十六进制数的 1 位与二进制数的 4 位数相对应，再按顺序排列好；而十六进制数与二进制数的转换，显然是以 4 位二进制数码为一组对应成 1 位十六进制数。

例 1.10　将二进制数$(110100110.00101101)_2$转换为十六进制数。

二进制数 4 位分组：0001 1010 0110 . 0010 1101

转换成十六进制数： 1 A 6 . 2 D

小数点照写，整理结果：$(110100110.00101101)_2=(1A6.2D)_{16}$。

1.3.5 二进制数的运算

电子计算机具有强大的运算能力，它可以进行两种运算：算术运算和逻辑运算。

1. 二进制数的算术运算

（1）二进制数加法：根据“逢二进一”规则，二进制数加法的法则如下。

0+0=0

0+1=1+0=1

1+1=0 （进位为 1）

例 1.11 计算 1110+1011

```
  1 1 1 0
 +1 0 1 1
---------
1 1 0 0 1
```

1110+1011=11001

（2）二进制数减法：根据“借一有二”的规则，二进制数减法的法则如下。

0-0=0

1-1=0

1-0=1

0-1=1（借位为 1）

例 1.12 计算 1101-1011

```
  1 1 0 1
 -1 0 1 1
---------
  0 0 1 0
```

1101-1011=0010

（3）二进制数乘法：二进制数乘法过程可仿照十进制数乘法进行。但由于二进制数只有 0 或 1 两种可能的乘数位，所以二进制数乘法更为简单。二进制数乘法的法则如下。

0×0=0

0×1=1×0=0

1×1=1

例 1.13 计算 1010×0011

```
被乘数                1  0  1  0
乘数               ×  0  0  1  1
---------------------------------
                      1  0  1  0
部分积             1  0  1  0
                0  0  0  0
             0  0  0  0
---------------------------------
乘积         0  0  1  1  1  1  0
```

1010×0011=11110

由低位到高位，用乘数的每位去乘被乘数，若乘数的某位为 1，则该次部分积为被乘数；若乘数的某位为 0，则该次部分积为 0。某次部分积的最低位必须和本位乘数对齐，所有部分积相加的结果则为相乘得到的乘积。

（4）二进制数除法：二进制数除法与十进制数除法很类似。可先从被除数的最高位开始，将被除数（或中间余数）与除数相比较，若被除数（或中间余数）大于除数，则用被除数（或中间余数）减去除数，商为 1，并得到相减之后的中间余数，否则商为 0。再将被除数的下一位移下并补充到中间余数的末位，重复以上过程，即可得到所要求的各位商数和最终的余数。

例 1.14　计算 11111÷1010。

```
                      0 0 1 1    商
除数    1 0 1 0 ╱ 1 1 1 1 1      被除数
                  1 0 1 0
                  ---------
                    1 0 1 1
                    1 0 1 0
                  ---------
                          1      余数
```

11111÷1010=0011 余 1。

2．二进制数的逻辑运算

二进制数的逻辑运算包括逻辑“或”运算（逻辑加法）、逻辑“与”运算（逻辑乘法）、逻辑“非”运算（逻辑否定）和逻辑“异或”运算。

（1）逻辑“或”运算：又称为逻辑加法，常用符号“＋”或“∨”来表示。逻辑“或”运算的规则如下。

0+0=0 或 0∨0=0

0+1=1 或 0∨1=1

1+0=1 或 1∨0=1

1+1=1 或 1∨1=1

可见，两个相“或”的逻辑变量中，只要有一个为 1，“或”运算的结果就为 1。仅当两个变量都为 0 时，或运算的结果才为 0。计算时，要特别注意和算术运算的加法区分。

（2）逻辑“与”运算：又称为逻辑乘法，常用符号“×”或“·”或“∧”表示。“与”运算的规则如下。

0×1=0 或 0·1=0 或 0∧1=0

1×0=0 或 1·0=0 或 1∧0=0

1×1=1 或 1·1=1 或 1∧1=1

可见，两个相“与”的逻辑变量中，只要有一个为 0，“与”运算的结果就为 0。仅当两个变量都为 1 时，“与”运算的结果才为 1。

（3）逻辑“非”运算：又称为逻辑否定运算，实际上就是将原逻辑变量的状态求反，其运算规则如下。

$\overline{0}=1$

$\overline{1}=0$

可见，在变量的上方加一横线表示“非”。逻辑变量为 0 时，“非”运算的结果为 1。逻辑变量为 1 时，“非”运算的结果为 0。

（4）逻辑“异或”运算：常用符号“⊕”表示，其运算规则如下。

0⊕0=0

0⊕1=1

1⊕0=1

$1 \oplus 1=0$

可见，两个相“异或”的逻辑运算变量取值相同时，“异或”的结果为 0；取值相异时，“异或”的结果为 1。

以上仅就逻辑变量只有 1 位的情况得到了逻辑“与”、“或”、“非”和“异或”运算的运算规则。当逻辑变量为多位时，可在两个逻辑变量对应位之间按上述规则进行运算。应特别注意，所有的逻辑运算都是按位进行的，位与位之间没有任何联系，即不存在算术运算过程中的进位或借位关系。

例 1.15 若 X=06H，Y=05H，求 $Z1=X\wedge Y$；$Z2=X\vee Y$；$Z3=\overline{X}$；$Z4=X\oplus Y$ 的值。

解：X=0000 0110

Y=0000 0101

Z1=0000 0100

Z2=0000 0111

Z3=1111 1001

Z4=0000 0011

1.3.6 常用信息编码

在计算机中除有数值型数据外，还有非数值型数据。数值型数据有二进制数编码和 BCD 编码。对于非数值型数据，计算机是按照事先约定的编码来表示的，有字符编码和汉字编码。

1. BCD 编码

BCD（Binary Coded Decimal）编码又称二-十进制编码，用来解决二进制数表示十进制数问题。经常使用的是 8421BCD 编码，它用 4 位二进制数表示 1 位十进制数，其二进制数自左至右每位对应的位权值是 8、4、2、1。例如，十进制数 15 的 BCD 编码是 0001 0101，而 15 的二进制数是 1111。

2. 字符编码（ASCII）

美国信息交换标准编码（American Standard Code for Information Interchange，ASCII）字符用 7 位二进制数表示，其排列次序为 d6、d5、d4、d3、d2、d1、d0，d6 为高位，d0 为低位，7 位二进制数给出了 128 个不同的组合，表示 128 个不同的字符。其中，95 个字符可以显示，包括大小写英文字母、数字、运算符号、标点符号等；另外的 33 个字符是不可显示的，它们是控制码，编码值为 0～31 和 127。

3. 汉字编码

汉字也是一种字符，其编码有三类：汉字输入码、汉字机内码和汉字字形码。

（1）汉字输入码：又称外码，它是专门用来向计算机输入汉字的编码。汉字输入编码方案很多，比较常用的有按汉字发音进行编码的音码，例如，全拼编码、简单拼音编码、双拼编码等；按汉字书写的形式进行编码的形码，例如，五笔字形码。

不同输入法有自己的编码方案，方案统称为输入码。输入码进入机器后必须转换为机内码进行存储和处理。

（2）汉字机内码：又称汉字内（部）码，是汉字信息存储、处理、传输使用的编码。一般而言，汉字机内码用两个字节来存放。为了和英文字符区分，汉字机内码中两个字节的最高位均为“1”，即将国家标准 GB 2312—1980 中规定的汉字编码（简称汉字国标码）的每个字节的最高位置“1”，作为汉字机内码。

GB 2312—1980 中的字符集把常用汉字分成两级字库：第一级字库有 3755 个汉字，通常占使用汉字的 90%左右，按拼音字母顺序排列；第二级字库不太常用，有 3008 个汉字，按部首顺序排列。另外，其中还收录了一些图形符号。汉字和图形符号合计 7445 个。

（3）汉字字形码：包括点阵字库和矢量字库。Windows 使用的字库也为以上两类，在 FONTS 目录下，如果字体扩展名为.fon，则表示该文件为点阵字库；如果扩展名为.ttf，则表示矢量字库。点阵字库文件的图标为一个红色的“A”，矢量字库文件的图标是两个“T”。

① 点阵字库：汉字字形码是一种用点阵表示汉字字形的编码，是汉字的输出形式。它把汉字按字形排列成点阵，常用的点阵有 16×16、24×24、32×32 或更高。16×16 点阵为简易型，多用于汉字的显示；其他点阵为提高型，多用于打印输出。

汉字点阵的信息量是非常大的。所有不同的汉字字体、字号的字形构成了汉字库，一般存储在硬盘上，当要显示输出时才调入内存，检索到要输出的字形送到显示器中输出。点阵字库最大的缺点是不能放大，放大后就会发现文字边缘的锯齿。

② 矢量字库：矢量字库保存的是对每个汉字的描述信息，如一个笔画的起始、终止坐标，半径、弧度等。在显示、打印这类字库时，要经过一系列的数学运算才能输出结果，但是这类字库保存的汉字理论上可以被无限放大，笔画轮廓仍然能保持圆滑，打印时使用的字库均为此类字库。

1.4　计算机科学与计算思维

1.4.1　计算机科学与计算科学

计算机科学与计算科学是当今信息时代的核心学科，它们在推动科技进步、社会发展，以及人类生产、生活的各个方面都发挥着至关重要的作用。

计算机科学是一门跨学科的综合性学科，其研究对象是计算机及其相关技术。计算机科学涵盖了计算机的各个方面，包括计算机的硬件组成、计算机的软件系统、数据结构和算法设计、操作系统原理、网络通信原理及人工智能等多个方向。计算机科学的核心目标是设计和实现高效、可靠、安全的计算机系统，并在此基础上研究和应用新的计算机技术，推动计算机科技的发展。

计算科学则是一门应用数学学科，主要利用数学方法和计算机技术解决各种科学计算问题。计算科学的研究领域非常广泛，包括数值计算、符号计算、优化问题求解、科学数据处理等。计算科学的目标是通过数学建模、计算机模拟来探索自然现象和解决实际问题，为科学研究提供重要的方法和工具。

计算机科学与计算科学之间的关系密切，相互促进。计算机科学为计算科学研究提供了必要的工具和技术支持，使得复杂的科学计算问题得以解决；而计算科学的应用也进一步推动了计算机科学的发展和创新。在实际应用中，计算机科学与计算科学在许多领域如物理学、化学、生物学、环境科学、工程学等，都有广泛的应用。利用计算机科学与计算科学的方法和技术，科学家们可以更加准确地模拟和预测各种自然现象，从而更好地理解和解决实际问题。

随着科技的不断发展，计算机科学与计算科学的应用前景越来越广阔。未来，计算机科学与计算科学将在人工智能、大数据分析、云计算、物联网等领域发挥更加重要的作用。同时，随着计算机系统规模的不断扩大和复杂性的增加，计算机科学与计算科学研究也将面临更多的挑战和机遇。例如，如何设计和实现更加高效、安全、可靠的计算机系统，如何利用人工智能技术改进计算机系统的设计和应用，如何利用大数据分析技术挖掘更多的信息和价值等。

总之，计算机科学与计算科学是当今信息时代不可或缺的重要学科，它们在推动科技进步和社会发展中发挥着至关重要的作用。未来，随着科技的不断发展，计算机科学与计算科学将继续发挥其重要的作用，为人类的生产和生活带来更多的便利与效益。

1.4.2 计算思维

计算思维是一种解决问题的思维方式，它利用计算机科学的概念、思想和工具，将复杂的问题分解为更小、更易于处理的子问题，并采用一系列有效的算法和数据结构来求解这些子问题，最终得出问题的解决方案。

计算思维的核心是抽象和自动化。抽象是指将现实世界中的问题转化为计算机可以理解和处理的模型，通过简化问题、去除无关紧要的信息和提取关键要素，将复杂的问题转化为可处理的计算问题。自动化则是利用计算机技术和工具实现问题的求解过程，从而减少人工干预和重复性劳动，提高解决问题的效率和质量。

计算思维的特点可以归纳为以下几个方面。

（1）问题分解与抽象化：计算思维将复杂问题分解为若干更小、更简单的子问题，并通过抽象化的方式将现实问题转化为数学模型或计算模型，以便于计算机处理。

（2）数据结构与算法设计：计算思维利用有效的数据结构和算法设计来解决问题。算法设计是指针对特定问题设计出一种高效的解决方案，而数据结构则是用来有效地存储和管理数据的关键。

（3）程序设计与实现：计算思维关注如何利用程序设计语言和开发工具将解决方案转化为计算机程序，实现自动化处理。

（4）优化与调试：计算思维注重对程序的优化和调试，以提高程序的性能和准确性。

（5）创新性解决问题：计算思维鼓励采用创新性的方法和工具来解决复杂问题，探索新的可能性，并推动技术和社会的发展。

计算思维在许多领域都有广泛的应用，例如计算机科学、人工智能、大数据分析、云计算、物联网等。通过培养计算思维，人们可以更好地理解和应用计算机科学知识，提高解决实际问题的能力，并创造出更加高效、智能和创新的解决方案。

1.4.3 计算思维培养的重要性

随着信息技术的快速发展，计算机科学和计算技术在各个领域的应用越来越广泛。在这样的背景下，培养具备计算思维能力的人才已经成为当前教育的重要任务之一。从党的二十大精神的角度出发，计算思维培养具有以下重要特性。

1. 创新驱动发展

党的二十大报告明确了“坚持创新在我国现代化建设全局中的核心地位”。在信息化时代，创新是推动社会进步的关键因素之一。而具备计算思维能力的人往往能够从新的角度去看待问题，寻找创新的解决方案。因此，加强计算思维的培养，有助于提高学生的创新能力，推动我国科技创新的发展。

2. 数字化转型

加快建设网络强国、数字中国。数字化转型已经成为各行各业转型升级的必经之路。而在数字化转型的过程中，需要由大量具备计算机技能和知识的人才来支撑。因此，加强计算思维的培养，可以帮助学生更好地适应数字化时代的挑战，为我国的数字化转型提供更多的人才支持。

3. 人才竞争

党的二十大报告提出了“深入实施人才强国战略”。在当前全球化和信息化的大背景下，人才的竞争日益激烈。而具备计算思维能力的人才往往具有更强的学习能力和适应能力，能够在激烈的竞争中脱颖而出。因此，加强计算思维培养，可以帮助学生提高自身的竞争力，在未来更好地服务于国家和社会的发展。

4. 社会责任担当

"全面推进中华民族伟大复兴"。实现中华民族伟大复兴是一项光荣而艰巨的任务，需要全社会的共同努力。而具备计算思维能力的人才往往具有更加开放的心态和责任感，愿意为社会发展和公共利益贡献自己的力量。因此，加强计算思维的培养，可以帮助学生树立正确的价值观和世界观，增强他们的社会责任感和使命感。

综上所述，培养具备计算思维能力的人才对于我国的发展具有重要的意义。我们应该认真贯彻落实党的二十大精神，积极探索、创新计算思维的培养模式和方法，为国家和社会培养更多的高素质人才。同时，我们也需要认识到计算思维的培养是一个长期的过程，需要从基础教育阶段就开始重视和落实。只有通过全社会的共同努力和实践探索，才能够真正实现我国教育的现代化和高质量发展。

习 题 1

一、选择题

1. 世界上第一台电子计算机诞生于（　　）。

　A. 20世纪40年代　　B. 19世纪

　C. 20世纪80年代　　D. 19世纪50年代

2. 存储器容量的基本单位是（　　）。

　A. 位　　B. 字节　　C. 字码　　D. 字长

3. 运算器的主要功能是（　　）。

　A. 控制计算机各部件协同工作及进行运算

　B. 进行算术运算和逻辑运算

　C. 进行运算并存储结果

　D. 进行运算并存取数据

4. 下列设备中，既是输入设备又是输出设备的是（　　）。

　A. 显示器　　B. 键盘

　C. 磁盘驱动器　　D. 鼠标

5. 在计算机内部，数据加工、处理和传送的形式是（　　）。

　A. 二进制码　　B. 八进制码

　C. 十进制码　　D. 十六进制码

二、填空题

1. 计算机"程序存储，顺序执行"的工作原理是________提出来的。

2. "计算机辅助教学"的英文缩写是________。

3. CPU是指________，它主要由________和________组成。

4. 计算机系统包括________和________两大部分。

5. 将十进制数 23.6875 转换成二进制数为__________，转换成十六进制数为________。

第2章 操 作 系 统

操作系统是计算机系统的重要组成部分，是与计算机硬件关系最为密切的系统软件，是硬件的第一层软件扩充，是其他软件运行的基础。它为用户提供了一个功能强大、使用方便的工作环境。没有操作系统，计算机就不能工作，无法对用户输入的命令进行解释、驱动硬件设备及实现用户要求。

本章主要介绍操作系统的基本概念、功能特性、常见的操作系统，重点介绍 Windows 11 操作系统的使用。

2.1 操作系统概述

操作系统（Operating System，OS）是一种控制与管理计算机硬件和软件资源、为用户和应用程序提供服务的软件程序，也是计算机软件系统的内核与基石。它是计算机系统的核心组件，负责协调、管理计算机系统中的各种硬件和软件资源，为用户提供方便、高效、安全的运行环境。

2.1.1 操作系统的功能

从用户使用的角度来看，操作系统为用户提供了访问计算机资源的接口。从资源管理的角度来看，操作系统对计算机资源进行控制和管理。

1. 用户与计算机的接口

操作系统位于底层硬件与用户之间，是两者沟通的桥梁。用户可通过操作系统的用户界面输入命令，操作系统对命令进行解释，驱动硬件设备，实现用户要求。因此，操作系统是用户与计算机的接口，具体功能如下。

（1）用户开发的应用程序自动生成图形用户界面。

（2）按用户要求建立、生成、运行和维护应用程序。

（3）与数据库系统一体化。

（4）更强的通信功能和网络支持。

2. 管理和控制计算机的软、硬件资源

操作系统是一个庞大的管理控制程序，其管理功能包括如下几方面。

（1）处理器管理：处理器是计算机的核心资源，所有程序的运行都基于它实现。处理器管理的主要任务有协调不同程序之间的运行关系、及时反映不同用户的不同要求、让众多用户能够公平地得到计算机资源等。处理器管理是操作系统的最核心部分，它的管理方法决定了整个系统的运行能力和质量，代表着操作系统设计者的设计观念。

（2）存储器管理：存储器用来存放用户的程序和数据，存储器的容量越大，存放的数据就越多。在多用户或者多程序共用存储器时，需要对存储器进行管理与分配。

（3）设备管理：设备管理负责控制、处理、管理和分配外部设备。因为计算机主机连接着许多设备，有专门用于输入/输出数据的设备，也有用于存储数据的设备，还有用于满足某些特殊要求的设备，而这些设备又来自不同的生产厂家，型号更是繁多，这就需要利用设备管理进行协调。

（4）文件管理：系统中的信息资源（如程序和数据）是以文件形式存放在外存储器（如磁盘、磁带）上的，需要时再把它们装入内存。文件管理的任务是有效地支持文件的存储、检索和修改；解决文件的共享、保密和保护问题，使用户方便、安全地访问文件；实现文件的存储空间管理。

（5）网络与通信管理：随着计算机和通信技术的发展，计算机网络的应用越来越广泛，网络与通信管理已成为操作系统中极其重要的功能，其中包括网上资源管理、网络管理、数据通信管理。

2.1.2　常用操作系统

常用操作系统有 Windows、UNIX、Linux 等，这些操作系统都具有并发性、共享性、虚拟性和不确定性四个基本特征。下面介绍几种有代表性的操作系统。

1. DOS

DOS（Disk Operating System，磁盘操作系统）是 Microsoft（微软）公司推出的在个人计算机上使用的一个操作系统，它是一个单用户、单任务操作系统。从 1981 年问世至今，DOS 经历了 7 次版本升级，从 1.0 版到 7.0 版，一直不断地改进和完善。但是，DOS 的单用户、单任务、字符界面和 16 位的格局没有变化，因此它对内存的管理也局限在 640KB 的范围内。

DOS 作为早期个人计算机的主要操作系统，具有简洁高效、资源占用少的特点。它提供了基本的文件管理、磁盘管理、系统配置和程序执行功能。DOS 推动了个人计算机的普及，孕育了软件行业，并为操作系统的后续发展打下了基础。尽管 DOS 已经逐渐退出历史舞台，但它仍然值得我们回顾和研究，以了解个人计算机行业的发展历程。

2. Windows

Microsoft 公司从 1983 年开始研制 Windows，最初的研制目标是在 MS-DOS 的基础上提供一个多任务的图形用户界面。Windows 1.0 于 1985 年问世，它具有图形用户界面。该操作系统的推出，标志着 PC（Personal Computer，个人计算机）步入了图形用户界面的时代。

1987 年，Microsoft 公司推出了 Windows 2.0，最明显的变化是采用了相互叠盖的多窗口界面形式。1990 年推出的 Windows 3.0 是一个重要的里程碑，它以压倒性的商业成功确定了 Windows 在 PC 领域的垄断地位。现今流行的 Windows 窗口界面的基本形式是从 Windows 3.0 开始确定的。后来又相继推出了 Windows 3.1、Windows 3.2 等，为程序开发提供了功能强大的窗口控制能力，使 Windows 和在其环境下运行的应用程序具有了风格统一、操纵灵活、使用简便的用户界面。但是，这些版本的 Windows 都是由 DOS 引导的，还不是一个完全独立的系统。

1995 年，Microsoft 公司推出了 Windows 95，从而真正实现了系统的完全独立，并在很多方面做了进一步的改进，还集成了网络功能和即插即用功能，它是一个全新的 32 位操作系统。

1998 年，Microsoft 公司推出了 Windows 98，其最大特点是把 Internet 浏览器技术整合到了系统中，使得访问 Internet 资源像访问本地硬盘一样方便，从而更好地满足了人们越来越多的访问 Internet 资源的需要。

继 Windows 98 之后，Microsoft 公司又陆续推出了 Windows NT、Windows 2000 等版本。Windows NT 是真正的 32 位操作系统，与普通的 Windows 不同，它主要面向商业用户，有服务器版和工作版之分。Microsoft 公司在 1999 年将最新的工作站版本 NT 5.0 和普通的 Windows 98 统一为一个完整的操作系统，即 Windows 2000 Professional，这样，无论是商业用户还是普通个人用户，都只需要一个 Windows。

2001 年发布的 Windows XP 集 NT 架构与 Windows 95/98/ME 对消费者友好的界面于一体。尽管其安全性遭到批评，但 Windows XP 在许多方面都取得了重大进展，如文件管理、速度和稳定性。其图形用户界面得到了升级，普通用户也能够轻松愉快地使用它。

Windows Vista 在 2007 年发布，采用了全新的图形用户界面。它拥有众多功能，包括漂亮的 3D 效果、快速的搜索功能、较高的安全功能，如防止最新的威胁（蠕虫、病毒和间谍软件）。但是，它对硬件的高标准要求使其并未广泛流行。

2009 年，Microsoft 公司发布了全新用户界面的操作系统——Windows 7。与之前的 Windows XP 和 Windows Vista 相比，从个性化界面到网络功能，从稳定性到安全性，Windows 7 都进行了全方位的改进，是一款具有革命性变化的操作系统。

2012 年，微软推出了 Windows 8，引入了新的启动界面和触摸屏支持。由于 Windows 8 的用户界面过于复杂，且缺少“开始菜单”，Windows 8 的上市并不成功。

2015 年，Windows 10 发布，它被认为是在 Windows 上的一次重大突破。Windows 10 继承了 Windows 7 的经典用户界面，并在性能、安全性和兼容性方面有所提高。Microsoft 公司对 Windows 10 进行了几次大型更新和改进，不断为用户提供更好的使用体验。

2021 年，Windows 11 发布，它提供了许多创新功能，增加了新版开始菜单和输入逻辑等，支持与时代相符的混合工作环境，侧重于在灵活多变的体验中提高最终用户的工作效率。

Windows 的研发团队是一个庞大的集体，他们紧密协作，共同面对技术难题，确保产品的顺利推出。这体现了团队协作的重要性，也启示我们在实际工作中要注重团队合作，共同为团队的目标而努力。

3. UNIX

UNIX 操作系统是强大的多用户、多任务操作系统，支持多种处理器架构，最早由 Ken Thompson、Dennis Ritchie 和 Douglas McIlroy 于 1969 年在 AT&T 的贝尔实验室开发，它不仅可以用作网络操作系统，也可以作为单机操作系统使用。UNIX 操作系统广泛用于工程应用和科学计算等领域，作为一个开发平台，获得了广泛的应用。经过长期的发展和完善，它目前已成长为一种主流的操作系统技术和基于这种技术的产品大家族。由于 UNIX 具有技术成熟、可靠性高、网络和数据库功能强、伸缩性突出和开放性好等特色，在服务器系统上有很高的使用率，可满足各行各业的实际需要，特别能满足企业的需要，已经成为主要的工作站平台和重要的企业操作平台。

4. Linux

Linux 操作系统是一种免费使用和自由传播的类 UNIX 操作系统，其内核由林纳斯·本纳第克特·托瓦兹（Linus Benedict Torvalds）于 1991 年 10 月 5 日首次发布。Linux 操作系统主要受到 MINIX 和 UNIX 思想的启发，是一个基于 POSIX 的多用户、多任务、支持多线程和多 CPU 的操作系统。它支持 32 位和 64 位硬件，能运行主要的 UNIX 工具软件、应用程序和网络协议。在全世界各地计算机爱好者的共同努力下，现已成为使用最多的一种 UNIX 类操作系统，并且使用人数还在迅速增长。

5. Harmony OS

Harmony OS 是一款由华为公司开发的操作系统，其设计初衷是为了实现跨设备的无缝协同，包括手机、平板电脑、电视、智能家居设备等。Harmony OS 旨在提供统一的操作系统体验，同时保证在各种设备上的功能和性能。

6. 其他操作系统

除此之外，还有一些操作系统依然在市场中活跃。例如，IBM 公司推出的 OS/2 操作系统，苹果计算机公司给苹果个人计算机设计的 mac OS 系列操作系统，以及 Amiga OS 与 RISC OS 等少数人使用的 OS，以满足狂热的爱好者社群与特殊专业使用者的需求。

2.2　Windows 11 操作系统

Windows 11 是由 Microsoft 公司推出的一款正式、稳定的操作系统，应用于计算机和平板电脑等设备。它能很好地满足用户对系统的操作要求，更新最新的优化补丁，用户可自由地操作系统的功能。

Windows 的每次更新都体现了创新精神。这种精神不仅体现在技术层面，也体现在对市场需求的敏锐洞察和对未来发展的前瞻性思考。这启示我们在学习和工作中也要保持创新精神，勇于尝试新事物，敢于挑战传统。

2.2.1　Windows 11 的特点

与之前的版本相比，Windows 11 增加了以下许多新特性。

1. 全新的 UI 设计

采用了全新的界面设计语言“Fluent Design”，融合了现代设计元素、动画效果和自然元素，使操作系统更加美观、流畅和易用。

2. 更强的多任务管理

通过“Snap Layouts”和“Snap Groups”功能，用户可以更加方便地管理多个应用程序和窗口，提高生产效率。

3. 更智能的窗口布局

新引入的“Snap Assist”功能可以根据用户的使用习惯和设备类型，智能地推荐最合适的窗口布局方式。

4. 改进的任务栏

任务栏采用了新的布局方式，可以更加方便地访问常用应用程序和文件。

5. 更强的安全性

引入了许多新的安全功能，包括虚拟化技术、面部识别和指纹识别等，以更好地保护用户的计算机和数据安全。

6. 更流畅的使用体验

新的交互方式使得通过鼠标、触摸和笔进行导航更加自然、直观，同时还有更清晰简洁的动画效果及更自然的语音控制。

7. 桌面布局可定制化

用户可以根据自己的喜好对桌面进行配置。

8. 新的“开始”菜单

重新设计的“开始”菜单将经典的应用列表与大型应用图标和动态磁贴混合在一起，更易于使用。

9. 全球首款操作系统集成 Teams

用户可以直接从任务栏启动 Teams，与朋友或同事通话、聊天或进行视频会议。

10．改进的窗口管理

允许用户从任务栏中轻松访问虚拟桌面、任务视图、新的“Snap Layouts”和“Snap Groups”功能，并可以通过拖放方式将应用程序从一个虚拟桌面移动到另一个虚拟桌面。

11．改进的 Windows Store

重新设计了 Windows Store，增加了一些新功能，例如快速浏览和搜索功能，更易于发现和安装应用程序。

12．更好的游戏体验

引入了 Auto HDR 技术，可以将 SDR 游戏转换为 HDR 格式，提高游戏图像质量。此外，还改进了音频性能和响应时间，以确保更佳的游戏体验。

2.2.2 Windows 11 的运行环境

在计算机上安装 Windows 11 的最低系统要求如下。

（1）CPU：1GHz 或更快的支持 64 位的处理器（双核或多核）或系统单芯片（SoC）。

（2）内存：4GB 及以上。

（3）硬盘：64GB 或更大的存储设备。

（4）显卡：支持 DirectX 12 或更高版本，支持 WDDM 2.0 驱动程序。

（5）其他设备：鼠标、键盘等输入设备，DVD R/RW 驱动器或 U 盘等其他存储介质。

供个人使用的 Windows 11 专业版，以及 Windows 11 家庭版在进行首次设备设置时，需要连接网络和一个 Microsoft 账户。将设备退出 Windows 11 家庭版 S 模式也需要有互联网连接。所有的 Windows 11 版本都需要联网才能执行更新、下载和利用某些功能。有些功能需要使用 Microsoft 账户。

由于用户对计算机的需求和使用环境不同，Microsoft 公司提供了多个版本的 Windows 11，包括家庭版、专业版、企业版、专业工作站版、教育版和混合现实版。下面以 Windows 11 家庭版为例，详细介绍其界面环境、操作方法、文件管理、系统设置等。

2.2.3 启动与退出

1．Windows 11 的启动

（1）冷启动：在系统未通电的情况下通过按“电源”按钮进行的启动，系统先进行自检，加载驱动程序，检查系统的硬件配置，如果没有问题，进入登录界面，选择用户账号，输入密码后，进入系统桌面。

（2）热启动：在主机电源已经开始工作的情况下重新启动系统。热启动时不对硬件进行检测。

计算机因软件故障或操作不当而无法正常工作，不再响应各种输入，此时称之为“死机”。在这种情况下，可在“开始”菜单中选择“电源”组中的“重启”选项，或者按 Ctrl+Alt+Delete 组合键后，选择“电源”组中的“重启”选项。

（3）复位启动：当热启动无效时，可通过台式计算机的“复位（Reset）”按钮重新启动。复位启动相当于关机后再开机，级别比热启动要高，而且避免了冷启动时电流对计算机的冲击。便携式计算机可通过长按“电源”按钮来重新启动计算机。

2．Windows 11 的退出

在“开始”菜单中选择“电源”组中的“关机”选项可直接关闭系统。选择“电源”组中的

"睡眠"选项，计算机将进入节能状态，它将置于低能耗状态，但仍然保留内存中的数据。在这种状态下，计算机几乎不耗电，但恢复到工作状态的速度很快，单击计算机的"电源"按钮或按鼠标或键盘上的任意按键，都可唤醒计算机，系统自动恢复睡眠前的工作。

2.3 Windows 11 的操作

Windows 11 在桌面结构、窗口设计、"开始"菜单和任务栏等方面都发生了革命性的变化，与以往的界面设计和操作方式大有不同，全新升级。

2.3.1 鼠标的操作

鼠标是计算机使用过程中重要的输入设备，熟练地掌握鼠标的操作，可提高工作效率。鼠标的基本操作如下。

（1）指向：移动鼠标并将鼠标指针定位到某一对象。

（2）单击：将鼠标指针移到某一对象处，快速按下并释放鼠标左键一次。

（3）双击：将鼠标指针移到某一对象处，快速连续两次按下并释放鼠标左键。

（4）右击：将鼠标指针移到某一对象处，快速按下并释放鼠标右键一次。

（5）拖动：将鼠标指针移到某一对象处，按下鼠标左键不放，移动鼠标，将所选对象移至目标位置，再释放鼠标左键。

在执行不同的任务时，鼠标指针的形状会随之变化。在 Windows 标准方案中，常见的鼠标指针形状如表 2-1 所示。

表 2-1 常见鼠标指针形状

意义	指针形状	意义	指针形状	意义	指针形状
正常选择		手写		水平调整	
求助		不可用		沿对角线调整	
后台运行		垂直调整		选定文字	
等待		链接选择		候选	
精确定位		移动			

2.3.2 桌面的操作

桌面指整个屏幕背景，是操作计算机的主平台。像人们办公的桌面上整齐地摆放着一些常用的办公用品一样，用户可根据习惯将常用程序或文档放置在桌面上。Windows 11 桌面上的信息存放在系统盘中的"Users 文件夹"的"Desktop（桌面）"文件夹中，或者存放在用户登录账号对应的子文件夹的"Desktop（桌面）"文件夹中。它主要由四部分组成：桌面背景、桌面图标、"开始"菜单、任务栏，如图 2-1 所示。

1．桌面背景

桌面背景又称桌布或者墙纸。Windows 11 的默认桌面背景可以根据不同版本和语言有所不同。Microsoft 公司为 Windows 11 提供了一系列全新的 4K 高清默认壁纸，这些壁纸具有多种主题和风格，可进行个性化设置。

图 2-1 Windows 11 桌面

2. 桌面图标

桌面图标由图片和文字组成。一个图标是一个对象，代表一个文件、程序、网页或命令。图标有助于快速执行命令，或打开程序和文档文件。单击或双击图标可执行一个命令。也可在桌面上为一些常用的应用程序和文档创建图标，有些应用程序在安装时会自动在桌面上创建其快捷方式图标。

（1）图标类型。

Windows 11 的图标类型有 4 种，分别是应用程序图标、文档图标、文件夹图标和快捷方式图标，如表 2-2 所示。

表 2-2 Windows 11 的图标类型

类型	功能	样例
应用程序图标	指向某一应用程序，如 Word、QQ、IE 等	Word
文档图标	指向由某一应用程序创建的文档，如 WPS 文档、文本文档等	操作系统.docx
文件夹图标	指向某个具体的文件夹	计算机基础
快捷方式图标	指向系统的某些资源	操作系统.docx

（2）调整桌面图标。

① 重命名桌面图标。方法有两种：一是右击要重命名的桌面图标，在弹出的快捷菜单中选择“重命名”选项，输入新名称；二是在要重命名的桌面图标上缓慢地单击两次，在图标文字区域出现蓝色底纹时，输入新名称将原来文字覆盖即可。

② 添加桌面快捷方式图标。方法有 3 种：一是右击桌面空白处，在弹出的快捷菜单中选择“新建”→“快捷方式”选项，弹出“创建快捷方式”对话框，在“请键入对象的位置”文本框中，输入文件或程序的路径和名称，或单击文本框后的“浏览”按钮来查找文件，再单击“下一步”按钮，在“键入该快捷方式的名称”文本框中为新添加的快捷方式图标重新命名，单击“完成”按钮；二是右击磁盘中的程序或文件，在弹出的快捷菜单中选择“复制”选项，右击桌面空白处，在弹出的快捷菜单中选择“粘贴快捷方式”选项；三是右击磁盘或“开始”菜单中的程序或文件，在弹出的快捷菜单中选择“发送到桌面快捷方式”选项。

③ 删除桌面图标。方法有3种：一是右击要删除的桌面图标，在弹出的快捷菜单中选择“删除”选项；二是选定要删除的桌面图标，按Delete键；三是直接拖动要删除的桌面图标到“回收站”。

④ 调整桌面图标大小。如果计算机屏幕较小，桌面拥挤且不美观，可通过右击桌面空白处，在弹出的快捷菜单中选择“查看”→“小图标”选项来更改桌面图标大小。

⑤ 排列桌面图标。方法有两种：一是右击桌面空白处，在弹出的快捷菜单中选择“查看”→“自动排列图标”选项，系统自动将桌面图标排列整齐，并无法移动图标，如果在快捷菜单中选择“查看”→“将图标与网格对齐”选项，则图标以“格”为单位自动调整到桌面上的位置；二是右击桌面空白处，在弹出的快捷菜单中选择“排列方式”选项，可分别按名称、大小、项目类型或修改日期排列。

（3）常见桌面图标。

初次安装Windows 11后，桌面上只有一个“回收站”图标，用户为了使用方便，将“此电脑”、“用户的文件”、“控制面板”和“网络”也显示在桌面上。

① “此电脑”：是以前版本的“我的电脑”，包含了计算机内的所有资源，它是用户管理和使用计算机磁盘资源最直接、最有效的工具。

双击“此电脑”图标，或右击该图标并在弹出的快捷菜单中选择“打开”选项，可打开“此电脑”窗口。右击“此电脑”图标，选择“属性”可查看操作系统版本、计算机硬件基本配置，并设置计算机名称、域和工作组名等。

② “用户的文件”：是保存文件的默认文件夹，用来存放需快速访问的文件、收藏与链接等，可对其重命名。“用户的文件”是对以前版本的“我的文档”文件夹的改进，它为用户提供了更细化、更明确的文件分类，以便用户对文件进行归类与查看，可分为多类。

“用户的文件”默认存放位置是“C:\Users\用户名\”路径下的各个分类子文件夹。可右击每个子文件夹，在弹出的快捷菜单中选择“属性”选项，在弹出的“属性”对话框的“位置”选项卡中更改文件的存储位置。

③ “控制面板”：是一类特殊的文件夹，它包含许多用于配置和控制计算机功能的程序图标，通过设置“控制面板”，可更改Windows的外观和功能，定制和配置计算机的操作环境。

④ “网络”：是以前版本的“网上邻居”，显示指向共享计算机、打印机和网络上其他资源的快捷方式。在“网络”中可看见局域网中的全部计算机。右击“网络”图标，在弹出的快捷菜单中选择“属性”选项，可查看当前网络状态或更改网络设置。

⑤ “回收站”：用于存放被删除的文件或文件夹。从硬盘中删除任何项目时，Windows 11均将该项目放在“回收站”中。

3.“开始”菜单

“开始”菜单是很多操作的入口，Windows 11的“开始”菜单相比之前版本有了显著的变化。“开始”菜单以一种更加便捷、更加人性化的宽幅结构展示出来，它只显示“已固定”的应用程序和“推荐的项目”程序，使用户可以更加快速地找到其需要的应用程序。如果用户想要查看所有的应用程序，可以单击“所有应用”按钮进行查看。此外，用户可以在其中快速搜索应用、设置和文档，提高了搜索的效率和便捷性。“开始”菜单如图2-2所示。

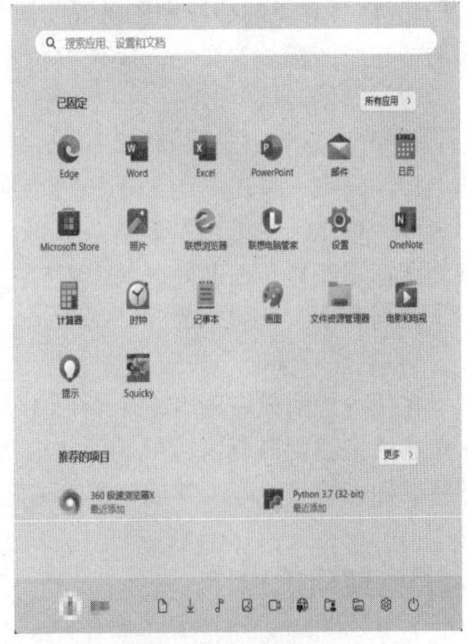

图2-2 “开始”菜单

4．任务栏

任务栏作为使用最频繁的界面元素之一，是位于桌面底部的条形框，是用户与操作系统交互的重要界面之一。它提供一系列的功能和工具，帮助用户更方便地管理和使用计算机。任务栏从左至右分为4部分，如图2-3所示。

图2-3 任务栏

（1）“开始”按钮。

单击“开始”按钮可打开“开始”菜单。

（2）“程序”区。

“程序”区显示常用程序图标和正在运行的程序按钮，其功能如下。

① 每运行一个程序，即以按钮样式显示在任务栏的“程序”区中。光标指向某个程序按钮时，即可在上方显示该程序对应的窗口预览。当打开多个相同程序后，可同时预览到多个窗口。通过预览区可对窗口进行切换和关闭操作。单击预览区右上角的“关闭”按钮即可关闭对应的窗口。

② 在任务栏上可将常用程序固定以方便使用，单击任务栏上的程序图标即可打开对应的应用程序。将程序快捷方式图标固定到任务栏中的方法有3种：一是右击桌面上、“开始”菜单中或磁盘文件夹内的某一应用程序图标，在弹出的快捷菜单中选择“固定到任务栏”选项；二是将桌面上、“开始”菜单中或磁盘文件夹内的某一应用程序图标直接拖动到任务栏上；三是右击任务栏上正在运行程序的程序按钮，在弹出的快捷菜单中选择“固定到任务栏”选项。

要将一个程序图标从任务栏中移除，可右击任务栏上的该图标，在弹出的快捷菜单中选择“从任务栏取消固定”选项。

③ 区分任务栏上的固定程序和运行程序。固定程序以图标样式存放在任务栏上，而正在运行的程序以按钮样式存放在任务栏上。

④ 任务栏上的按钮和图标显示顺序可自行调整，通过鼠标拖动可将与使用频率较高的程序对应的按钮或图标放置在便于操作的位置。

（3）通知区域。

通知区域用于显示一些运行中的应用程序，以及系统音量、网络状态等。随着这些图标数量的增加，隐藏一些不常用的图标可增加任务栏的可用空间，隐藏图标存放在“显示隐藏图标”小面板中。单击通知区域左侧箭头即可打开“显示隐藏图标”小面板。如果需要隐藏图标或者让隐藏的图标重新显示在通知区域，可右击“任务栏”→选择“任务栏设置”→“其他系统托盘图标”，在下拉列表中改变图标的开、关状态。

（4）“显示桌面”按钮。

在任务栏的最右侧有一个矩形的“显示桌面”按钮。单击该按钮即可快速显示当前桌面，再次单击该按钮则恢复窗口原貌。将该按钮设计在最右侧的目的是实现完全“盲”操作，只要凭感觉将鼠标指针“无限”移动到屏幕右下角即可。

2.3.3 窗口的操作

窗口是Windows 11的基本服务组件，屏幕上的窗口与完成某种任务的工作程序相联系。窗口是用户与应用程序交换信息的界面，用户可通过窗口与正在运行的应用程序交互、交流数据或其他信息。

1．窗口的分类

Windows 11 有 3 种不同类型的窗口。

（1）面向对象管理的窗口。

在面向对象管理窗口中可对资源和各种文件进行管理，可将其理解为 Windows 11 自身的窗口。这些窗口都非常相似，可支持类似的操作，但用途和功能有所不同，如“此电脑”窗口、“回收站”窗口、“网络”窗口等。

（2）用户与程序交互的应用程序窗口。

一个应用程序窗口可包含一个正在运行的应用程序。应用程序窗口可放在桌面的任何位置上，如“WPS Office”窗口等。

（3）面向文档操作的文档窗口。

文档窗口包含一个文档。文档窗口不能移出应用程序窗口，只能定位在应用程序窗口内。在一个应用程序窗口内可同时打开多个文档。

2．应用程序窗口的基本组成

Windows 11 的操作主要在窗口中进行。各种窗口尽管有所差别，但大多数窗口有一些共同的组成元素。

（1）控制菜单图标：位于窗口的左上角，不同的应用程序有不同的图标。单击该图标，即弹出控制菜单，可改变窗口的大小、移动或关闭窗口。

（2）标题栏：用于显示窗口的标题（程序名或文档名）。当窗口处于还原状态时，拖动“标题栏”可在桌面上移动窗口。当窗口“标题栏”处于高亮显示时，表明该窗口是当前活动窗口。

（3）控制按钮：位于“标题栏”右侧的 3 个按钮，分别介绍如下。

①“最小化”按钮：将窗口缩小为任务栏上的一个图标按钮。

②“最大化”按钮：将窗口扩大至整个屏幕，原来的“最大化”按钮变为“还原”按钮。

③“关闭”按钮：将窗口关闭。

（4）边框：指窗口四周的边线，窗口在非最大化时拖动边框可改变窗口的宽度和高度。

（5）滚动条：分为“水平滚动条”和“垂直滚动条”。利用“滚动条”可查看窗口中更多的信息。通过拖动滑块、单击滚动条两端的三角形按钮或单击滚动条的空白处可控制窗口中内容的滚动。

（6）状态栏：位于窗口底部，显示窗口当前状态及与操作有关的信息。

3．窗口的操作

（1）移动窗口。

当窗口处于非最大化时，指向窗口“标题栏”处，按住鼠标左键不放，窗口则随鼠标的移动而移动，释放鼠标左键，窗口即被移动到指定位置。或者选择“控制菜单图标”→“移动”选项，通过键盘的四个方向键移动窗口。

（2）改变窗口的大小。

当光标指向窗口边框时，鼠标指针变成双向箭头，拖动边框，窗口的大小随之改变。当光标指向窗口的边角时，鼠标指针变成倾斜的双向箭头，拖动边角，窗口的高度和宽度同时发生改变。

Windows 11 还提供“贴靠布局”功能，可以对多个窗口进行布局调整，通过拖动窗口到屏幕的不同区域来实现多窗口的并列显示，例如左半屏、右半屏、上半屏、下半屏等。

4．窗口的切换

在多个窗口间进行切换，有如下方法。

① 在任务栏上单击已打开的窗口缩略图，可以快速切换到该窗口。

② 使用 Windows 键+数字键：如果窗口已经在任务栏上固定了位置，可以直接按 Windows 键加上对应窗口位置上的数字键（例如 1、2、3 等）来快速切换到该窗口。

③ 使用 Alt+Esc 组合键在窗口间进行切换。

④ 使用 Alt+Tab 组合键选择相应窗口的缩略图。

2.3.4　菜单的操作

Windows 11 的菜单是操作系统中用于展示和执行命令的列表，它是表现 Windows 11 功能的有效形式和工具之一，按照层次结构进行组织。早期的操作系统有两种形式的菜单，即下拉菜单和快捷菜单。

1. 下拉菜单

Windows 11 在设计和功能上做了一些调整与优化，一些传统的菜单项被移动到设置面板或通过其他方式来实现，使得操作更加简洁和直观。Windows 11 的下拉菜单，主要出现在应用程序和文件管理器中，如图 2-4 所示。

2. 快捷菜单

任何情况下，右击都会弹出一个快捷菜单，如图 2-5 所示。快捷菜单列出了与正在执行的操作直接相关的选项，这些选项是和上下文相关联的。因此，不同的位置、不同的时间，快捷菜单的内容可能是不同的。若不想选择任何选项，单击快捷菜单以外的任何地方即可取消操作。

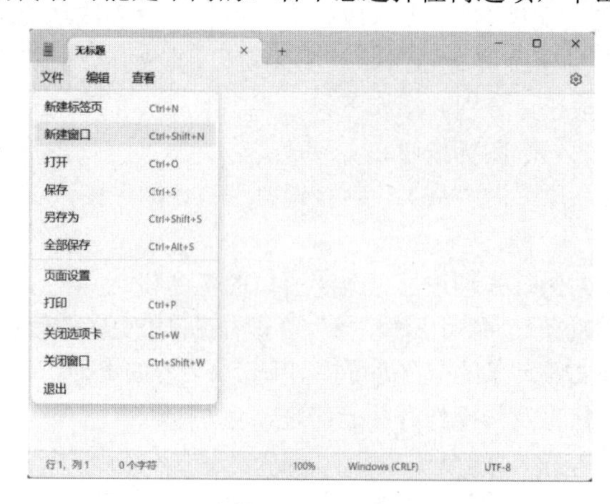

图 2-4　下拉菜单

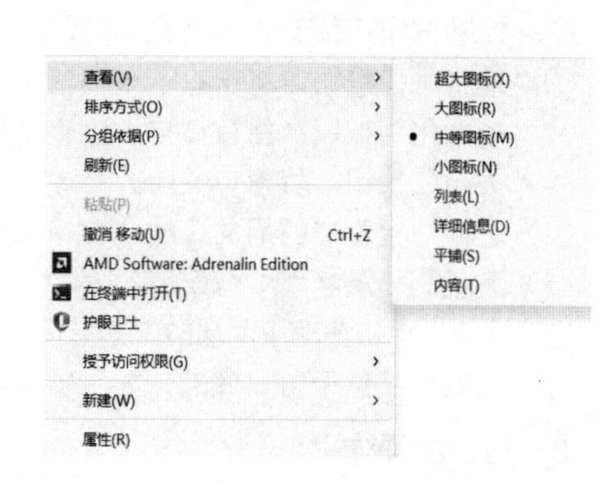

图 2-5　快捷菜单

2.3.5　对话框的操作

对话框是操作系统中用于与用户进行交互的重要组件，供用户输入信息、做出选择或确认操作。在用户执行特定任务或进行系统设置时，通过对话框，操作系统可以请求用户输入必要的信息，或者向用户显示某些重要信息。对话框的基本元素有选项卡、文本框、列表框、下拉列表框、单选按钮组、复选框组、微调按钮、滑块和命令按钮等，如图 2-6 所示。

（1）选项卡：位于标题栏的下方，每个选项卡对应一个新的对话框界面。

（2）文本框：用于输入文本信息的矩形框。

（3）列表框：用于显示多个选项的列表，可选择其中任意一项。

（4）下拉列表框：初始状态下只包含当前选项，单击下拉列表框右侧的三角形按钮，可弹出一个选择列表。

（5）单选按钮组：一组互斥的选项，一次只能选择其中的一个选项，被选中的按钮左侧显示黑圆点。

（6）复选框组：一组选择框，一次可选择其中的一个选项或多个选项，也可不选，被选中的选项左侧显示“✓”。

（7）微调按钮：一对用于增/减数值的箭头。

（8）滑块：一个用于增/减数值的滑动按钮，拖动它可增/减数值。

（9）命令按钮：一个可执行命令的按钮，单击该按钮可启动一个动作。

对话框与窗口的最大区别是：对话框右上角的控制按钮只有“帮助”和“关闭”按钮；无法调整对话框的大小。

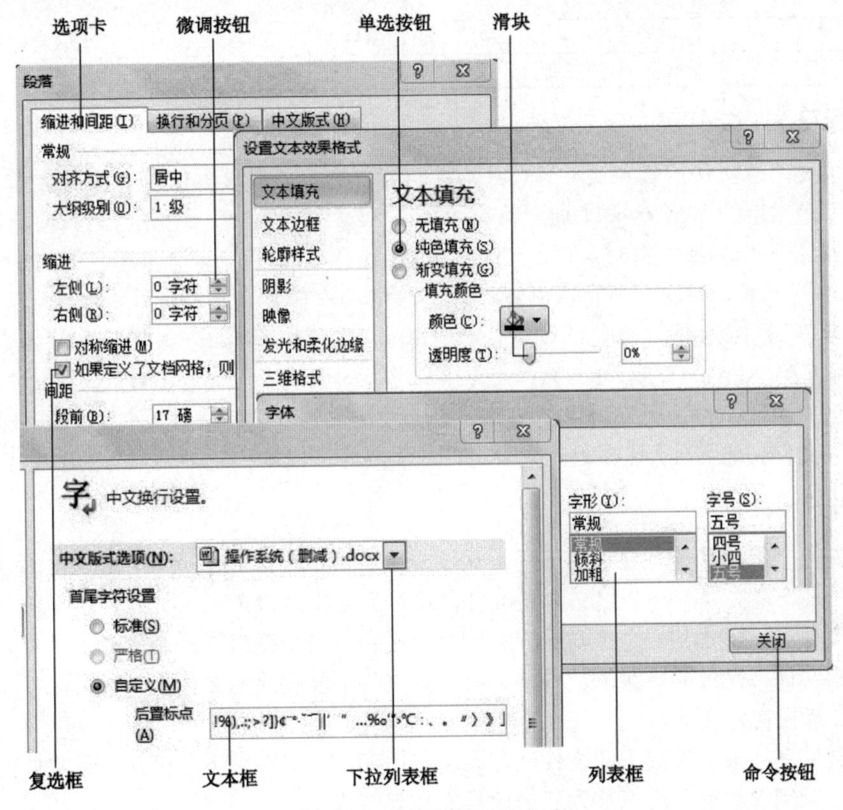

图 2-6　对话框的基本元素

2.4　文件管理

Windows 11 的文件管理是通过其资源管理器来实现的。资源管理器可清晰地显示文件夹结构及内容，方便用户实施文件操作，迅速了解文件的相关信息，有效查看和管理计算机的文件与文件夹。

2.4.1　文件和文件夹

1. 文件

文件是指存储在外部介质上的数据的集合。为区分不同的文件，也为了方便文件的检索与执行，每个文件都有唯一的标识，称为文件全名。文件全名一般由文件名和扩展名组成，中间以“.”作为间隔符，即文件名.扩展名，扩展名可省略。

Windows 11 支持长文件名，文件名最长可达 255 个有效字符，有效字符包括 26 个英文字母，数字 0～9，特殊符号“#”、“@”、“_”和“^”等。

扩展名由 1～4 个有效字符组成，不区分大小写英文字母，扩展名表示文件的类型。常见文件扩展名及其含义如表 2-3 所示。

表 2-3 常见文件扩展名及其含义

文件扩展名	含义	文件扩展名	含义
EXE	可执行文件	JPG、jpeg、png、gif	图像文件
SYS	系统文件	AVI	视频文件
BMP	位图文件	TXT	文本文件
WAV	声音文件	DOCX、doc	Word 文件
ZIP、rar	压缩文件	BAT	批处理文件
CPP	C++源程序文件	HTML、htm	网页文件

2. 通配符

通配符主要用于文件搜索和文件管理。通配符允许用户模糊搜索，以查找符合特定模式的文件或文件夹。最常用的 Windows 11 通配符有两个。

（1）星号（*）作为通配符时，可以代表任意数量的字符，包括零个字符。例如，如果在文件搜索框中输入“*.txt”，将匹配所有以“.txt”为扩展名的文件。

（2）问号（?）作为通配符时，可以代表任意一个字符。例如，如果在文件搜索框中输入“?e?.txt”，将匹配“ae1.txt”或“be2.txt”这样的文件，但不匹配“apple.txt”或“bee2.txt”文件。

通过合理使用通配符，用户可以更快速、更有效地找到所需的文件或文件夹，而无须逐个查看每个文件或文件夹的名称，这在处理大量文件或需要经常搜索特定类型文件的情况下特别有用。

3. 文件夹

文件夹是用来组织和管理文件的一种数据结构。Windows 11 中采用多级树形文件夹结构（如图 2-7 所示）来管理文件。一个根文件夹可包含若干子文件夹和文件。

（1）根文件夹：隐含在一个磁盘或一个硬盘分区中，一个磁盘或一个硬盘分区中只能有一个根文件夹，根文件夹是最高一级的文件夹。根文件夹是不能删除的文件夹，通常以“\”表示，如“C:\”称为 C 盘根文件夹下。

（2）子文件夹：根文件夹下的文件夹称为子文件夹，子文件夹下还可建立孙文件夹。这种文件夹结构像一颗倒置的树，所以称为多级树形文件夹结构。

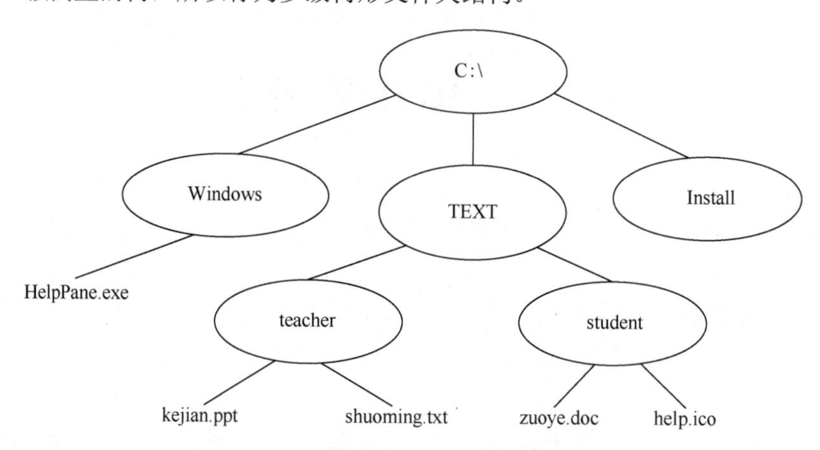

图 2-7 Windows 11 的多级树形文件夹结构

（3）当前文件夹：当前文件夹是系统默认的操作对象。如果不指明文件夹，操作时仍在某个文件夹下寻找或建立文件，则这个文件夹被称为“当前文件夹”。

（4）路径：在磁盘上寻找文件时，所经历的文件夹路线称为路径。

例如，“C:\TEXT\teacher\kejian.ppt”。

2.4.2　资源管理器

Windows 11 的资源管理器是一个核心组件，用于浏览和管理计算机上的文件与文件夹。它提供了统一的界面，使用户能够轻松地访问、组织、移动、复制、删除、重命名文件和文件夹。

1．启动资源管理器

启动资源管理器有以下两种方法。

（1）双击“此电脑”图标，即可打开资源管理器。

（2）选择“开始”→“文件资源管理器”选项。

2．资源管理器的结构

资源管理器的结构如图 2-8 所示。

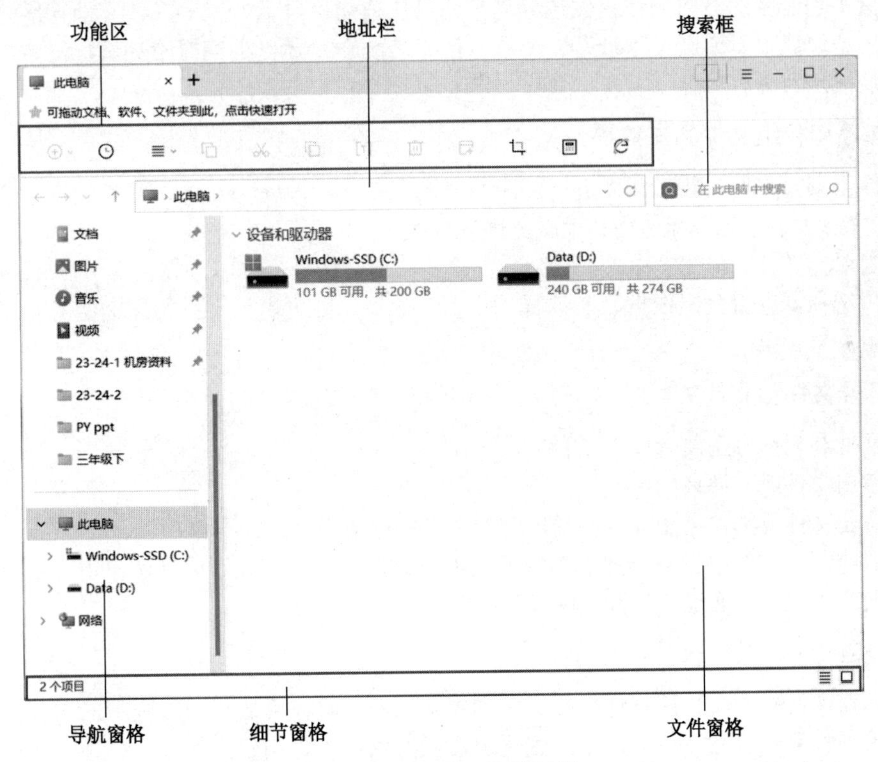

图 2-8　资源管理器的结构

（1）功能区：包括窗口布局、文件操作快捷键工具、快速打开应用程序等。

（2）地址栏：显示当前文件夹的路径。用户可以在地址栏中输入路径或文件名来快速访问特定的位置或文件。

（3）搜索框：可以在搜索框中输入关键词来查找文件和文件夹。搜索结果将实时显示与关键词匹配的项。

（4）导航窗格：导航窗格位于资源管理器的左侧，从上到下分为不同类别。上部包含常用文件夹的快速链接。通过每个类别前方的箭头可展开或合并多个子目录。利用导航窗格，可更快捷地在不同位置之间浏览切换并进行文件的移动、复制、粘贴。

（5）文件窗格：文件窗格是资源管理器的最主要部分，显示当前位置包含的所有内容，如文件、文件夹及虚拟文件夹等。

当光标指向导航窗格和文件窗格之间的分隔条时，鼠标指针变成双向箭头，拖动鼠标可改变两个窗格的大小。

（6）细节窗格：细节窗格位于资源管理器的底部，用于显示所选对象的详细信息。

Windows 11 的资源管理器是一个功能强大的工具，它使用户能够轻松地浏览、组织、管理计算机上的文件和文件夹。通过其直观的用户界面和丰富的功能，用户可以提高工作效率，更好地管理和利用自己的文件资源。

2.4.3 文件和文件夹的操作

1. 显示文件和文件夹

在资源管理器中有 8 种显示文件图标的方式："超大图标"、"大图标"、"中等图标"、"小图标"、"列表"、"详细信息"、"平铺"和"内容"。根据需要选择不同的显示方式，可使操作效率更高。

通过单击功能区的"布局和视图选项"按钮可快速切换显示方式，或在文件窗格的空白处右击，在弹出的快捷菜单中选择"查看"命令，还可在按住 Ctrl 键的同时滚动鼠标滑轮来更改文件或文件夹的显示大小。

2. 排序与分组文件和文件夹

为了便于查找文件，要对文件进行排序和分组。在 Windows 11 中，文件默认可按"名称"、"类型"和"总大小"等进行递增、递减排序或分组。

右击当前文件夹窗口的空白处，在弹出的快捷菜单中选择"排序方式"或"分组依据"选项，从子菜单中选择排序或分组依据，若选择"更多"选项，则可增加文件的详细信息并可对其进行排序和分组。

3. 打开文件和文件夹

打开文件和文件夹主要有以下 3 种方式。

（1）双击文件或文件夹图标。

（2）右击文件或文件夹图标，在弹出的快捷菜单中选择"打开"选项。

（3）右击某个文件图标，在弹出的快捷菜单中选择"打开方式"选项，在子菜单中选择可打开该文件的应用程序或通过"打开方式"对话框来选择应用程序。

4. 创建文件和文件夹

（1）创建文件夹。在当前文件夹窗口中创建新文件夹时，可选择功能区中的"在当前位置中创建一个新项目"→"文件夹"选项，也可单击功能区中的"创建文件夹"图标。还可右击窗口空白处，在弹出的快捷菜单中选择"新建"→"文件夹"选项。

（2）创建新文件。在当前文件夹窗口中创建新文件时，可单击功能区中的"在当前位置中创建一个新项目"下拉按钮，在下拉菜单中选择要创建的新文件。也可右击窗口空白处，在弹出的快捷菜单中选择"新建"选项，在子菜单中选择文件类型，即可创建该类型的文件。

5. 选择文件和文件夹

（1）选择单个对象：单击文件或文件夹图标，使其变为高亮显示。

（2）选择多个连续对象：单击第一个文件或文件夹，按住 Shift 键，再单击最后一个文件或文件夹，即可一次选择多个连续的文件或文件夹。也可以拖动鼠标用矩形框选某个区域内的文件或文件夹。

（3）选择多个不连续对象：按住 Ctrl 键，依次单击所需文件或文件夹，即可一次选择多个不连续的文件或文件夹。

（4）选定全部：使用 Ctrl+A 组合键，即可选择当前文件夹中的全部文件和子文件夹。

（5）取消选择：单击当前文件夹窗口的任意空白处，即可取消所有选择。也可按住 Ctrl 键，再单击需要取消选择的文件。

6．移动文件和文件夹

移动文件和文件夹主要有以下 3 种方式。

（1）选定要移动的文件或文件夹，选择功能区的“剪切”选项，再打开目标文件夹，选择功能区的“粘贴”选项。

（2）在源文件夹下拖动文件或文件夹至导航窗格的目标文件夹，即可实现文件或文件夹的移动。移动同一驱动器中的文件或文件夹，可直接拖动；移动不同驱动器间的文件或文件夹，在拖动时需按住 Shift 键。

（3）选定要移动的文件或文件夹，按 Ctrl+X 组合键剪切，再打开目标文件夹，按 Ctrl+V 组合键粘贴。

7．复制文件和文件夹

复制文件和文件夹主要有以下 4 种方式。

（1）选定要复制的文件或文件夹，单击功能区的“复制”选项，再打开目标文件夹，选择功能区的“粘贴”选项。

（2）在源文件夹下拖动文件或文件夹至导航窗格的目标文件夹，即可实现文件或文件夹的复制。复制同一驱动器中的文件或文件夹，在拖动时按住 Ctrl 键；复制不同驱动器间的文件或文件夹，直接拖动即可。

（3）右击要复制的文件或文件夹，在弹出的快捷菜单中选择“复制”选项，再打开目标文件夹，右击空白处，在弹出的快捷菜单中选择“粘贴”选项。

（4）选定要复制的文件或文件夹，按 Ctrl+C 组合键复制，再打开目标文件夹，按 Ctrl+V 组合键粘贴。

8．删除文件和文件夹

删除文件和文件夹主要有以下 4 种方式。

（1）选定要删除的文件或文件夹，按 Delete 键。

（2）选定要删除的文件或文件夹，选择功能区的“删除”选项。

（3）右击要删除的文件或文件夹，在弹出的快捷菜单中选择“删除”选项。

（4）拖动要删除的文件或文件夹至“回收站”。

经过上述操作，要删除的文件或文件夹并没有真正地从计算机中删除，而是在“回收站”中暂存起来。如要彻底删除文件或文件夹，可在删除过程中按住 Shift 键，被删除的内容将不经过回收站而被直接删除。也可在删除文件后，打开“回收站”窗口，再次删除。如删除移动硬盘、U 盘上的对象，则不经过“回收站”而被彻底删除。

9．重命名文件和文件夹

重命名文件和文件夹主要有以下两种方式。

（1）选择要重命名的文件或文件夹，选择功能区的“重命名”选项，输入新的名称，按 Enter 键（也称回车键）即可。

（2）右击要重命名的文件或文件夹，在弹出的快捷菜单中选择“重命名”选项，输入新名称，按Enter键即可。

文件重命名时，注意不要误删该文件的扩展名，否则该文件不能正常使用。有两种方法可避免误操作。方法一：系统在对文件重命名时提供了自动过滤文件扩展名的功能，可直接修改单纯的文件名。方法二：彻底隐藏文件的扩展名，即选择功能区的“布局和视图选项”→“显示”→“文件扩展名”。

10. 文件和文件夹的属性

文件和文件夹的属性是文件系统用来识别文件与文件夹某种性质的记号。其类型有两种：“只读”和“隐藏”。文件和文件夹可以没有属性，也可以是两种属性中的任意一种。

（1）“只读”属性：使文件或文件夹不能被更改或意外删除。

（2）“隐藏”属性：使文件无法被查看或使用，除非知道文件或文件夹的名称。

查看或更改文件或文件夹的属性时，可右击文件或文件夹，在弹出的快捷菜单中选择“属性”选项，在弹出的“属性”对话框中查看和修改该文件或文件夹的属性信息。

11. 文件和文件夹的快捷方式

“快捷方式”是一类特殊的文件，只占几个字节的空间，该文件仅包含链接对象的位置信息，并不包含对象本身，删除快捷方式并不等于删除对象本身。使用快捷方式可以编辑一个文档、启动一项程序或打开一个文件夹。

在桌面上创建文件或文件夹的快捷方式有以下4种方法。

（1）右击要创建快捷方式的文件或文件夹，在弹出的快捷菜单中选择“发送到”→“桌面快捷方式”选项。

（2）右击要创建快捷方式的文件或文件夹，在弹出的快捷菜单中选择“复制”选项，右击桌面空白处，在弹出的快捷菜单中选择“粘贴快捷方式”选项。

（3）用鼠标右键拖动要创建快捷方式的文件或文件夹至桌面，释放鼠标右键，在弹出的快捷菜单中选择“在当前位置创建快捷方式”选项。

（4）右击桌面空白处，在弹出的快捷菜单中选择“新建”→“快捷方式”选项，在弹出的“创建快捷方式”对话框中选择目标文件或文件夹。

2.5 控 制 面 板

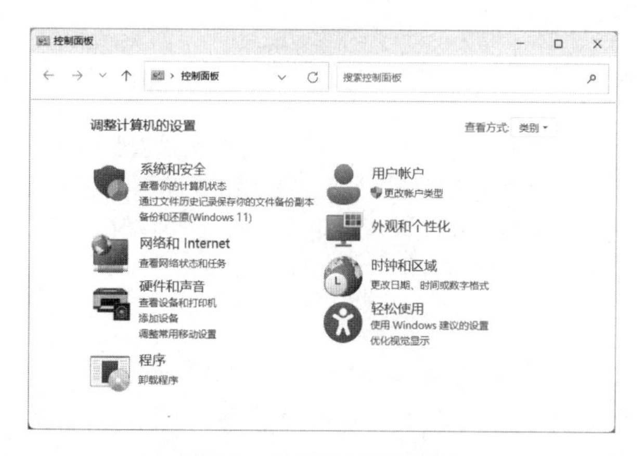

图2-9 “控制面板”窗口

控制面板集中了计算机的所有相关设置，可以对系统做任何设置和操作。Windows 11的控制面板将同类相关设置整合在一起，共形成8个类别，“控制面板”窗口如图2-9所示。如果不习惯按类别显示，可选择“查看方式”中的“大图标”或“小图标”选项，将所有项目显示在“控制面板”窗口中。本节主要介绍控制面板的常用设置和功能。

1. 系统和安全

“系统和安全”功能是一个非常重要的

部分，它允许用户更改和管理与操作系统安全相关的各种设置。这个功能的关键特性和用途如下。

（1）更改用户账户控制设置：用户可以通过此功能调整用户账户控制（User Account Control，UAC）的安全级别。UAC有助于保护计算机免受恶意软件的攻击，通过限制应用程序对系统的更改来保护用户的数据和文件。

（2）Windows Defender 防火墙：这个功能允许用户配置和管理 Windows Defender 防火墙的设置，包括入站和出站规则，以控制哪些应用程序可以访问网络。

（3）备份和恢复：用户可以使用此功能创建系统的备份，并在需要时恢复这些备份。这对于保护用户数据和系统设置非常重要。

2. 用户账户

允许用户管理自己的账户信息、权限，以及与其他用户的交互方式。以下是用户账户功能的一些主要特点和用途。

（1）创建和管理用户账户：允许创建新的用户账户，这对于家庭或办公室中的多用户环境特别有用。还可以修改现有账户的属性，如账户名称、密码和账户类型（例如管理员、标准用户等）。

（2）设置账户权限：可以控制每个用户账户对计算机资源的访问权限。例如，可以限制某些用户安装软件或更改系统设置，这有助于维护计算机的安全性和稳定性。

（3）家庭安全设置：允许为儿童或其他家庭成员设置权限，是一个特别有用的功能。比如控制他们可以访问哪些网站、可以运行的游戏和应用程序，以及使用计算机的时间。

（4）密码管理：更改或删除当前用户账户的密码，以确保账户的安全性。此外，定期更新密码以减少安全风险。

3. 网络和 Internet

允许用户对计算机的网络连接、Internet 设置和其他相关功能进行管理和配置。下面介绍网络和 Internet 选项的相关设置。

（1）网络连接：可以查看当前计算机已连接的网络，包括以太网和 Wi-Fi 连接。可以启用或禁用无线功能，选择连接到不同的网络，或者更改网络连接的优先级。还可以查看网络连接的详细信息，如 IP 地址、子网掩码、默认网关等。

（2）Internet 选项：通过 Internet 选项配置浏览器的设置，如默认浏览器、代理服务器、安全设置、内容设置等。还可以管理浏览器的历史记录、缓存、Cookie 等。

（3）网络和共享中心：可以查看和管理计算机的网络连接、共享文件和打印机等。

（4）VPN 连接：如果用户需要使用虚拟专用网络（Virtual Private Network，VPN），可以在这里创建和管理 VPN 连接，配置 VPN 的服务器地址、协议类型、用户名和密码等。

4. 外观和个性化

允许用户根据自己的喜好和需求定制系统的外观与行为。可以对主题、背景、颜色、字体和任务栏等进行个性化设置。

5. 硬件和声音

与计算机硬件和声音设备相关的设置与选项如下。

（1）设备和打印机：可以查看和管理连接到计算机的所有设备，包括打印机、鼠标、键盘、扫描仪等。还可以添加新设备、更新驱动程序、配置设备设置或卸载设备。

（2）声音：可以调整系统声音和通知的音量，更改默认的声音方案，以及配置每个事件的特定声音。

（3）电源选项：允许配置计算机的电源计划，包括何时关闭显示器、进入睡眠模式或完全关机，还可以创建自定义电源计划以满足特定的需求。

（4）自动播放：当插入特定类型的媒体（如音频 CD、图片、视频等）时，计算机应如何自动响应。

6．时钟和区域

允许配置与时间、日期和地区相关的各种选项。

（1）日期和时间：可以查看和更改计算机的当前日期和时间，可选择手动设置日期和时间，或者使用网络时间协议（NTP）自动从 Internet 时间服务器获取时间和日期。

（2）区域：允许选择您所在的地理位置或地区，以便正确显示日期、时间和货币等格式。

（3）附加时钟：如果需要跟踪多个时区的时间，可以添加附加时钟，并为每个时钟选择时区。

（4）格式：在“格式”选项卡下，可以更改日期、时间和数字的格式，以符合地区或文化习惯。

7．程序

（1）安装应用软件。一般应用软件都有自己的安装程序，运行安装程序，根据安装向导提示即可实现软件的自动安装。

（2）卸载应用软件。一般而言，应用软件有自己的卸载程序，在“开始”菜单中选择“所有程序”选项，找到需要卸载的软件，选择“卸载”选项即可。

若无法在“开始”菜单的“所有程序”中找到“卸载”选项，则可通过“控制面板”安全卸载软件。

8．轻松使用

为了帮助用户更轻松地操作和使用计算机，特别是对于那些有特殊需求的用户，“轻松使用”中心提供了多个有助于改善计算机体验的选项和工具。例如，可以调整屏幕的颜色和对比度，放大文本和图标，设置高对比度主题，以及启用语音识别和键盘快捷键等。

2.6 常用工具和系统工具

Windows 11 自带很多实用的常用工具和系统工具。这些常用工具如截图、画图、计算器等的功能简单、使用方便；系统工具有远程桌面连接、任务管理器等。

1．截图工具

图 2-10 “截图工具”窗口

Windows 11 提供的截图工具比 QQ 截图更便捷、简单，而且截图更清晰。

Windows 11 的截图工具是一款内置的屏幕截图和编辑工具，打开“开始”菜单，在所有应用中启动“截图工具”，“截图工具”窗口如图 2-10 所示。该工具提供多种截图模式，包括矩形模式、窗口模式、全屏模式和任意格式模式，用户可以根据自己的需要选择合适的模式进行截图。同时，截图工具还支持添加文字、箭头等注释，以便更具体地捕捉所需的信息。

截图工具常用的打开方式是使用快捷键，按 Windows+Shift+S 组合键可打开截图工具，并可在屏幕上选择要截取的区域。一旦选择了截图区域，该截图将被自动复制到剪贴板，用户可以在需要的地方粘贴使用。除基本的截图功能外，截图工具还提供了一些高级功能，如截图历史记录、编辑工具等。用户可以通过“设置”菜单来自定义快捷键、更改保存位置等选项，以满足个人的使用习惯。

2．画图工具

画图工具使用方便，能进行基本的图像处理和创作，可对各种位图格式的图画进行编辑。打开“开始”菜单，在所有应用中启动“画图”工具，“画图”窗口如图 2-11 所示。下面介绍画图工具的主要功能和特点。

（1）基本编辑功能：提供常见的图像编辑工具，如画笔、橡皮擦、选择工具等，允许用户对图像进行基本的编辑和修改。

（2）形状和线条工具：用户可以使用各种形状工具（如矩形、椭圆、多边形等）及线条工具来绘制图形，也可添加形状和线条到图像中。

（3）颜色填充和调色板：提供多种颜色选项和调色板，允许用户选择和更改图像中的颜色，以及进行颜色填充。

（4）文本添加：用户可以在图像中添加文本，并调整文本的字体、大小、颜色和位置。

（5）图像调整：提供基本的图像调整选项，如亮度、对比度、色彩平衡等，以改善图像的外观和质量。

（6）保存和分享：完成编辑后，用户可以将图像保存为多种文件格式，如 JPEG、PNG、BMP 等。

3．计算器工具

计算器工具是一个功能全面、易于使用的应用程序，可满足各种计算需求。打开“开始”菜单，在所有应用中启动计算器工具，“计算器”窗口如图 2-12 所示。下面介绍计算器工具的主要功能和特点。

（1）标准计算器：提供基本的数学运算功能，满足日常计算需求。

（2）科学计算器：支持更高级的数学和科学计算，如三角函数、对数、指数等。

（3）单位转换：计算器内置了单位转换功能，如长度、容量、面积、体积、温度等。用户可以在不同的单位之间轻松转换，例如将磅转换为千克，或将摄氏度转换为华氏度。

（4）程序员模式：提供二进制、八进制、十进制和十六进制之间的转换，以及位运算等功能。

（5）历史记录：计算器会自动保存用户的计算历史，方便用户回顾和检查之前的计算过程。

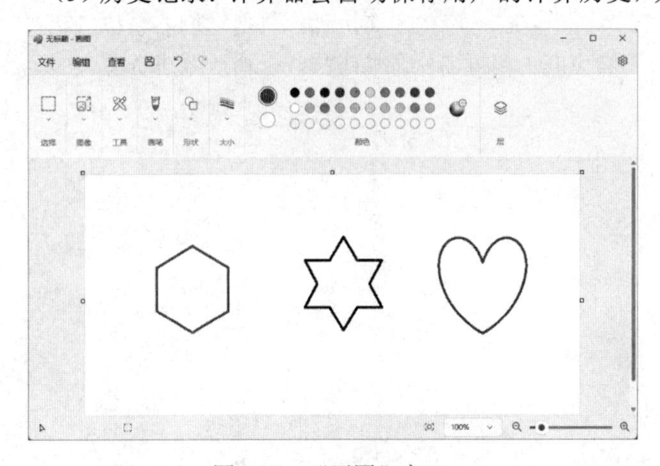

图 2-11　“画图”窗口

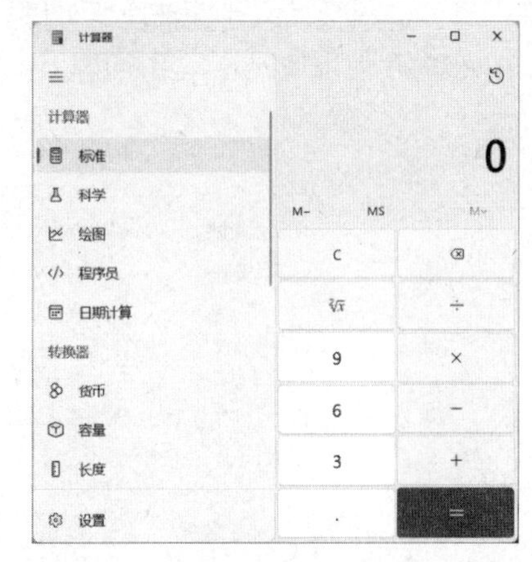

图 2-12　“计算器”窗口

4．远程桌面连接

远程桌面连接是一项非常实用的功能，允许用户通过网络从其他计算机或设备上远程控制自己的 Windows 11 设备。这对于需要远程办公或访问家中计算机的用户来说特别有用。通过远程桌面连接，用户可以像操作本地计算机一样操作远程计算机，包括打开应用程序、浏览文件、进行系统设置等。

为了确保远程桌面连接的安全性，Windows 11 提供了多种安全措施，如要求用户输入凭据进行身份验证、使用强密码、启用网络级别的身份验证等。此外，用户还可以配置远程桌面连接的设置，如设置允许远程连接的用户账户、配置远程桌面端口号、调整连接质量等。

打开“开始”菜单，在所有应用中启动“Windows 工具”→“远程桌面连接”。开启了远程桌面连接功能后，可以在网络的另一端操作控制这台计算机，其操作步骤如下。

（1）输入计算机名或者计算机的 IP 地址，单击“连接”按钮，“远程桌面连接”窗口如图 2-13 所示。

（2）弹出“Windows 安全”对话框，如图 2-14 所示，输入登录计算机的用户名和密码，单击“确定”按钮，即可登录。

图 2-13 “远程桌面连接”窗口

图 2-14 “Windows 安全”对话框

5. 任务管理器

任务管理器是一个功能强大的系统监视和管理工具，它允许用户查看系统中正在运行的进程、应用程序和服务，以及它们的状态和资源使用情况。可以按下 Ctrl+Shift+Esc 组合键或者右键单击任务栏并选择“任务管理器”，“任务管理器”窗口如图 2-15 所示。任务管理器的主要功能和特点如下。

（1）进程管理：任务管理器可以显示系统中正在运行的所有进程，包括它们的名称、状态、CPU 和内存使用情况等。用户可以结束不响应或占用过多资源的进程，以释放系统资源。

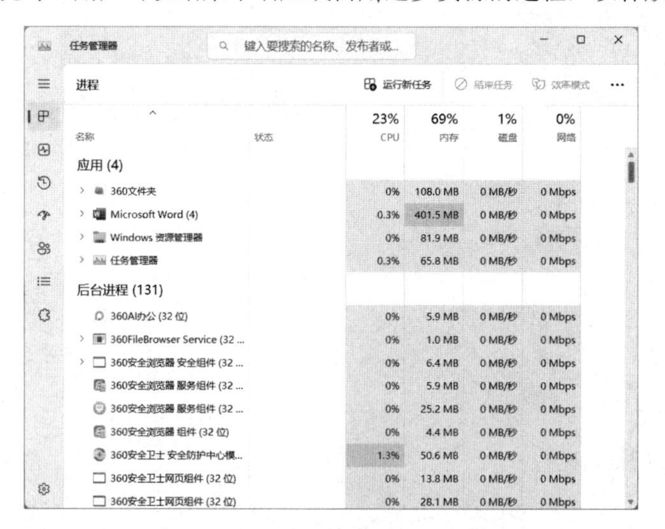

图 2-15 “任务管理器”窗口

（2）应用程序管理：任务管理器可以显示正在运行的应用程序和服务。用户可关闭应用程序或服务，或者查看它们的状态和性能信息。

（3）性能监视：任务管理器内置了性能监视器，可以实时显示系统的CPU、内存、磁盘、网络等使用情况，帮助用户了解系统的运行状态和性能瓶颈。

（4）启动项管理：在任务管理器的“启动”选项卡中，用户可以查看、管理系统启动时自动运行的应用程序和服务。这有助于优化系统启动速度和提高系统性能。

（5）用户界面：Windows 11的任务管理器采用了新的用户界面设计，简化了界面切换步骤，使功能区域和Windows 11的外观和操作逻辑保持一致。此外，任务管理器还提供了更丰富的设置选项，如黑暗模式、默认开始页、实时更新速度等。

习 题 2

一、选择题

1．Windows是一种（ ）。

A．操作系统　　B．语言处理程序

C．处理软件　　D．图形处理软件

2．在Windows环境中，用户可同时打开多个窗口，此时（ ）。

A．只能有一个窗口处于激活状态，其标题栏的颜色与众不同

B．只能有一个窗口的程序处于前台运行状态，而其余窗口程序处于停止运行状态

C．所有窗口的程序都处于前台运行状态

D．所有窗口的程序都处于后台运行状态

3．若给定一个带有通配符的文件名A*.?，则它能代表文件（ ）。

A．AAA.EXE　　B．A.C

C．EA.C　　D．AXYZ.COM

4．执行（ ）操作，可把剪贴板上的信息粘贴到某个文档窗口的插入点处。

A．按Ctrl+C组合键　　B．按Ctrl+V组合键

C．按Ctrl+Z组合键　　D．按Ctrl+X组合键

5．Windows控制面板的作用是（ ）。

A．改变Windows的配置　　B．编辑图像

C．编辑文本　　D．播放媒体

二、填空题

1．________是计算机系统重要组成部分，是与计算机硬件关系最为密切的系统软件，是硬件的第一层软件扩充，是其他软件运行的基础。

2．在Windows桌面上有一些图形，图形伴有文字说明，这些图形和文字称为________。

3．在Windows桌面上，将鼠标指向________，拖动________到所需位置，可调整窗口尺寸。

4．文件全名由文件名和________组成。

5．在Windows的资源管理器中，若想在文件夹内容窗口中选定多个连续的文件，则先用鼠标选定第一个文件，然后移动鼠标指针至要选定的最后一个文件，按住________键并单击最后一个文件。若想选定不连续的多个文件，则可在按住________键的同时依次单击各个文件。

第 3 章　WPS 文字

WPS 文字是 WPS Office 的重要组件之一，其功能非常全面，能够方便地对文字、表格、图形、图片、图像和数据进行处理，可以制作出具有专业水平的文档。本章将以 WPS 文字为例，介绍它的基本功能和使用方法，主要介绍 WPS 文档的创建与保存、文本编辑和格式设置、对象编辑、文档的审阅和打印等。

3.1　WPS 文字概述

3.1.1　WPS Office 的启动与退出

1．启动 WPS Office

启动 WPS Office 的常用两种方法如下。

（1）从“开始”菜单中启动：在“开始”菜单中找到“WPS Office”软件后单击即可启动 WPS Office 首页，如图 3-1 所示。

（2）通过桌面快捷方式启动：先在桌面上创建 WPS Office 的快捷图标，通过双击该图标可快速启动 WPS Office。

WPS Office 将文字、表格、演示等组件整合到一个窗口中，可以利用窗口中的标签在各个文档和组件之间切换。

图 3-1　WPS Office 首页

2．退出 WPS Office

退出 WPS Office 的常用 3 种方法如下。

（1）单击标题栏右上角的“关闭”按钮。

（2）单击“文件”菜单→“退出”命令。

（3）按 Alt+F4 组合键。

3.1.2　WPS 文字的窗口及其组成

当新建或打开一个 WPS 文字类型的文档后，就会进入 WPS 文字的窗口。该窗口主要由标签栏、快速访问工具栏、功能区、文档编辑区及状态栏等部分组成，如图 3-2 所示。

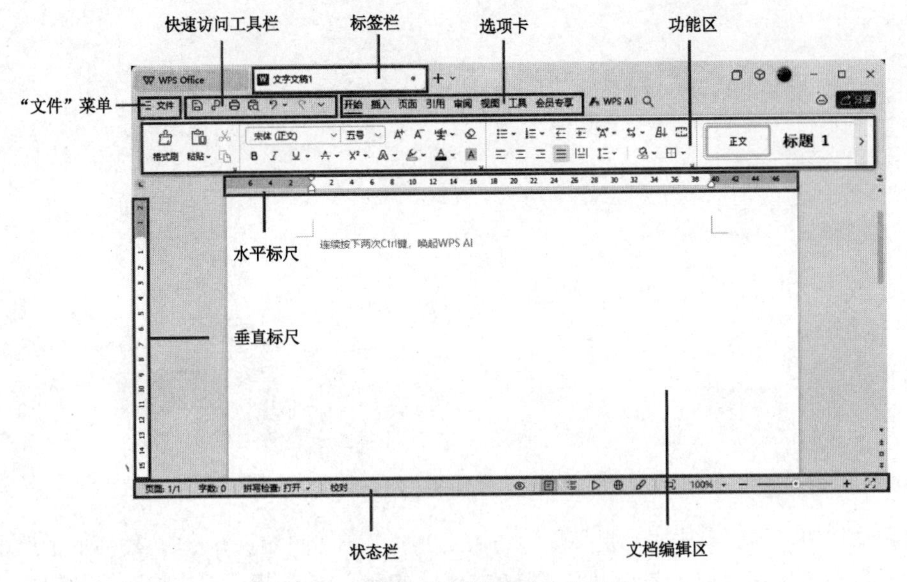

图 3-2　WPS 文字的窗口及其组成

1. 标签栏

标签栏中显示了当前正在打开编辑的文档名（文字文稿），每个打开的文档都会用一个标签表示。

2. 快速访问工具栏

快速访问工具栏用于快速执行一些操作命令，其中包含了用户使用最频繁的命令按钮，如"保存"、"撤销"和"恢复"等按钮。还可以自定义快速访问工具栏，根据需要在快速访问工具栏中添加命令，常用的两种方法如下。

（1）单击"自定义快速访问工具栏"下拉按钮，在弹出的下拉菜单中设置快速访问工具栏的位置和添加命令，如图 3-3 所示。

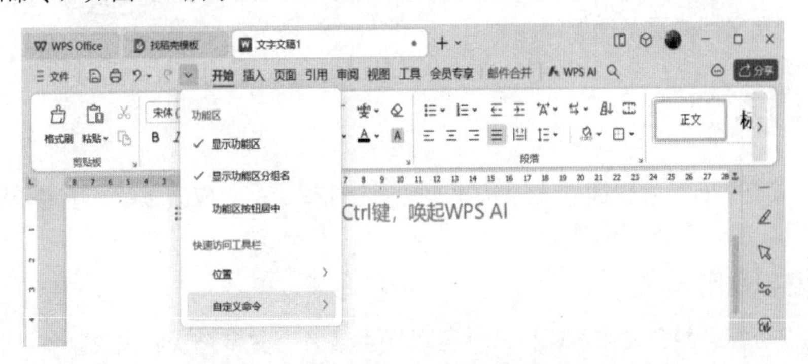

图 3-3　在快速访问工具栏中添加命令

（2）单击"自定义快速访问工具栏"下拉按钮→"自定义命令"→"其他命令"，在弹出的"选项"对话框中选择左侧列表框中的"快速访问工具栏"选项，先在"从下列位置选择命令"下拉列表框中选择位置，然后在下方的列表框中选择要添加的命令，再单击"添加"按钮，最后单击

“确定”按钮即可，如图 3-4 所示。

图 3-4 “选项”对话框

若需删除按钮，则先单击“自定义快速访问工具栏”→“自定义命令”，然后取消选中要删除的选项。或者右击快速访问工具栏上要删除的按钮，在弹出的快捷菜单中选择“从快速访问工具栏删除”选项。

3．选项卡和功能区

WPS 文字的选项卡主要包含开始、插入、页面、引用、审阅、视图和工具等。每个选项卡包含相对应的功能区。功能区按功能划分成多个组，其中包含若干按钮、文本框等。单击功能区右下角按钮 将打开对应的对话框或窗格等。

4．文档编辑区

窗口中最大的空白区域是文档编辑区，在该区域中可对文档内容进行编辑。

5．状态栏

状态栏显示了当前文档的信息，如当前光标所在页、文档的总页数、文档的字数、拼写检查、文档的视图方式及文档的显示比例等。

3.1.3 视图方式

WPS 文字文档中有 6 种视图方式，单击“视图”选项卡中对应的按钮，或者单击状态栏右侧的视图方式按钮，可以切换视图方式。

1．全屏显示视图

该视图只保留标题栏和文字编辑区域，可以提供最大的文字查看和编辑区域。按下键盘左上角的 Esc 键，可以退出全屏显示视图。

2．阅读版式视图

该视图一般用于阅读和编辑长篇文档，显示文档的背景、页边距，但不显示页眉和页脚。

3. 写作模式视图

该视图提供一个简洁的操作界面，以便于集中注意力进行文字的撰写。

4. 页面视图

该视图是默认的视图方式，可以显示包括页眉和页脚等与文档实际打印效果相同的样式。在该视图下可进行文档的各种编辑操作。

5. 大纲视图

该视图将所有的标题分级显示出来，如图 3-5 所示，可方便地查看文档的结构，在大纲视图下的文档内容可以折叠与展开，还可以很方便地设定各文本的级别。该视图对于建立和查看文档的大纲十分方便，但是取消了页面元素的显示。

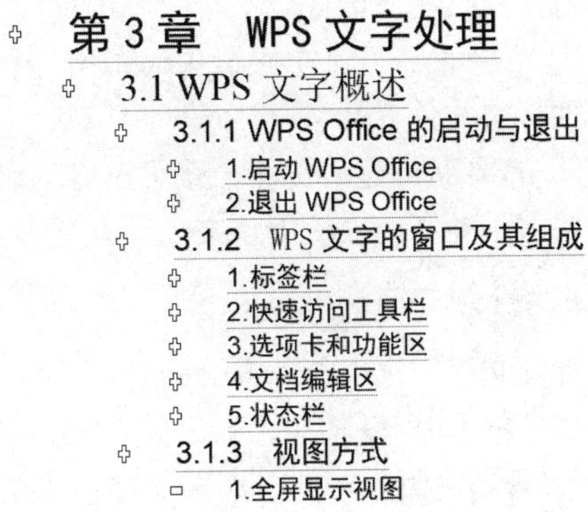

第 3 章　WPS 文字处理
3.1 WPS 文字概述
3.1.1 WPS Office 的启动与退出
1.启动 WPS Office
2.退出 WPS Office
3.1.2　WPS 文字的窗口及其组成
1.标签栏
2.快速访问工具栏
3.选项卡和功能区
4.文档编辑区
5.状态栏
3.1.3　视图方式
1.全屏显示视图

图 3-5　大纲视图

6. Web 版式视图

该视图用于显示文档在 Web 浏览器中的外观，在该视图方式下不显示页眉、页脚、页码等信息。

3.2　文档的基本操作

文档是由 WPS 中的文字组件创建的文件形式，通常采用.wps 与.docx 作为扩展名。

3.2.1　文档的创建与打开

1. 创建文档

在 WPS Office 中，既可以创建空白文档，也可以根据选定的模板来快速创建文档。模板具有预设的主题、样式和布局，只需要在模板中输入文本和一些其他信息，就可以快速建立标准格式的文档。常用的文档创建方法主要有以下两种。

（1）先启动 WPS Office，然后选择需要新建的文档类型。步骤如下。

① 启动 WPS Office，在首页界面中单击左侧“新建”按钮或顶部的“+”按钮，打开新建界面，如图 3-6 所示。

新建
Office文档
文字
演示
表格
PDF
在线智能文档
智能文档
智能表格
智能表单
应用服务
精选模板
项目进展，随时掌控

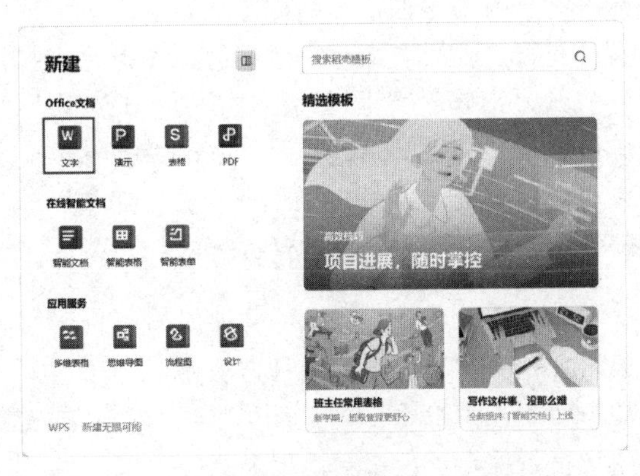

图 3-6　新建界面

② 在新建界面左上角的“Office 文档”类型中单击“文字”→“空白文档”按钮，即可建立一个空白的文字文稿。也可以选择下方某个类型的模板来建立文档。若之前从未使用过模板，则需要先从官网组件上下载，然后才能使用。

（2）直接在桌面或者某个磁盘中创建 WPS 文件，重命名后再打开编辑。步骤如下。

① 在桌面或者某个磁盘中单击鼠标右键→“新建”→“DOCX 文档”或“DOC 文档”类型的文件，将文件重命名。

② 打开新创建的文件，就可以自动启动 WPS Office 直接进行编辑。但这种方法只能新建空白文档，不能利用模板创建文档。

2. 打开文档

打开文档的常用 3 种方法如下。

（1）单击 WPS 软件左上角的“WPS Office”按钮，单击左侧命令栏中的“打开”按钮，弹出“打开文件”对话框，找到所需文档，单击“打开”按钮即可。

（2）对于已经创建的文档，通过资源管理器打开文档所在的文件夹，双击文档即可。

（3）打开最近使用文件：单击 WPS 软件左上角的“WPS Office”按钮，单击左侧命令栏中的“最近”按钮，在右侧区域中列出最近使用过的文档，双击打开即可。

3.2.2 文档的保存与关闭

1. 保存文档

保存文档的常用两种方法如下。

（1）保存文档：单击“文件”菜单→“保存”命令，或在快速访问工具栏中单击“保存”按钮。

如果保存新建文档，则会弹出“另存为”对话框，设置保存位置、文件名及保存类型，单击“保存”按钮。当对已保存过的文档进行保存时，默认按原有的保存位置、文件名及类型保存。

（2）另存为文档：对保存过的文档进行修改后，需要再次保存，并且在希望保留原有文档时，可使用“另存为”命令。

单击“文件”菜单→“另存为”命令，弹出“另存为”对话框，设置保存位置、文件名及保存类型，单击“保存”按钮即可。

2. 保护文档

当文档内容属于重要内容时，为了防止他人随意打开或者修改文档，可以通过对文档设置密码来保护文档。设置打开密码和修改密码的常用两种方法如下。

（1）在另存文档时设置：打开“文件”菜单→“另存为”命令→打开“另存文件”对话框；单击下方的“加密”按钮→打开“密码加密”对话框。在“打开权限”区域可以设置文件的打开密码，在“编辑权限”区域可以设置文件的修改密码，单击“应用”按钮确认操作。

（2）在“文件”菜单中设置：单击“文件”菜单→“文档加密”→“密码加密”命令，打开“密码加密”对话框，设置文件的打开密码和修改密码，单击“应用”按钮确认操作。

3. 关闭文档

文档编辑完成后，需要将文档关闭，常用的两种方法如下。

（1）单击“文件”菜单→“退出”命令，即关闭当前所有打开的文档。若文档经修改后未保存，则会弹出提示框询问用户是否保存，但不会退出 WPS。

（2）单击标题栏右上角的“关闭”按钮，即可关闭 WPS。若文件没有存盘，则应用程序会将正在编辑的文档一起关闭，同时会弹出提示框询问用户是否保存。

3.3 文本编辑和格式设置

3.3.1 文本编辑

文本的主要操作包括输入、选定、删除、复制、移动、查找与替换等。

1．输入文本

输入文本是 WPS 文字的一项基本功能，当新建一个文档后，在文档的开始位置将出现一个闪烁的光标，称为“插入点”。所输入的字符就出现在插入点的位置，选择一种输入法后，即可输入文本。随着字符的输入，光标不断右移，当到达页面最右端时，“插入点”自动移到下一行。

按 Enter 键可以开始一个新的段落或者产生一个空行，并且会产生一个段落标记。如果需要在不产生新段落的条件下另起一行，则可按 Shift+Enter 组合键。

2．选定文本

选定的文本呈高亮状态显示。

（1）选定字词：先将光标定位在需要选定操作的位置，然后拖选字或词。

（2）选定行：将光标定位在需要选定行的行首，待鼠标指针变为向右上方倾斜的形状时单击即可。

（3）选定分散文本：拖选所需文本，在按住 Ctrl 键的同时，选择任意不连续的文本。

（4）选定垂直文本：在按住 Alt 键的同时，向下拖动成矩形区域，该区域内的垂直文本即被选定。

（5）选定段落：将光标定位在需要选定段的任意位置，连续单击三次。

（6）选定全文：将光标定位在文档中任意位置，将指针移动到文档左侧任意位置，当鼠标指针向右上方倾斜时，连续单击三次。

3．删除文本

选定文本，按 Delete 键或按 Backspace 键即可删除文本。

4．复制文本

选定要复制的文本。单击“开始”选项卡→“复制”按钮，或按 Ctrl+C 组合键。被复制的文本放置在剪贴板中。在目标位置单击“开始”→“粘贴”按钮，或按 Ctrl+V 组合键即可实现复制。

“粘贴”中有“选择性粘贴”选项，其中有“带格式文本”和“无格式文本”等选项，可以根据需要选择粘贴的样式。

5．移动文本

移动文本即把选定的文本移动到另外一个位置。选定要移动的文本后，将其拖动至目标位置即可。

也可使用剪切操作：选定要移动的文本，单击“开始”选项卡→“剪切”按钮，或按 Ctrl+X 组合键。被复制的文本放置在剪贴板中。在目标位置，单击“开始”→“剪贴板”→“粘贴”按钮，或按 Ctrl+V 组合键即可实现移动。

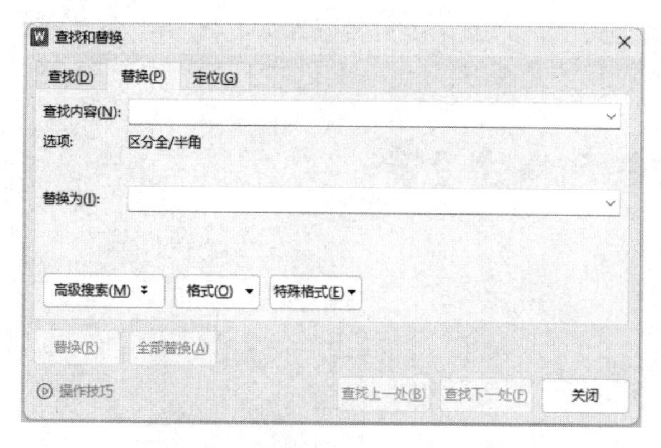

图 3-7 “查找和替换”对话框

6. 查找与替换文本

在 WPS 文字中，可在文档中查找某一特定内容，或在查找到指定内容后将该内容替换为其他内容。

单击“开始”选项卡→“查找替换”按钮，弹出“查找和替换”对话框，如图 3-7 所示。在“替换”选项卡的“查找内容”文本框中输入要查找的文本，在“替换为”文本框中输入替换后的文本，单击“查找下一处”按钮，在文档窗口中，光标将定位到查找到的第一个文本处，单击“替换”按钮即可替换文本。如果不替换，则单击“查找下一处”按钮；如果单击“全部替换”按钮，则可以完成所有内容的替换。

如要查找特定格式的文本、字符等，可以单击“格式”或“特殊格式”按钮，在弹出的下拉菜单中设置具体的文本格式，可以在其中进行高级设置。

3.3.2 字符格式

WPS 文字为修饰字符和美化字符提供了多种字符格式、高级字符格式。

字符格式包括字体、字号、字形、字体颜色和字体效果等。

（1）字体分为中文字体和西文字体，中文字体默认为宋体，也可自己安装并使用其他字体。

（2）“字号”列表框中字号的表示方法有两种：一种是中文数字，数字越小，对应的字越大；另一种是阿拉伯数字，数字越大，对应的字越大。

（3）字形设置包括加粗、倾斜、下画线、字符边框、字符底纹、字符缩放等。

（4）字体效果包括删除线、上标、下标、文本效果等。

设置字符格式的方法有以下 4 种。

1. 使用功能区设置

选中要设置格式的文本，单击“开始”选项卡对应的字符格式按钮，如图 3-8 所示。若字符格式按钮右侧具有下拉标识，单击该下拉按钮即可出现更多样式。例如，单击“下画线”下拉按钮，则会显示更多的下画线样式。如图 3-9 所示。

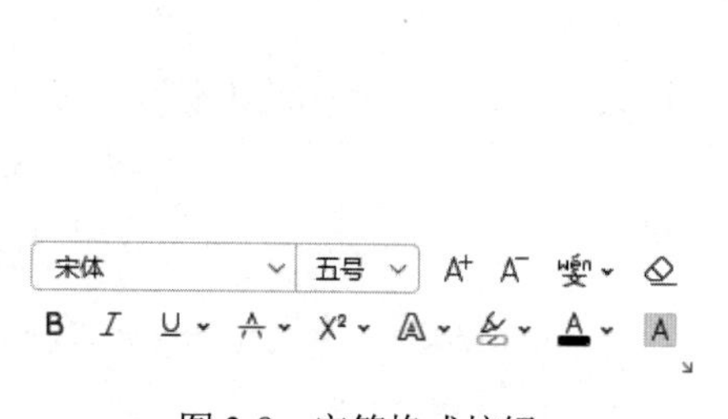

图 3-8 字符格式按钮

图 3-9 下画线样式

2. 使用对话框设置

选中要设置格式的文本，单击“开始”选项卡→“字体”按钮，弹出“字体”对话框，如

图 3-10 所示，在“字体”选项卡中设置字符格式。

3．使用浮动工具栏设置

选中要设置格式的文本，文本的右上角即出现如图 3-11 所示的浮动工具栏，浮动工具栏提供常用的字符格式设置按钮。

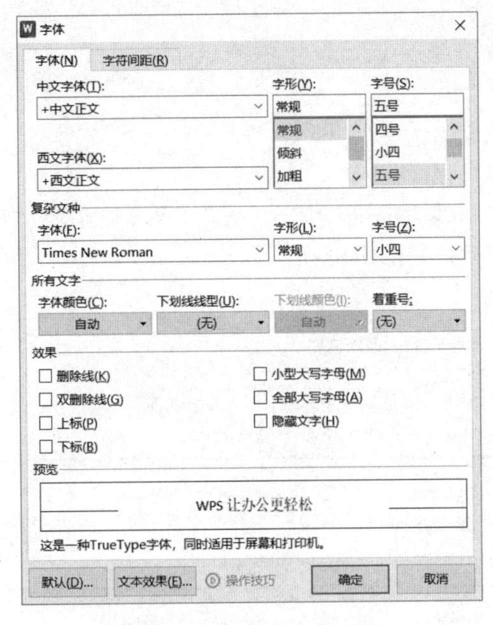

图 3-10　“字体”对话框

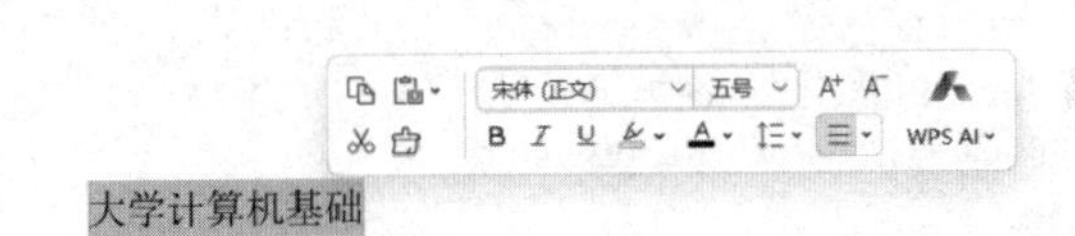

图 3-11　浮动工具栏

4．使用格式刷

在设置文本格式时，如果需要将一段文本的格式复制到另一段文本上，则可以使用格式刷完成。选中要复制格式的文本，单击“开始”选项卡→“格式刷”按钮，拖选要格式化的文本即可。

3.3.3　段落格式

在输入文本时，两个回车符之间便生成了一个段落，段落是构成文档的骨架。段落格式包括段落对齐、段落缩进和段落间距等。

1．段落对齐

段落对齐指文档边缘的对齐方式，包括如下方式。

（1）左对齐：段落中每行文本的左端对齐。

（2）居中对齐：段落中的每行文本距离页面的左右距离相同。

（3）右对齐：段落中每行文本的右端对齐。

（4）两端对齐：默认设置，段落中每行文本的首尾对齐，如末行未满则左对齐。

（5）分散对齐：段落中所有行左边和右边对齐，末行未满时将拉开字符间距而使该行均匀分布。

设置段落对齐的方法有以下两种。

（1）使用功能区设置：单击“开始”选项卡→“段落”对齐按钮，可设置段落对齐方式，如图 3-12 所示。

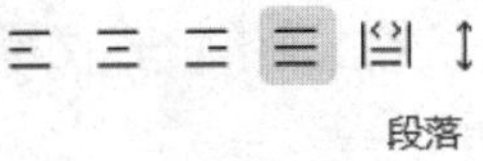

段落

图 3-12　“段落”对齐按钮

（2）使用对话框设置：单击“开始”选项卡→“段落”按钮，弹出“段落”对话框，在“缩进和间距”选项卡中设置段落对齐方式，如图 3-13 所示。

2. 段落缩进

段落缩进指段落中的文本与页边距的距离，包括如下方式。

（1）左侧缩进：设置整个段落左边界的缩进位置。

（2）右侧缩进：设置整个段落右边界的缩进位置。

（3）首行缩进：设置段落中首行的起始位置。

（4）悬挂缩进：设置段落中除首行外的其他行的起始位置。

设置段落缩进的方法有以下两种。

（1）使用对话框设置：单击“开始”选项卡→“段落”按钮，弹出“段落”对话框，在“缩进和间距”选项卡中设置段落缩进方式和具体的缩进值，如图 3-14 所示。

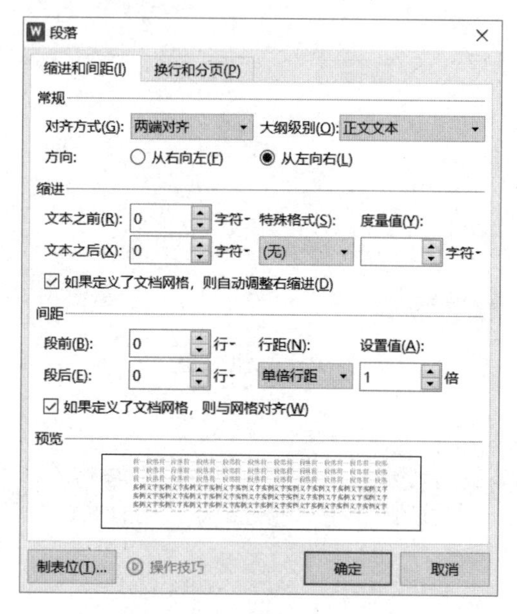

图 3-13　“段落”对话框

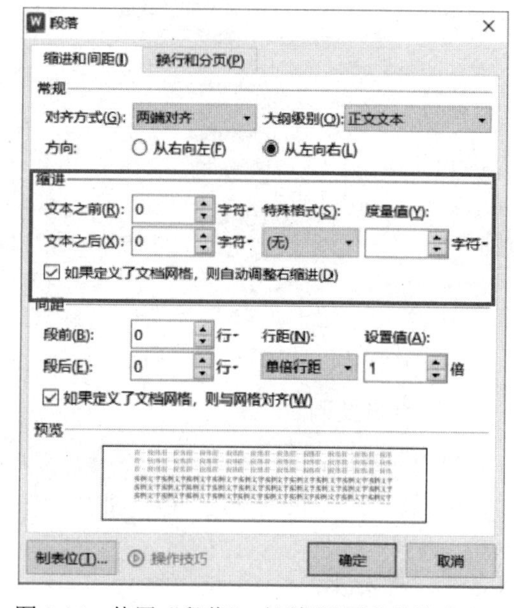

图 3-14　使用“段落”对话框设置段落缩进方式

（2）使用标尺设置：单击“视图”选项卡→“标尺”复选框，即可显示标尺，如图 3-15 所示，通过移动水平标尺上的滑块可快速设置左缩进、右缩进、首行缩进、悬挂缩进及缩进值。

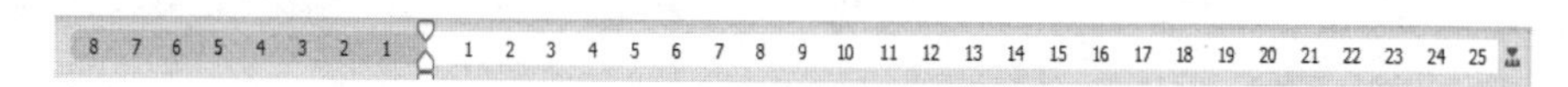

图 3-15　使用标尺设置段落缩进方式

3. 段落间距

段落间距包括段间距和行间距。

段间距指相邻段落之间的距离，段间距的默认值是 0 行。

行间距指相邻行之间的距离，行间距的默认值是单倍行距。

设置段落间距的方法有以下两种。

（1）使用功能区设置：单击“开始”选项卡→“行距”按钮，在下拉菜单中设置，如图 3-16 所示。

（2）使用对话框设置：单击“开始”选项卡→“段落”按钮，弹出“段落”对话框，在“缩进和间距”选项卡中设置即可，如图 3-17 所示。

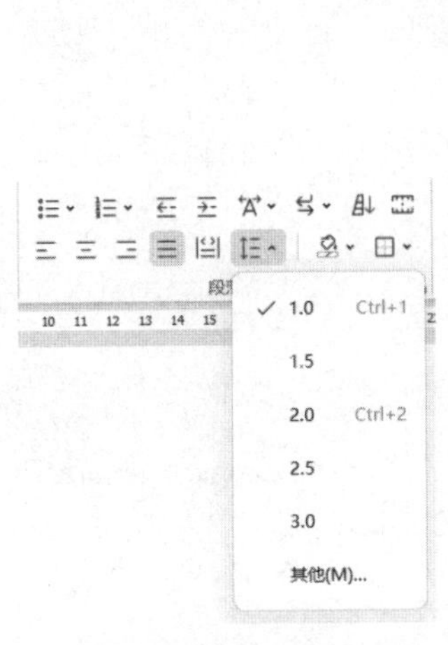

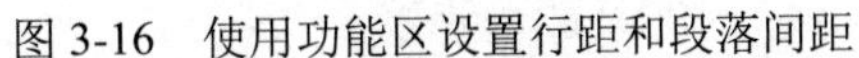

图 3-16　使用功能区设置行距和段落间距

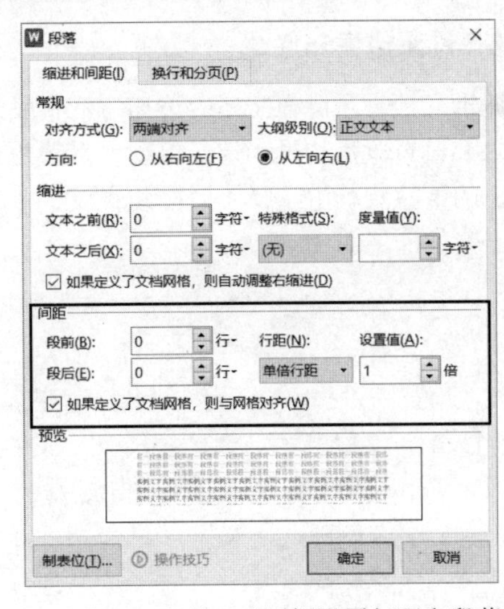

图 3-17　使用“段落”对话框设置行距和段落间距

4．设置项目符号和编号

WPS 文字提供一些项目符号和编号，此外，还可定义新的项目符号和编号。

（1）添加项目符号或编号：将光标定位在要添加项目符号或编号的段落的任意位置，单击“开始”选项卡→“项目符号”下拉按钮 或“编号”下拉按钮，展开“项目符号”下拉面板（如图 3-18 所示）或“编号”下拉面板，选择所需“项目符号”或“编号”的样式即可。在 WPS 文字中同样可自动添加项目符号和编号，在有项目符号和编号的段落末尾按 Enter 键，下一段段首将自动出现项目符号或编号。

（2）定义新的项目符号或编号：单击“开始”选项卡→“项目符号”下拉按钮，在弹出的“项目符号”下拉面板中选择“自定义项目符号”命令，弹出“项目符号和编号”对话框，如图 3-19 所示，在“项目符号”选项卡中选择项目符号样式，单击“自定义”按钮，在弹出的“自定义项目符号列表”对话框中选择准备使用的项目符号样式，单击“字体”和“字符”按钮进一步设置符号样式，在对话框中可以看到预览效果，单击“确定”按钮即可。

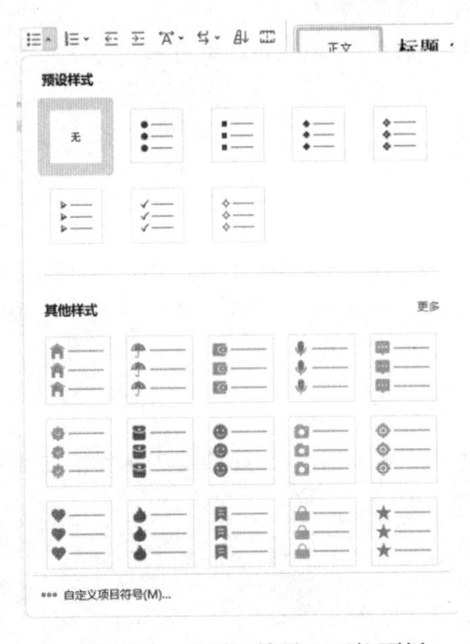

图 3-18　“项目符号”下拉面板

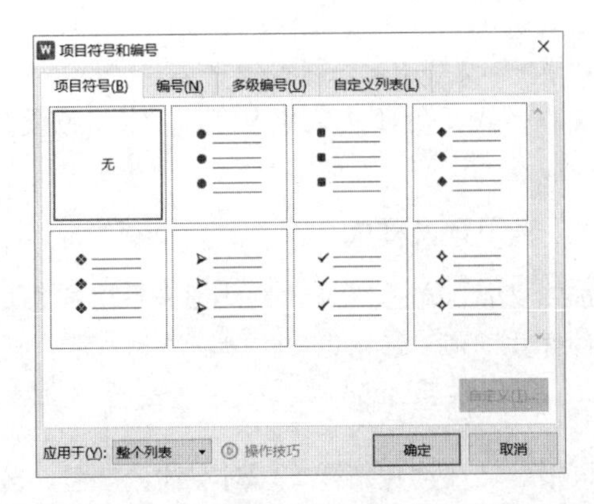

图 3-19　“项目符号和编号”对话框

5. 设置边框和底纹

编辑文档时，可在文档中添加边框和底纹，既突出强调文档内容，又美化文档。

（1）设置段落边框：选中需要设置边框的段落，单击“开始”选项卡→“边框”下拉按钮，在弹出的下拉菜单中选择“边框和底纹”命令，如图3-20所示，在弹出的对话框中选择“边框”选项卡，如图3-21所示。

图3-20 “边框和底纹”下拉菜单

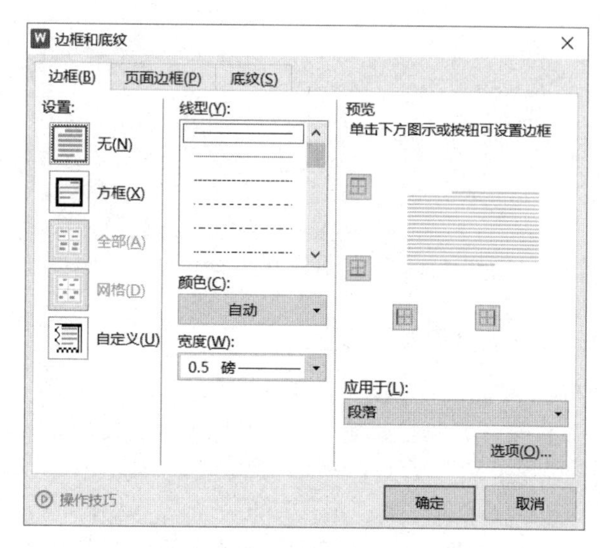

图3-21 “边框和底纹”对话框

在左侧的“设置”选项组中有“无”、“方框”、“全部”、“网格”和“自定义”5种边框样式，根据需要选择样式即可。在“线型”列表框中列出了不同的线型，根据需要选择线型即可。在“颜色”、“宽度”下拉列表框中列出了不同的边框颜色和框线宽度。在“应用于”下拉列表框中，可以设定边框样式应用于文字或段落。

（2）设置页面边框：在“边框和底纹”对话框中选择“页面边框”选项卡，设置方法与段落边框基本相同，只是多了“艺术型”下拉列表框，可在其中设置页面边框样式。

（3）设置底纹：在“边框和底纹”对话框中选择“底纹”选项卡，可设置段落或文字的“填充”和“图案”样式。

3.3.4 样式

在WPS文字中，可以设置字体、字号、字形、对齐方式和段落间距等文本样式，可以创建和修改文本样式，还可以套用WPS文字中预设的样式，包括传统、典雅、独特、简单、流行等共12种。

1. 套用预设样式

选中文本，单击“开始”选项卡→“样式集”按钮，在弹出的“样式集”下拉面板中选择其中一种样式即可，还可以单击“更多样式集”设置更多样式。

2. 创建新样式

可根据需要创建新样式，对字体、字号、段落格式等进行设置。

选中文本，单击“开始”选项卡→“样式和格式”右下角按钮，窗口右侧出现“样式和格式”

窗格，单击“新样式”按钮，如图 3-22 所示，弹出“新建样式”对话框，如图 3-23 所示，在“属性”和“格式”选项组中设置名称、字体、字形和字号等，单击“确定”按钮即可。

图 3-22　新建样式

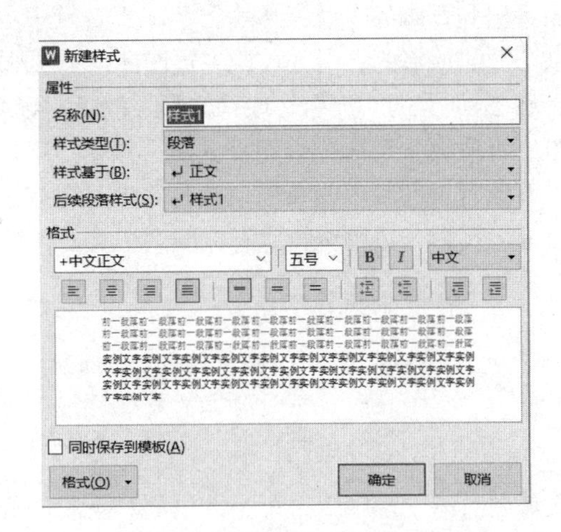

图 3-23　“新建样式”对话框

3．修改样式

可以对已存在的样式进行修改。

单击“开始”选项卡，右击“样式”列表框中的某种要修改的样式，在弹出的快捷菜单中选择“修改样式”命令，弹出“修改样式”对话框，在“格式”选项组中修改需要的字体和字形等，单击“确定”按钮。

3.3.5　页面格式

设置完文本格式和段落格式之后，另一个影响文档外观的重要因素是页面格式的设置。页面格式设置包括设置页面大小，设置页眉和页脚，插入页码、分页符、分节符和分栏，设置页面背景等。

1．设置页面大小

（1）设置文字方向：单击“页面”选项卡→“文字方向”按钮，在弹出的下拉菜单中选择需要的方向即可。

（2）设置页边距：页边距是指文本边界与纸张边缘的距离。其设置方法如下：单击“页面”选项卡→“页边距”按钮，在弹出的下拉菜单中选择需要的页边距效果，还可以单击下方的“自定义页边距”命令，在“页面设置”对话框中根据需要设置页边距大小；也可利用“标尺”快速调整左右边距的大小。

（3）设置纸张大小和方向：在打印过程中，纸张有不同的尺寸，如 A3、A4、B5 等，用户可以根据需要设置纸张大小。其设置方法如下：单击“页面”选项卡→“纸张大小”按钮，在弹出的下拉菜单中选择需要的纸张大小，还可以单击下方的“其他页面大小”命令，根据需要设置纸张大小。设置纸张方向时可单击“页面”选项卡→“纸张方向”按钮，在弹出的下拉菜单中选择需要的纸张方向。

同样，可在“页面设置”对话框中设置以上选项。

2．设置页眉和页脚

页眉在页面的顶部，页脚在页面的底部。页眉和页脚通常用于显示文档的附加信息，如单位名称、章节名称、作者姓名、页码等。WPS 文字中可以为每页设置相同的页眉和页脚，也可在奇数页和偶数页上添加不同的页眉和页脚，还可以为每页设置不同的页眉和页脚。

添加页眉和页脚的方法：单击“插入”选项卡→“页眉页脚”按钮，进入页眉、页脚编辑区域，可以在页面顶部的页眉区域或者页面底部的页脚区域输入内容，还可以利用如图 3-24 所示的“页眉页脚”选项卡的“页眉”或“页脚”按钮，对页眉、页脚进行设置，在完成页眉和页脚设置后，单击“页眉页脚”选项卡的“关闭”按钮，可以退出页眉、页脚的编辑状态。当然，直接双击页面顶部或者页面底部的页眉、页脚区域可以快速进入页眉、页脚编辑状态，双击文档的正文区域可以退出页眉、页脚编辑状态，回到正文。

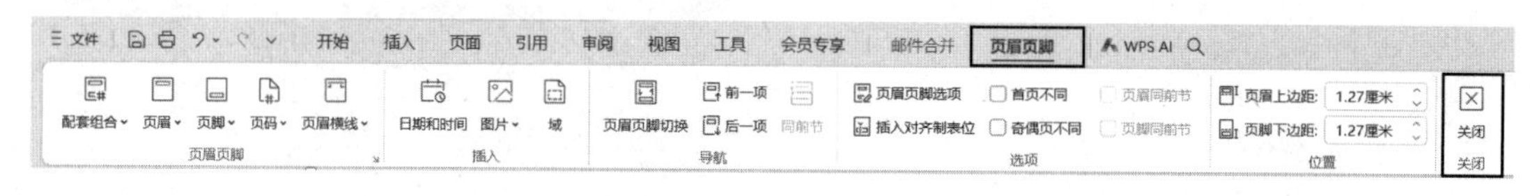

图 3-24　“页眉页脚”选项卡

在“页眉页脚”选项卡中可更改页眉和页脚的样式。单击“时间和日期”和“图片”按钮可以插入相应的对象。单击“页眉页脚切换”按钮可以在页眉与页脚间进行切换。选中“首页不同”复选框，可以为首页创建不同于文档中其他页的页眉和页脚。选中“奇偶页不同”复选框，可以为奇偶页创建不同的页眉和页脚，也可以设置页眉和页脚距离页面边缘的距离。

3．插入页码、分页符、分节符和分栏

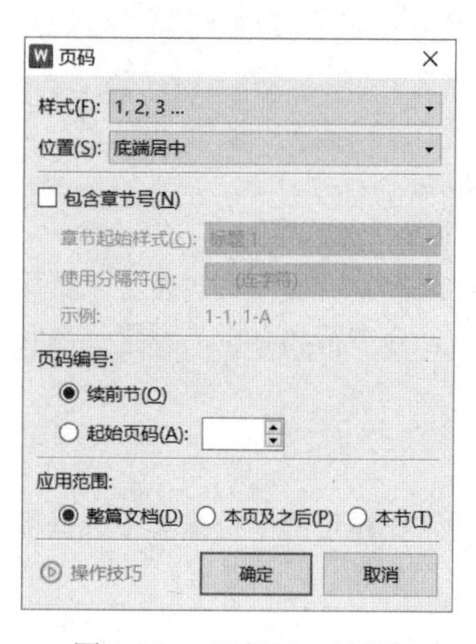

图 3-25　“页码”对话框

（1）插入页码：在编辑文档时，为了便于阅读，可插入页码。在文档中插入页码的方法：单击“插入”选项卡→“页码”下拉按钮，在弹出的下拉菜单中选择页码的位置和格式。如选择“页码”命令，将弹出“页码”对话框，如图 3-25 所示。在“样式”下拉列表框中选择一种页码样式，根据需要选中或取消“包含章节号”复选框，在“页码编号”组中如果选中“续前节”单选按钮，则表示页码与上一节相接续；如果选中“起始页码”单选按钮，则可以在后面的微调框中设置起始页码。

（2）插入分页符：WPS 文字能够自动计算出分页的位置，在一页未写满时，若希望开始新的一页，则要用分页符进行人工分页。方法如下：将光标定位到准备插入分页符的位置，单击“页面”选项卡→“分隔符”按钮，在弹出的下拉菜单中选择“分页符”命令，如图 3-26 所示，则显示选定的文档位置已经被定位到下一页。

（3）插入分节符：在文档中插入分节符可以实现多种编排样式，如不同的页眉和页边距等。方法如下：将光标定位到准备插入分节符的位置，单击“页面”选项卡→“分隔符”按钮，在弹出的下拉菜单中选择“下一页分节符”、连续分节符等样式，即显示分节后的样式。使用“下一页分节符”命令，可以设置每页的页眉和页脚的不同样式。

如查看分页符和分节符效果，则需切换到草稿视图。如删除分页符和分节符，则选中后按 Delete 键即可。

（4）分栏：分栏是将文档中的文本分为两栏或多栏。方法如下：将光标定位到准备分栏的文档中，单击“页面”选项卡→“分栏”按钮，在弹出的下拉菜单中选择分栏样式，即显示分栏后的效果，如图 3-27 所示。还可以选择“更多分栏”命令，在弹出的“分栏”对话框中设置栏数、分栏样式、宽度和间距等，如图 3-28 所示。

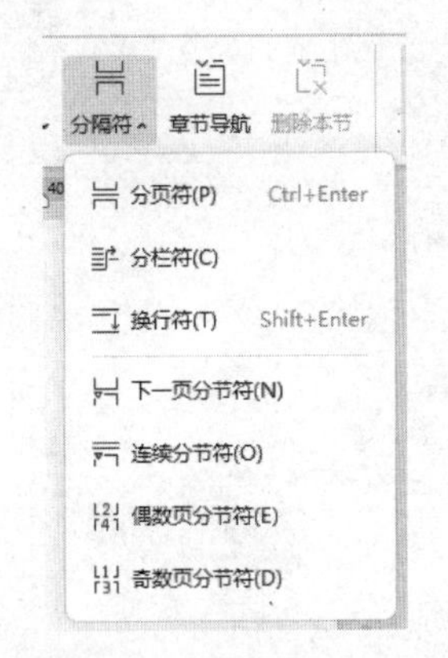

图 3-26　“分隔符”下拉菜单

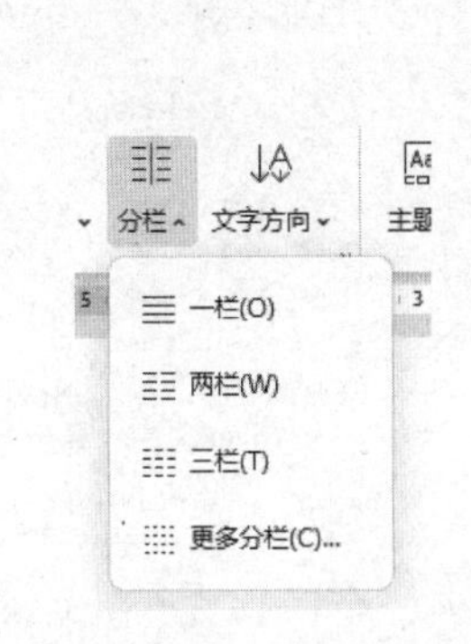

图 3-27　“分栏”下拉菜单

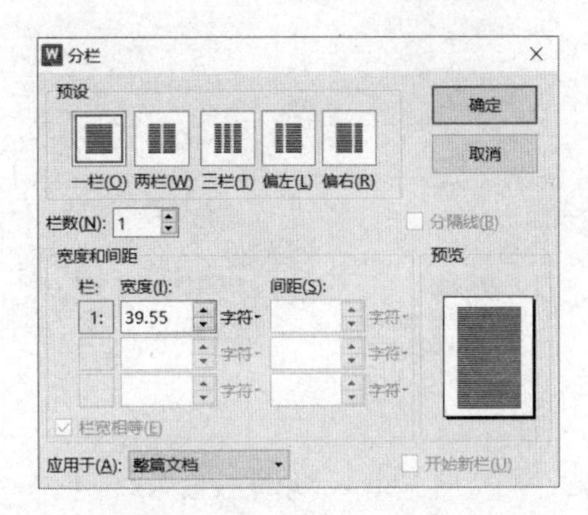

图 3-28　“分栏”对话框

4．设置页面背景

（1）设置背景颜色：WPS 文字中提供了 60 多种颜色，可以作为文档的背景颜色，也可以自定义其他颜色作为背景颜色。为文档设置背景颜色的方法如下：单击“页面”选项卡→“背景”按钮，在弹出的下拉菜单中选择“主题颜色”和“标准色”等中的任何一个色块作为背景色即可，如图 3-29 所示。还可以选择“其他填充颜色”命令，选择需要的颜色。

（2）设置背景填充效果：可以为文档填充各种效果来美化文档，例如，渐变背景效果、纹理背景效果、图案背景效果和图片背景效果。设置背景填充效果的方法如下：单击“页面”选项卡→“背景”按钮→“其他背景”命令，在弹出的下一级菜单中选择填充效果，弹出“填充效果”对话框，其中包括 4 个选项卡，如图 3-30 所示。

① “渐变”选项卡：选中“单色”或“双色”单选按钮，在右侧的“颜色”下拉列表中配置颜色以创建不同类型的渐变效果，在“底纹样式”选项组中选择渐变的样式。

② “纹理”选项卡：可以在“纹理”列表框中，选择一种纹理作为文档页面的背景，还可以单击下方的“其他纹理”按钮，选择一种纹理作为文档背景。

③ “图案”选项卡：可以在“图案”选项组中选择一种图案，并在“前景”和“背景”下拉列表中选择图案的前景与背景颜色。

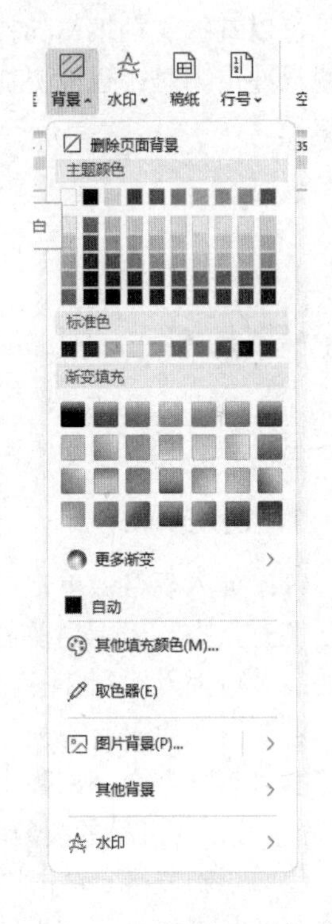

图 3-29　“页面颜色”下拉菜单

④ “图片”选项卡：单击“选择图片”按钮，在弹出的“选择图片”对话框中选择一张图片作为文档的背景。

（3）设置水印效果：水印是印在文档上的一种透明图案，以灰色显示，成为文档的背景。设置水印效果的方法如下：单击“页面”选项卡→“水印”按钮，在弹出的列表框中选择一种水印样式，或者在“自定义水印”下方单击“添加”按钮，在弹出的“水印”对话框中设置“图片水印”或“文字水印”，如图 3-31 所示。

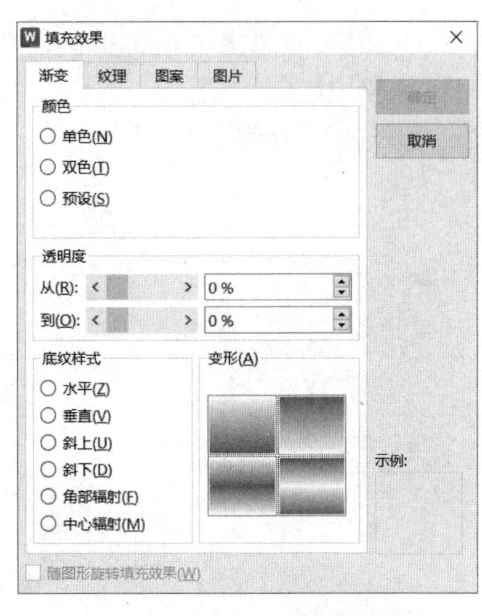

图 3-30 “填充效果”对话框

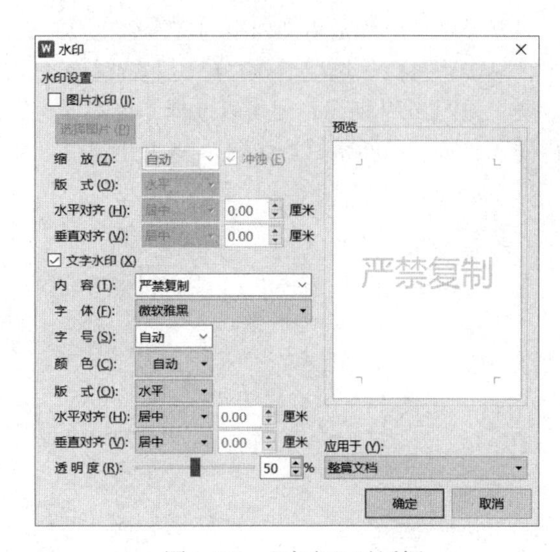

图 3-31 “水印”对话框

在利用 WPS 编辑工具对文档进行编辑时，应充分关注文档的整体风格、色彩搭配、字体选择等多个方面的视觉呈现，确保文档不仅内容充实，而且形式美观、规范。通过不断尝试和实践，不仅可以掌握文档编辑的技巧，更能提升个人对美的追求和创造力，在体会不同排版风格所带来的视觉冲击力时，也能更加深入地理解美的内涵和价值，从而在日常生活中更加注重美的追求和创造。

3.4 对 象 编 辑

3.4.1 表格

当需要分类显示文本内容时，使用表格更加直观。

1. 创建表格

（1）插入表格：单击“插入”选项卡→“表格”按钮，在虚拟表格区域中移动鼠标，方格变为已填充状态，表示当前创建表格大小，单击鼠标即可在光标处插入一个相应大小的表格，此种方法最多可插入 8 行 24 列表格，如图 3-32 所示。

若要插入更多行与列的表格，单击“插入”选项卡→“表格”按钮，在弹出的下拉菜单中选择“插入表格”命令，弹出“插入表格”对话框，在“表格尺寸”选项组中调节“列数”和“行数”，即可设置表格的列数和行数。

（2）绘制表格，单击“插入”选项卡→“表格”按钮，在弹出的下拉菜单中选择“绘制表格”命令，此时鼠标指针变为绘制笔形状，按下鼠标左键拖动，即可在需要的地方绘制表格，绘制完成后释放鼠标左键。

（3）将规则文字转换成表格，选中需要转换成表格的文字，单击“插入”选项卡→“表格”按钮，在弹出的下拉菜单中选择“文本转换成表格”命令，打开“将文字转换成表格”对话框，如图 3-33 所示。根据选中的文本中文字之间的实际分隔符，在“文字分隔位置”选项组中选择正确的分隔符，确认表格的行数、列数，单击“确定”按钮即可将选定的文字转换成表格。注意，在对话框中选择的分隔符必须和在文本中实际使用的分隔符一致，转换后，文本中的一个段落对应表格的一行，段落中用分隔符分开的每一部分文字对应表格行中的一个单元格。

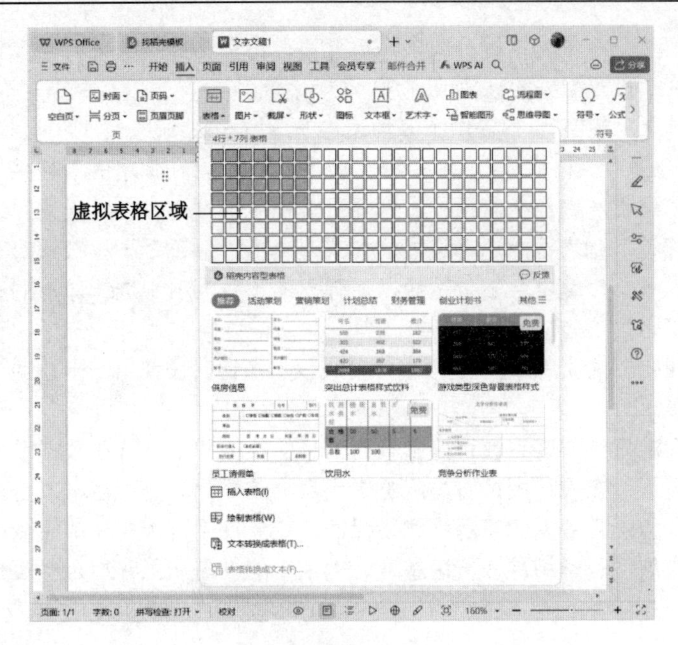
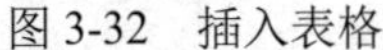

图 3-32　插入表格

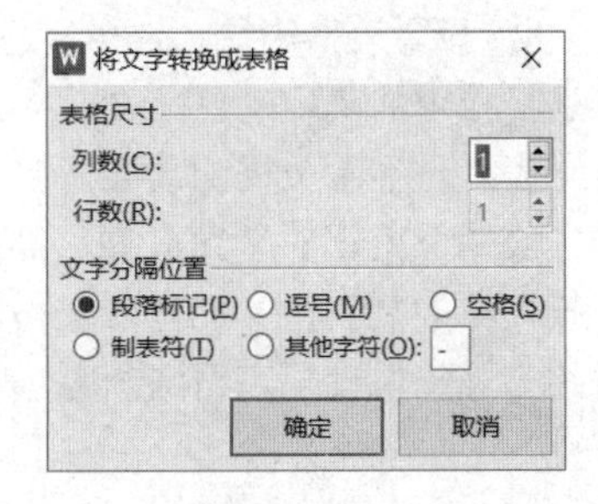

图 3-33　“将文字转换成表格”对话框

2. 编辑表格

创建表格后，即可在表格中输入文本，对表格进行样式设置，插入或删除行或列，调整行高和列宽，合并和拆分单元格等。

（1）插入或删除行或列：创建表格后，在使用时经常遇到表格中缺少或多出行或列的情况。要向表格中添加行或列，应先在表格中选中与要插入行或列相邻的行或列，选定的行数或列数与要添加的行数或列数相等；然后选择“表格工具”选项卡→“插入”按钮，如图 3-34 所示，选择插入的位置。如要删除多余的行或列，应选定行或列，或者单击行或列的任意位置，再单击“删除”按钮，在下拉菜单中选择“行”或“列”命令。

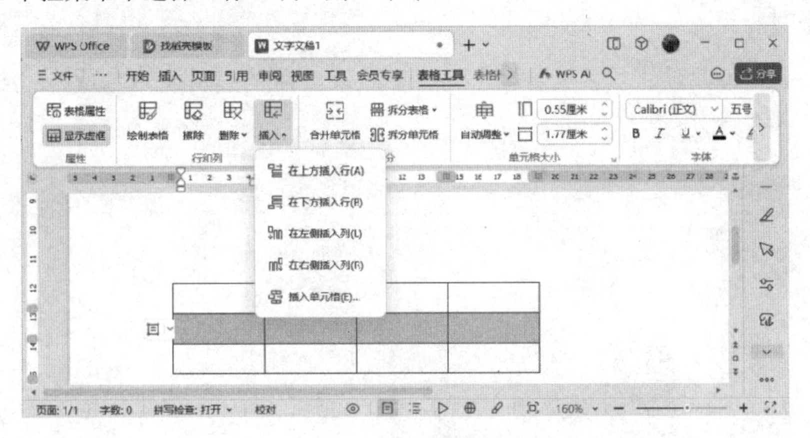

图 3-34　插入或删除行或列

（2）调整行高或列宽：根据输入的内容不同需要调整表格的行高或列宽，此时应将光标定位在插入点内，单击“表格工具”选项卡→“自动调整”按钮，在弹出的下拉菜单中选择相关命令，即可调整表格的行与列，也可以单击“表格行高”或“表格列宽”微调按钮或者输入数值调整行高或列宽。

（3）合并或拆分单元格：行和列交叉的地方称为单元格，是表格的基本组成单位。在表格中，可以将两个或多个单元格合并成一个单元格，即选中需要合并的单元格，单击“表格工具”选项卡→“合并单元格”按钮。同样，要将一个单元格拆分成多个单元格，可单击“拆分单元格”按钮，在弹出的“拆分单元格”对话框中设置拆分的行数或列数。

（4）美化表格：为满足不同的需求，WPS 文字提供了多种表格的边框和底纹。

① 设置表格边框：选中表格，单击“表格样式”选项卡→“边框”按钮，在弹出的下拉菜单中选择“边框和底纹”命令，弹出“边框和底纹”对话框，选择“边框”选项卡，在“设置”选项组中选择添加边框的位置，在“线型”列表框中选择边框的样式，单击“颜色”下拉按钮，在弹出的下拉列表中选择边框的颜色；单击“宽度”下拉按钮，在弹出的下拉列表中选择边框的宽度，设置完成后，单击“确定”按钮。

② 设置表格底纹：选中表格，单击“表格样式”选项卡→“底纹”按钮，在弹出的下拉菜单中选择使用的底纹颜色即可。

表格是展示数据的重要工具，其准确性与客观性直接影响到信息的传递和解读。在数据录入时，应确保数据的来源可靠、准确无误；在设计表格时，应考虑到数据的对比和分析需求，合理安排表格的列和行；在呈现表格时，应注重数据的直观性和易懂性，避免使用过于复杂或模糊的表述方式，以确保表格清晰易读。应展现科学精神和严谨态度，为未来的学习和工作奠定坚实的基础。

3.4.2 图片

为了美化和修饰文档，可以在文档中插入漂亮的图片，图片既可以是系统提供的，也可以从外部导入，并且可以修改图片的大小和样式等。

1. 插入图片

单击“插入”选项卡→“图片”按钮，在弹出的下拉菜单中可选择插入本地图片、网络图片、来自扫描仪的图片、手机图片等；还可以单击“插入”选项卡→“截屏”按钮来截取屏幕区域，并在文档中将其作为图片使用。

2. 编辑图片

插入图片后，可以利用“图片工具”选项卡、快速工具栏（如图 3-35 所示）、快捷菜单对图片的大小、样式和效果等进行设置。

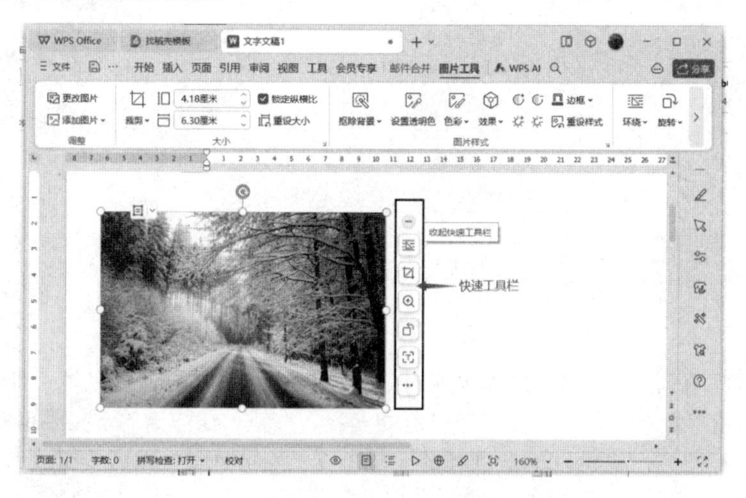

图 3-35 快速工具栏

（1）调整图片大小：选中图片，单击“图片工具”选项卡→“形状高度”和“形状宽度”微调按钮，即可调整图片大小。或者单击图片，图片四周出现 8 个控制柄，拖动句柄即可对图片进行缩放。若要对图片尺寸进行精确调整，则可以在选中图片后利用“图片工具”选项卡的“高度”和“宽度”文本框设置图片大小的绝对值（如图 3-36 所示），或者单击“大小和位置”右下角按钮，打开“布局”对话框，在“大小”选项卡（如图 3-37 所示）中设置图片的高度、宽度或缩放比例。注意，若选中了“锁定纵横比”复选框，则在改变图片大小时会保持高宽比例不变，即改变高度、宽度中的其中一项，另外一项也会按照比例自动改变。

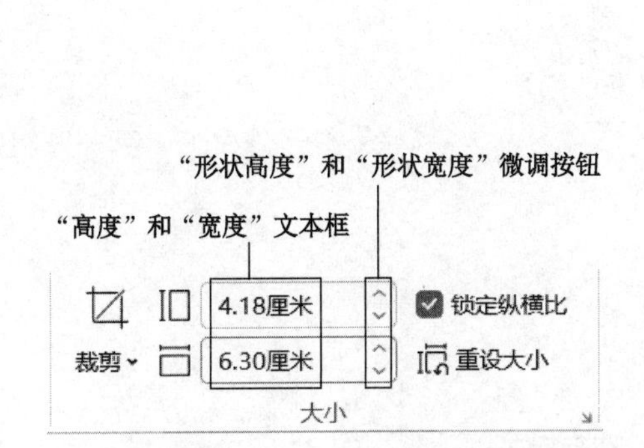

图 3-36 “图片工具”选项卡中的图片大小调整工具

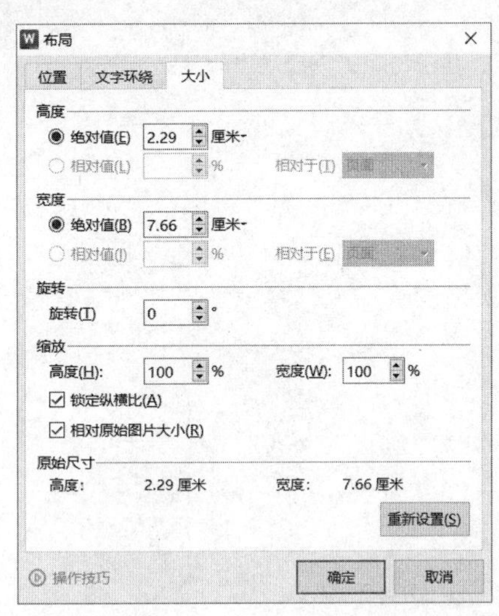

图 3-37 “布局”对话框的“大小”选项卡

若只需要图片中的部分内容，则可以对图片进行裁剪。首先选中图片，单击“浮动”工具栏或者“图片工具”选项卡中的“裁剪”按钮，可以对图片按形状裁剪或按比例裁剪，也可以拖动图片四周的 8 个裁剪游标对图片进行自由裁剪。

若要将缩放或者裁剪后的图片还原成初始状态，则可以单击“图片工具”选项卡中的“重设大小”按钮。

（2）修改图片效果。选中图片，利用“图片工具”选项卡中的图片效果设置工具（如图 3-38 所示）来完成设置，也可以单击“设置形状格式”右下角按钮，在打开的“设置形状格式”窗格中进行设置。

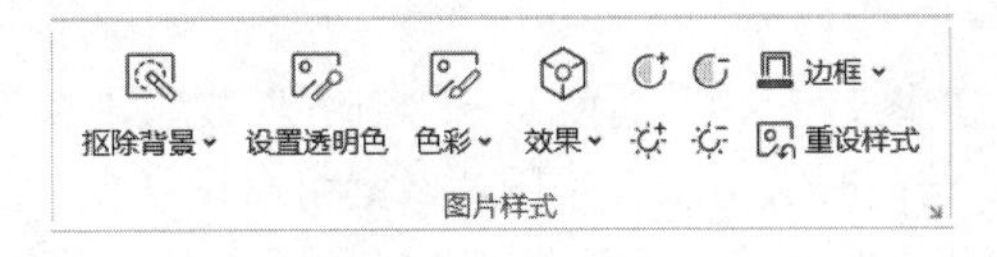

图 3-38 “图片工具”选项卡中的图片效果设置工具

若要去除图片中的背景，则利用“图片工具”选项卡中的“抠除背景”按钮，既可以设置某种颜色为透明色，也能设置图片中某处部分透明。

（3）图片的位置与文字环绕方式。在文档中插入图片后，文字的排版会受到图片的影响，文字与图片的排版关系及图片在文档中的位置都与环绕方式有关。若要改变图片在文档中的环绕方式，则在选中图片后利用“浮动”工具栏中的“布局选项”按钮或者单击“图片工具”选项卡→“环绕”按钮直接改变环绕方式，也可以单击“图片工具”选项卡→“大小和位置”右下角按钮，打开“布局”对话框，在“文字环绕”选项卡（见图 3-39）中设置图片的环绕方式，单击“确定”按钮，图片的环绕方式有以下三类。

① 图片默认采用“嵌入型”环绕方式，即图片采用与文字一样的方式进行排版，图片的高度

会影响所在行的行高，图片的位置由图片所在的文字段落和段落中的位置决定。

② 当使用“四周型”、“紧密型”、“穿越型”和“上下型”环绕方式时，文字会排列在图片周围，图片的位置可以通过拖动图片或在“布局”对话框中设置来确定，改变图片的位置会影响图片周围文字的排版。

③ 当使用“衬于文字下方”和“浮于文字上方”环绕方式时，文字的排版不受图片的影响，图片的位置可以通过拖动图片或者在“布局”对话框中设置来确定。

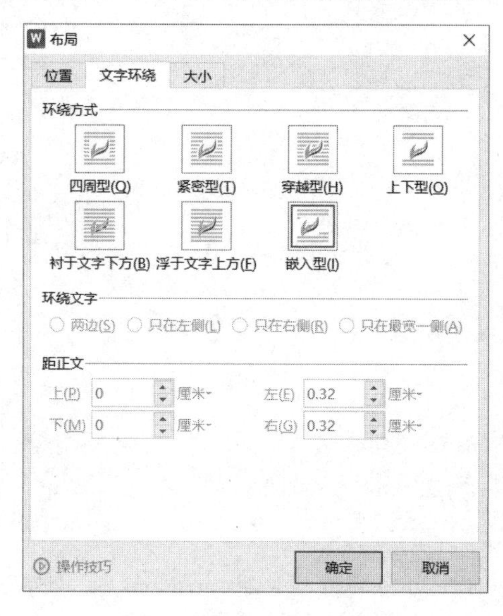

图 3-39　“布局”对话框中的“文字环绕”选项卡

对于图片的环绕方式不是“嵌入型”的，可以在按住 Shift 键或 Ctrl 键单击图片的同时选中多个图片，这样可以同时设置多个选中图片的格式。若采用“嵌入型”环绕方式，则无法同时选中多个图片。

（4）图片的排列。利用“图片工具”选项卡中的“旋转”、“对齐”、“组合”、“上移”和“下移”等工具（如图 3-40 所示）可改变插入文档中图片的排列效果。若要对文档中的图片进行旋转或翻转操作，则先选中图片，单击“图片工具”选项卡→“旋转”按钮，在“旋转”列表中选择一种旋转方式即可（如图 3-41 所示）。若要对图片进行自由旋转，可以在选中图片后拖动图片上方的“旋转”按钮。

（5）图片的对齐。单击“图片工具”选项卡→“对齐”按钮，在“对齐”列表中选择一种对齐方式（如图 3-42 所示）。若同时选中了多个图片，则可以设置多个图片之间的对齐效果。若选中“对齐”列表中的“相对于页”命令，则可以相对于页面纸张来设置对齐效果。

对于不是“嵌入型”环绕方式的图片，其位置是可以重叠的，这时上方的图片会将下方的图片遮挡，若要调整图片的叠放次序，则可以在“图片工具”选项卡中单击“上移一层”或“下移一层”按钮。也可以右击图片，在弹出的快捷菜单中利用“置于顶层”和“置于底层”选项设置叠放效果。

文档中的每个图片都是一个独立的对象，都需要单独设置文字环绕、位置等效果。若要将多个图片组合成一个对象，则可以同时选中这些图片，在“图片工具”选项卡或快捷菜单中选择“组合”命令，可将组合后的图片可以作为一个整体来设置效果。若要取消组合，可以选中组合对象，在“图片工具”选项卡或快捷菜单中选择“取消组合”命令。

另外，利用“图片工具”选项卡中的“选择窗格”按钮可以打开“文档中的对象”选择窗格，在这里可以对文档中的图片进行选择、定位，还能为图片设置隐藏效果。

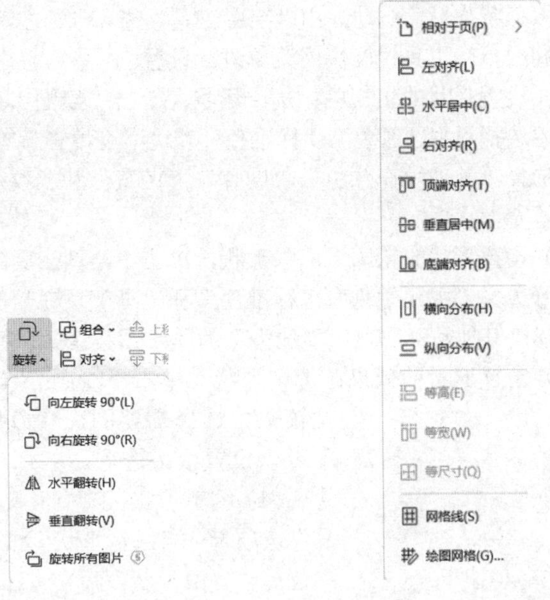

图 3-40　图片排列设置工具　　图 3-41　“旋转”列表　　图 3-42　“对齐”列表

3.4.3　形状

形状是文本的一种表现形式，是由线条组成的简单图形。

1. 插入形状

单击“插入”选项卡→“形状”按钮，在弹出的如图 3-43 所示的下拉面板中可选择需要的形状。

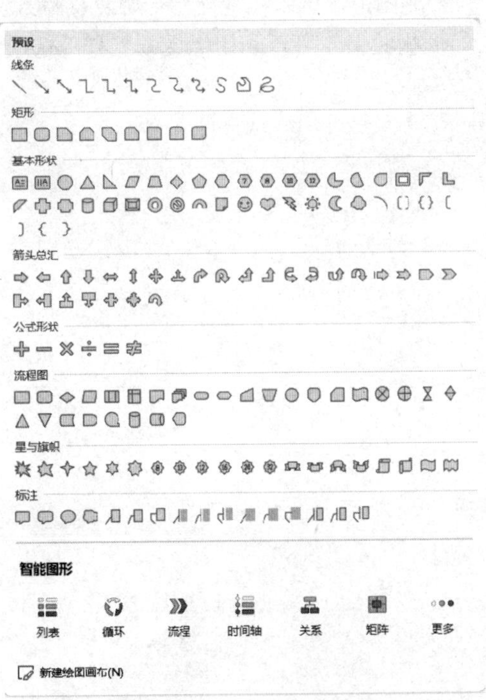

图 3-43　插入形状

2. 设置形状格式

插入形状之后，自动弹出“绘图工具”选项卡，在其中可以设置形状的颜色、样式和大小等，也可以利用浮动工具栏及快捷菜单进行设置。

（1）设置形状的填充色：选中形状，单击“绘图工具”选项卡→“填充”按钮，在弹出的下拉菜单中选择“主题颜色”、“标准色”和“渐变填充”等中的任意一种颜色作为形状的填充颜色，还可以选择“其他填充颜色”、“图片”、“图案”和“纹理”等来填充图形，还可以用“取色器”取色来填充形状。

（2）设置形状的轮廓：选中形状，单击“绘图工具”选项卡→“轮廓”按钮，在弹出的下拉菜单中可选择“主题颜色”、“标准色”和“渐变填充”等中的任意一种作为形状的轮廓颜色，还可以选择“其他轮廓颜色”、“线型”的“带图案线条”等来设置形状轮廓。

（3）设置形状的效果：选中形状，单击“绘图工具”选项卡→“效果”按钮，在弹出的下拉菜单中选择需要的形状效果，在每种形状效果对应的下拉菜单中还可以设置效果选项。

图3-44 “编辑形状”按钮

（4）编辑形状：选中形状，右击打开快捷菜单，或者单击“绘图工具”选项卡→“编辑形状”按钮（如图3-44所示），在弹出的下拉菜单中选择“更改形状”命令，在预设形状中选择一种新的形状样式。

若要对形状外观进行修改，则可在选中形状后打开快捷菜单，或者单击“绘图工具”选项卡→“编辑形状”按钮，选择“编辑顶点”命令，然后拖动该形状四周的黑色小方块游标，就可以对形状进行调整了。

3. 智能图形

智能图形是WPS文字中预设的形状、文字和样式的组合，包括列表、循环、流程、时间轴、矩阵、组织结构等类型。

单击“插入”选项卡→“智能图形”按钮，在如图3-45所示的“智能图形”对话框中选择一种样式，就可以在文档中插入智能图形。可以在智能图形中直接输入文字，可以利用“绘图工具”选项卡中的工具修改其结构、形状效果，可以利用“文本工具”选项卡中的工具修改其中文字的效果。

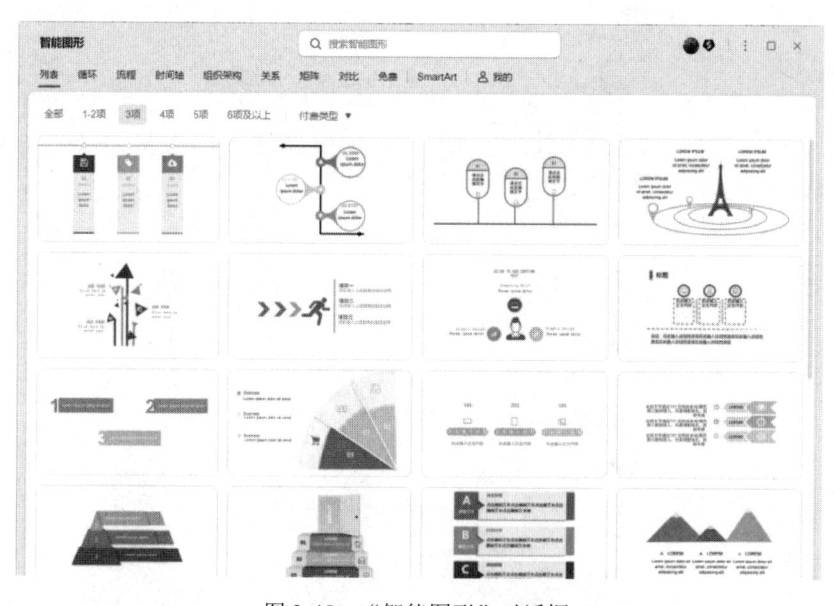

图3-45 “智能图形”对话框

另外，利用“插入”选项卡，还可以在文档中插入图标、关系图、图表、流程图、思维导图、几何图、条形码、二维码、地图、化学绘图等图形，这里不再一一介绍。

3.4.4　文本框

文本框是容纳文字和图形等内容的容器。在文本框中可以建立特殊样式的文本，设置不同的排版方式等。

1. 插入文本框

单击“插入”选项卡→“文本框”按钮，选择文本框样式。

2. 设置文本框格式

插入文本框后，可以对文本框的大小、位置、边框、填充色和版式等进行设置。选中需要设置格式的文本框，即出现“文本工具”选项卡，如图 3-46 所示，在该选项卡中可对文本框格式进行编辑。

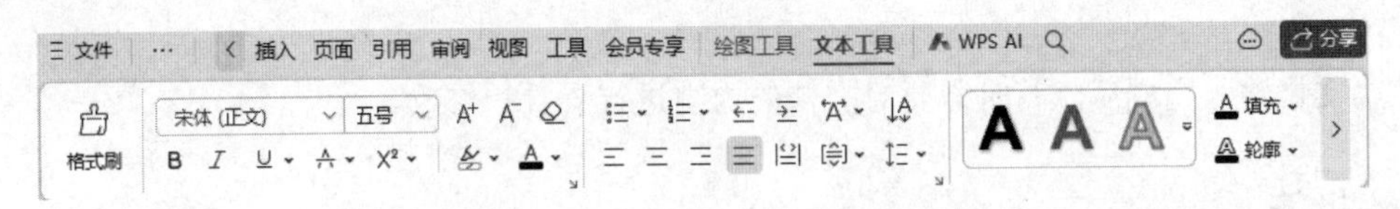

图 3-46　“文本工具”选项卡

3.4.5　艺术字

图书封面和广告牌常有许多艺术字，这些艺术字效果使普通的文字变得更加引人注目。WPS 文字中提供多种艺术字效果。

1. 插入艺术字

单击“插入”选项卡→“艺术字”按钮，在弹出的下拉面板中可选择艺术字的样式，在弹出的“请在此放置您的文字”文本框中输入文字。如果要为现有的文字设置艺术字效果，可以选中文字，单击“文本工具”选项卡→“效果”按钮，设置需要的艺术字效果。

2. 设置艺术字格式

选中需要改变艺术字样式的文本，在“文本工具”选项卡→“艺术字样式”栏中设置艺术字样式、填充和轮廓等。

3.4.6　特殊符号

在文档输入中，通常不只是输入中文或英文字符，许多情况下需要插入一些符号，如※、™（商标）、®（注册）等，此时仅通过键盘是无法实现的。使用 WPS 文字中提供的插入符号及插入特殊符号功能，不仅可以在文档中插入各种符号，还可以插入一些特殊的字符。

单击“插入”选项卡→“符号”下拉按钮，在弹出的下拉面板中选择需要的符号，也可以选择“其他符号”命令，在弹出的“符号”对话框中选择“特殊字符”等选项卡，选择需要的符号即可。

3.4.7 公式

在编辑数学文本时，需要输入一些数学公式，可以通过 WPS 文字中预设的一些公式进行输入。

单击“插入”选项卡→“公式”按钮，在“公式工具”选项卡中选择需要的结构，如图 3-47 所示。也可以单击“插入”选项卡→“公式”下拉按钮，选择“内置”公式，其中包括二次公式、二项式定理、傅里叶级数、勾股定理、和的展开式、三角恒等式、泰勒展开式和圆的面积。

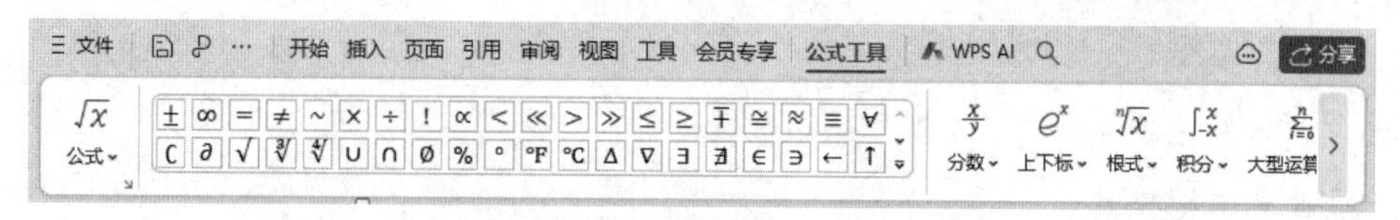

图 3-47 “公式工具”选项卡

3.5 文档审阅

整篇文档输入完成后，有时需要对文档的内容进行查看和修改。

3.5.1 批注

批注是指审阅者为文档内容加上的注解或说明，或者阐述的批注者的观点，这在上级审批文件、老师批改作业时非常有用。

1. 添加批注

单击“审阅”选项卡→“插入批注”按钮，在光标处插入一个红色的批注框，可在批注框中输入批注的正文。

2. 编辑批注

插入批注后，可以对其进行修改。

（1）显示或隐藏批注：单击“审阅”选项卡→“显示标记”按钮，在弹出的下拉菜单中选择“批注”命令，即可显示或隐藏批注。也可以通过该下拉菜单中的“审阅人”命令来设置显示或隐藏某指定审阅人的批注。

（2）设置批注格式：可对批注框中文本的格式，批注框的颜色、宽度等进行设置。批注框中的文本格式设置与普通文本格式设置相同。批注框的设置方法如下。

单击“审阅”选项卡→“修订”按钮，在弹出的下拉菜单中选择“修订选项”命令，弹出“选项”对话框。在“标记”选项组的“批注颜色”下拉列表框中选择“鲜绿”命令，在“批注框”选项组的“指定宽度”微调框中输入尺寸，单击“确定”按钮即可。

（3）删除批注：删除批注有两种方法，一是右击要删除的批注，在弹出的快捷菜单中选择“删除批注”命令；二是将插入点定位在要删除的批注框中，单击“审阅”选项卡→“删除批注”按钮。

3.5.2 拼写检查

在输入文档时，若文档中包含与词典不一致的单词或词语，会在该单词或词语的下方显示一条红色的波浪线，表示该单词或词语可能存在拼写或语法错误，提示用户注意。

单击“审阅”选项卡→“拼写检查”按钮，弹出“拼写检查”对话框，如图 3-48 所示，其中显示了错误和更改建议。在“更改为:”框中更改后单击“更改”按钮，即可更改错误，继续查找文档中其他拼写与语法错误。完成拼写和语法检查操作后弹出“拼写检查已经完成”对话框，单击“确定”按钮即可。

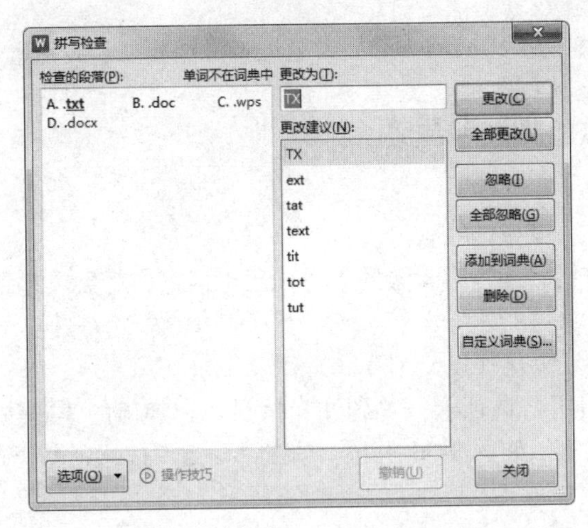

图 3-48　“拼写检查”对话框

3.5.3　字数统计

通常，在输入文档内容之后，需要统计文档的字数，WPS 文字中可以使用字数统计功能方便地统计某一段、某一页或某一篇文档的字数。

选中需要统计字数的文档内容，单击“审阅”选项卡→“字数统计”按钮，弹出“字数统计”对话框，其中显示了文档的页数、字数、段落数和行数等信息。

3.6　文档打印

编辑文档后如果需要打印出来，可以先预览打印效果，确定满意后再打印输出。

1. 打印预览

WPS 文字自带打印预览功能，可以通过该功能查看文档打印后的实际效果，如页面设置、分页符效果等。若不满意则及时调整，以避免打印后不能使用而造成浪费。

单击“文件”菜单→“打印”→“打印预览”命令后，将在窗口显示打印效果，在其右侧的“打印设置”窗格中可以设置份数、纸张信息、打印方式、打印范围等。

2. 打印设置

单击“文件”菜单→“打印”→“打印”命令，弹出“打印”对话框，如图 3-49 所示，在这里可以选择打印机，设置打印页码范围、份数、并打和缩放等参数，

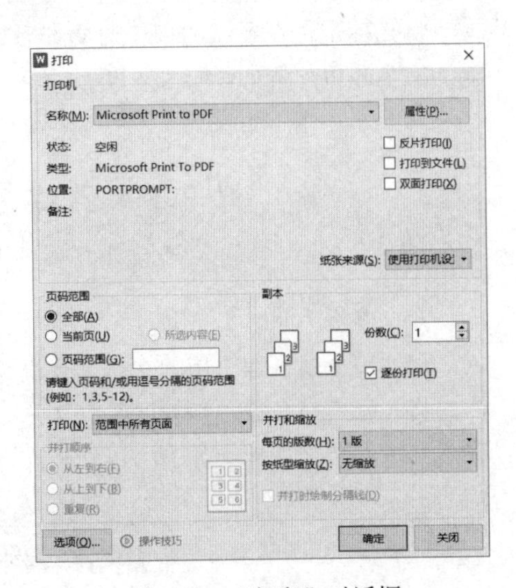

图 3-49　“打印”对话框

单击“确定”按钮会将打印文档发送至打印机并开始打印。在打印前一定要检查打印机的状态是否正常，打印纸是否放置好，纸张尺寸是否与排版时设置的一致。

3.7 高级应用

本节将介绍几种 WPS 的高级应用，如插入题注、添加脚注和尾注，创建目录和邮件合并。

3.7.1 插入题注、添加脚注和尾注

1. 插入题注

题注显示在文档中表格、图片等元素的下方，用于描述该对象，起到说明的作用。采用题注来进行表述时，可以为对象自动编号。

下面以为图表添加题注为例加以介绍。

选中图表，单击“引用”选项卡→“题注”按钮，在弹出的“题注”对话框中设置各个参数，如题注、标签、位置等，如图 3-50 所示，单击“确定”按钮，即可在图表的下方插入题注，如图 3-51 所示。

图 3-50 “题注”对话框

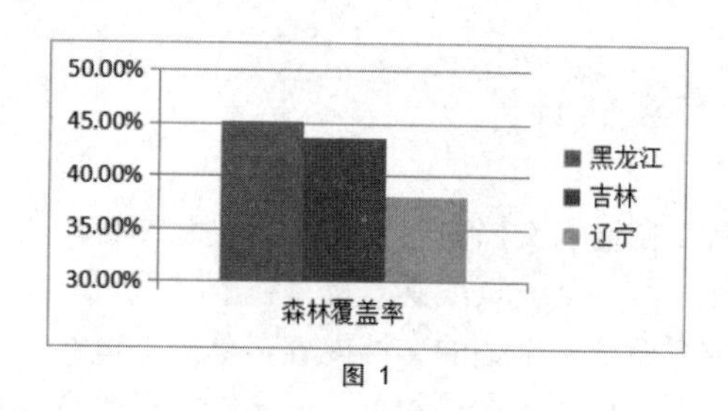

图 3-51 在图表的下方插入题注

2. 添加脚注

脚注用于对内容进行注释说明，脚注位于需说明内容所在页的底部。

将光标定位在要添加脚注的文本后方，单击“引用”选项卡→“插入脚注”按钮，在光标处输入文字即可。例如，给“WPS 文字”字符添加脚注，完成后的效果如图 3-52 所示。

WPS 文字[1]   [1] WPS Office中重要的组件之一

图 3-52 添加脚注

3. 添加尾注

尾注用于对内容引用的文献进行说明，尾注位于整篇文档的末尾。

将光标定位在要添加尾注的文本后方，单击“引用”选项卡→“插入尾注”按钮，在光标处输入文字即可，如图 3-53 所示。

[i] 根据《高等学校计算机基础课程教学基本要求》

图 3-53 添加尾注

3.7.2　目录

1. 创建目录

为文档添加一个目录，可以使文档更具条理性，WPS 文字中提供了自动生成目录的功能，可以毫不费力地制作一个与文档正文页码相符的目录，当文档内容发生改变后，可以利用更新目录功能生成一个适应文档变化的目录。

在创建目录之前，需要为每级标题设置标题样式，既可以新建样式，也可以使用 WPS 文字中的内置样式库。使用内置样式的方法如下：单击“开始”选项卡→“样式”栏→▾按钮，在弹出的下拉面板中选择需要的标题样式，如图 3-54 所示。设置好文档的每级标题并插入页码后，就可以生成目录了。

将光标定位到要插入目录的位置，单击“引用”选项卡→“目录”按钮，在弹出的下拉面板中选择需要的目录样式，如图 3-55 所示。或者选择“自定义目录”命令，弹出“目录”对话框，如图 3-56 所示，选中“显示页码”和“页码右对齐”复选框，再单击“选项”按钮，弹出“目录选项”对话框，如图 3-57 所示，选中“样式”复选框，在“有效样式”列表框中设置应用于文档中的标题样式，对于选中的标题样式，应在右侧“目录级别”文本框中输入该样式应用的标题级别，逐级单击“确定”按钮，即可在文档中自动生成目录，如图 3-58 所示。

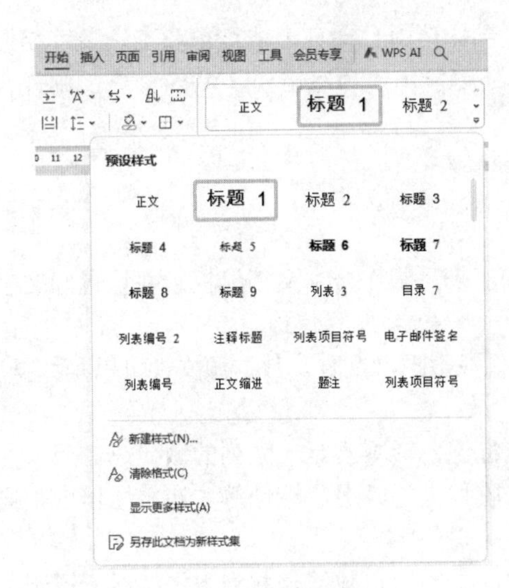

图 3-54　标题样式

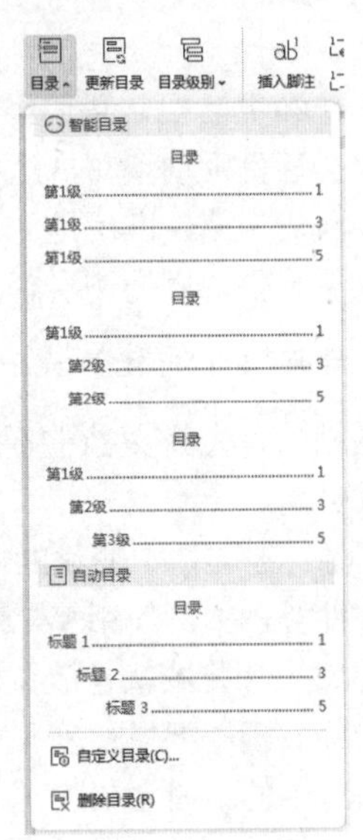

图 3-55　目录样式

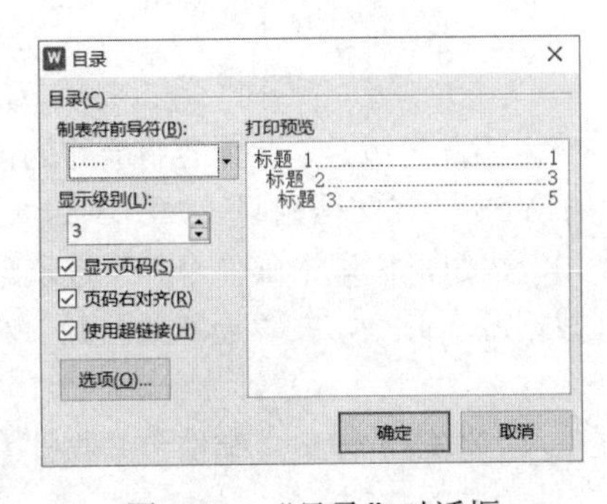

图 3-56　“目录”对话框

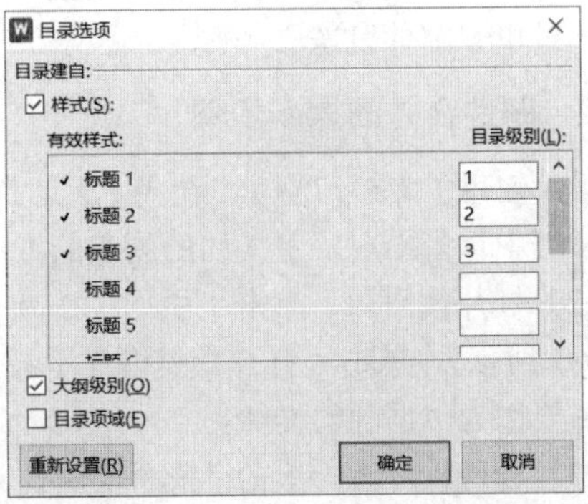

图 3-57　“目录选项”对话框

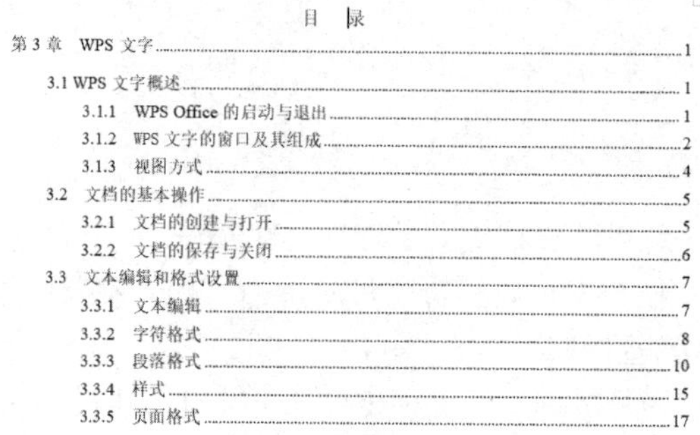

目录

图3-58 目录

2. 更新目录

创建目录后，若又对正文中的标题段落进行了添加、修改、删除等操作，则目录不会自动改变，需要更新目录，使目录与标题段落保持一致。在更新目录前，首先要单击目录，然后在目录左上角浮动按钮、“引用”选项卡或者快捷菜单中选择“更新目录”按钮，打开“更新目录”对话框，选择更新目录的方式，确定后即可完成目录更新。

3.7.3 邮件合并

在日常工作和生活中，我们经常会遇到需要批量制作信封、请柬、成绩单和工资条等相似任务，大部分人会逐份手动填写，这样既费时又费力，还可能出现填写错误。WPS文字的邮件合并功能可以帮助我们快速、准确地完成这项工作。

下面以批量制作请柬为例讲解如何使用邮件合并功能。

1. 邮件合并操作的准备

（1）主文档。首先将文档中不会变化的内容提取出来，制作一个文档模板，并设置好文字内容和文字格式。

（2）数据源。把文档中变化的内容提取出来，制作成数据源文件。数据源文件可以是数据库、表格、文本文件等，本例使用WPS表格作为数据源。

（3）合并域。合并域就是放置在主文档中的特殊标记，其本质是一系列的域代码，用于插入在邮件合并最终文档中要发生变化的文本，如编号、收件人的姓名、地址等。在主文档中，通常用放置在书名号中的字段名来表示。

（4）最终文档。邮件合并的最终文档就是将数据源中的指定数据合并到主文档后所得到的文档。数据源里选中的每组数据都会与主文档结合生成一个主文档的实例，可以将它们保存、打印或者通过电子邮件发送。

2. 邮件合并的操作步骤

（1）创建主文档。建立一个WPS文字文档，输入文档内容并排版，这些内容将会作为模板在最终文档中重复出现。主文档的创建的方法与创建普通的WPS文字文档相同（如图3-59所示）。

（2）打开数据源。单击“引用”选项卡→“邮件合并”按钮，出现“邮件合并”选项卡（如图3-60所示），单击“打开数据源”下拉按钮→“打开数据源”命令，在“选取数据源”对话框中选择要作为数据源的文件。

（3）选择收件人。单击“邮件合并”选项卡→“收件人”按钮，弹出“邮件合并收件人”对话框（如图3-61所示），在收件人列表中选择需要进行邮件合并的数据。

（4）插入合并域。在主文档中将光标定位到需要插入合并数据的位置，单击“邮件合并”选项卡→“插入合并域”按钮，弹出“插入域”对话框（如图 3-62 所示），在“域”列表中选择需要插入的数据域，也就是数据源中的字段名，单击“插入”按钮后，可以在当前位置插入一个合并域代码。重复使用这种方法可以在主文档的其他位置插入所需要的合并域。

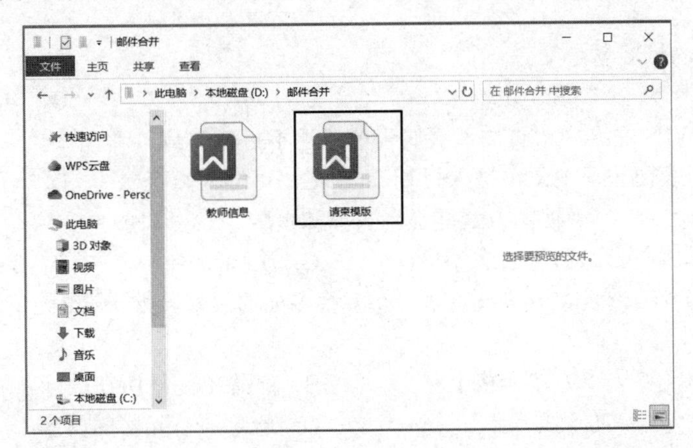

图 3-59　创建主文档

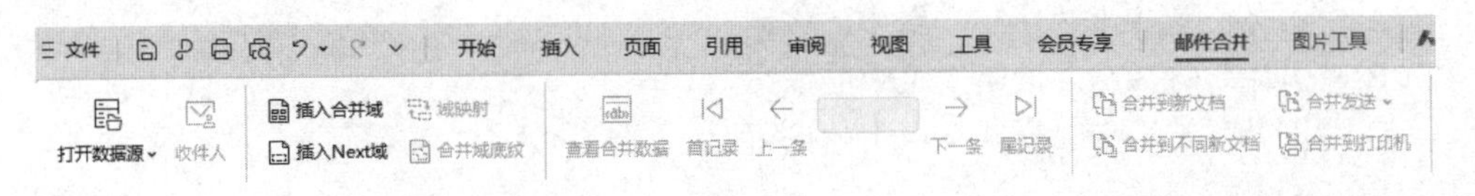

图 3-60　“邮件合并”选项卡

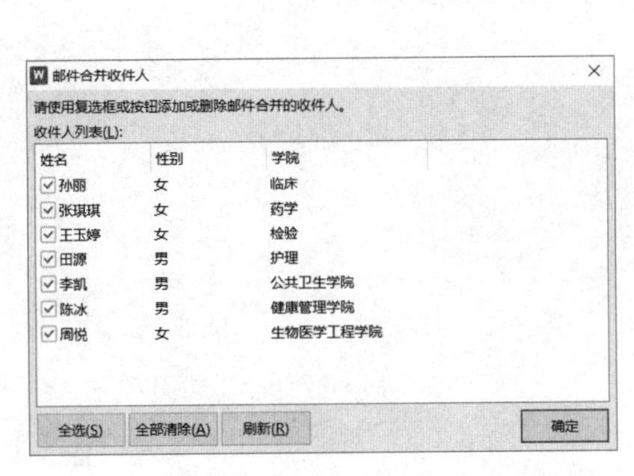

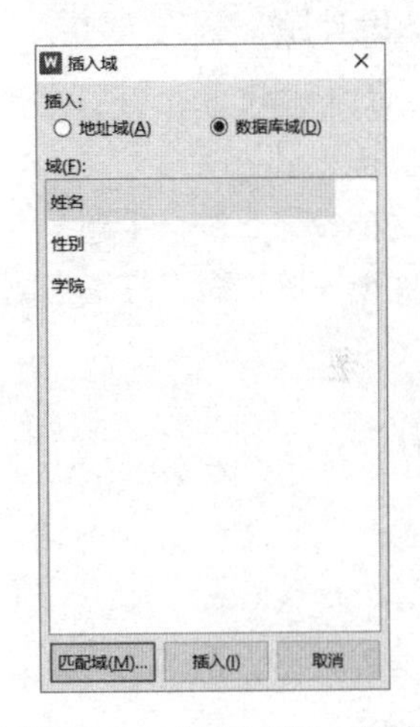

图 3-61　“邮件合并收件人”对话框　　　　图 3-62　“插入域”对话框

插入合并域后，单击“邮件合并”选项卡→“查看合并数据”按钮，可以查看将数据源中数据合并到主文档中的实际效果。单击“首记录”、“尾记录”、“上一条”和“下一条”按钮可以查看数据源中的不同的数据。

（5）合并生成最终文档。单击“邮件合并”选项卡→“合并到新文档”按钮，可以生成一个最终文档，其中包括将数据源中指定的每条数据与主文档合并后生成所有文档的实例。

单击“合并到不同新文档”按钮，可以生成一系列最终文档，将数据源中指定的每条数据与主文档合并后都会生成一个新文档。单击“合并到打印机”按钮，可以将数据源中数据与主文档合并后生成的文档发送到打印机并打印。单击“合并发送”下拉按钮，可以将合并后生成的文档直接通过关联的邮箱发送给指定接收人。

习 题 3

一、填空题

1．WPS文字的扩展名是（ ）。

A．.txt　　B．.doc　　C．.wps　　D．.docx

2．下面关于WPS文字中“页眉和页脚”的描述不正确的是（ ）。

A．可插入页码　　B．可插入日期　　C．可插入声音　　D．可插入自动图文集

3．WPS文字中（ ）视图方式能显示页眉和页脚。

A．写作模式　　B．大纲　　C．页面　　D．阅读版式

4．在WPS文字编辑状态下，设置了一个多行多列的表格，如果选中一个单元格，按Delete键，则（ ）。

A．删除单元格，下方单元格上移　　B．删除单元格所在的行

C．删除单元格，右侧单元格左移　　D．删除该单元格的内容

5．在WPS文字编辑状态下，利用（ ）可快速和直接调整文档的左、右边界。

A．“开始”选项卡“字体”组中的按钮

B．“开始”选项卡“段落”组中的按钮

C．“开始”选项卡“样式”组中的按钮

D．标尺

二、设计题

综合应用WPS文字编辑、排版等技巧设计出一篇图文并茂的文档。

要求：

1．文档设计要符合主题。

2．展现审美理念，打造出既富有思想深度又具备视觉美感的文档作品。

第 4 章　WPS 表格

WPS 表格是 WPS Office 办公软件套件的一个重要组成部分，其功能强大，为用户提供了高效、便捷的数据处理方法。WPS 表格在数据处理、报表制作、财务预算、科学研究和日常办公等多个领域都有广泛的应用。

4.1　WPS 表格概述

本章主要介绍 WPS 表格中数据的输入与编辑、公式与函数的使用、数据分析和处理、数据图表化等操作。

4.1.1　WPS 表格窗口及其组成

WPS 表格窗口主要由标签栏、快速访问工具栏、选项卡、功能区、名称框、编辑栏、工作区、状态栏等组成，如图 4-1 所示。

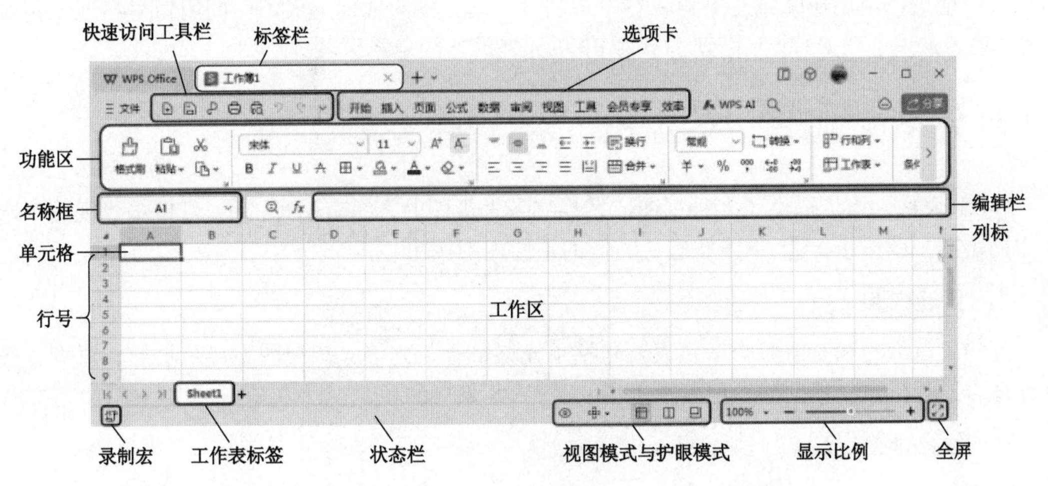

图 4-1　WPS 表格窗口

（1）标签栏：显示打开的 WPS 表格文件的名称。

（2）快速访问工具栏：位于功能区上方，除默认的新建、保存、输出为 PDF、打印、打印预览、撤销、恢复等命令外，还可以通过右侧的下拉按钮，在展开的菜单中选择“自定义命令”→“其他命令...”添加其他命令。通过右击某个已经存在的按钮，在弹出的菜单中选择“从快速访问工具栏删除(R)”命令删除某按钮。

（3）选项卡、功能区：WPS 表格在默认状态下由多个选项卡组成，核心选项卡包括开始、插入、页面、公式、数据、审阅、视图等。其他选项卡（如工具、会员专享、效率等）可能因软件版本、用户权限或特定设置而有所不同。随着软件的更新迭代，选项卡的具体组成也可能发生变化。

（4）名称框：显示当前被选中的单元格或单元格区域的地址（或名称）。

（5）编辑栏：显示或编辑被选中单元格的数据或公式。

（6）工作区：显示当前工作表的数据。

（7）状态栏：显示当前工作簿的信息，如单元格状态、WPS表格的视图方式及显示比例等。

4.1.2 基本概念

工作簿由若干个工作表组成，工作表由若干个单元格组成。

（1）工作簿：指保存数据信息的文件，一个 WPS 表格文件即一个工作簿，其扩展名为.xlsx或.et。

（2）工作表：在WPS表格中，一个工作簿（一个WPS表格文件）默认包含一个工作表，工作表名以标签的形式显示在WPS表格底部的工作表标签栏中，其默认名为Sheet1，可重命名。

一般情况下，WPS表格允许用户在一个工作簿中创建数十乃至数百个工作表，具体数目可能会达到255个或更多。用户可以通过单击不同的工作表标签来切换和编辑不同的工作表。

（3）单元格：单元格指工作表的行与列交叉的部分，是组成工作表的最小单位。

一个工作表由1048576行和16384列构成，行号用1～1048576表示，列标用A～Z，AA～AZ，BA～BZ，…，ZA～ZZ，AAA～AAZ，…，XFA～XFD表示。按Ctrl+→（方向键）组合键可选择当前工作表的最右列，按Ctrl+↓（方向键）组合键可选择当前工作表的最下行。

单元格地址：指单元格所在行和列的位置，显示时列标在前，行号在后。例如，第D列和第3行交叉的单元格地址是D3。

（4）单元格区域：由连续的单元格组成的矩形区域，简称区域。

区域地址：由矩形区域左上角和右下角的两个单元格的地址组成，中间用冒号相连。例如，C3:F7表示从左上角C3单元格到右下角F7单元格的连续矩形区域。

4.1.3 WPS 表格视图方式

WPS 表格为用户提供了多种视图，切换到各种视图的方法有两种：① 可单击“视图”选项卡中的不同视图按钮；② 单击状态栏右侧的不同视图按钮。

1．普通视图

用户可以编辑和查看整个工作表，包括单元格、行、列等。该视图不显示页眉、页脚。普通视图适合进行日常的数据输入和编辑工作，是WPS表格的默认视图方式。

2．分页预览视图

该视图显示工作表的分页情况，用户可以清晰地看到每页的分隔线和页码，不显示页眉、页脚和页边距。在分页预览视图中，蓝色虚线显示每页页面的大小，蓝色实线显示所有数据页面的大小，拖动虚线或实线可更改页面的大小。

3．页面布局视图

该视图可使用户更直观地看到工作表的打印效果，包括页边距、页眉、页脚等。也可以通过该视图在打印前预览和调整页面布局。

4．全屏显示

在普通视图、页面布局视图、分页预览视图或自定义视图下，单击“全屏显示”按钮，WPS表格的功能区、状态栏等被隐藏，工作表以全屏显示。

按Esc键或单击“关闭全屏显示”按钮，可退出全屏视图。

4.2　工作簿与工作表的操作

1．工作簿的操作

在 WPS 表格中，工作簿的操作包括创建、保存、打开和关闭工作簿等，与 WPS 文字的操作相同。

2．工作表的操作

WPS 表格的工作表的操作包括选择、插入、删除、重命名、设置工作表标签颜色、隐藏与取消隐藏、移动和复制、保护工作表、多窗口排列等。

（1）选择工作表。

① 选择单个工作表：单击工作表标签，工作表标签以高亮显示，该工作表即当前工作表。

② 同时选中多张工作表。

同时选中多张工作表，可以形成“组合工作表”。在组合工作表模式下，可以同时对多个选中的工作表进行操作。

◆ 选择多个不相邻的工作表：按住 Ctrl 键，并逐一单击所需工作表标签。

◆ 选择多个相邻的工作表：先单击要选择的第一个工作表标签，然后按住 Shift 键，同时单击所需的最后一个工作表标签。

◆ 选择所有的工作表：右击任意工作表标签，在弹出的快捷菜单中选择“选定全部工作表”命令。

◆ 取消所选择的多个工作表：释放 Ctrl 或 Shift 键，单击任意未被选择的工作表标签。也可在任意被选中的工作表标签处右击，在弹出的菜单中选择“取消组成工作表”命令。

当工作表标签区无法显示全部的工作表标签时，可使用工作表切换按钮：移动到第一个、向前移一个、向后移一个、移动到最后一个。

（2）插入工作表。

插入工作表可以采用如下 3 种方法。

① 单击“开始”选项卡→“工作表”下拉按钮，选择“插入工作表”命令，在弹出的“插入工作表”窗口中输入数量，单击“确定”按钮。

② 右击任意工作表标签，在弹出的快捷菜单中选择“插入工作表”命令，弹出“插入工作表”对话框，输入插入数目，单击“确定”按钮。

③ 单击工作表标签区右侧的“新建工作表”按钮，或双击工作表标签右侧的空白区域，即可插入一个新工作表，双击位置如图 4-2 所示。

图 4-2　新建工作表方法

新插入的工作表采用默认名，如 Sheet2 等。

（3）删除工作表。

删除工作表的常用两种方法如下。

① 单击“开始”选项卡→“工作表”下拉按钮，选择“删除工作表”命令。若被删除的工作表中包含数据，则需要确认后方可删除。

② 右击工作表标签，在弹出的快捷菜单中选择“删除”命令，确认后即可删除该工作表。

因为一个工作簿内应至少包含一个可视的工作表，所以当工作簿中只有一个可视工作表时，删除会出现错误提示。

（4）重命名工作表。

在 WPS 表格中，每个工作表的名字默认以“Sheet 序号”方式构成，用户可以根据工作表中的内容对工作表重新命名，常用的 3 种方法如下。

① 选择工作表，单击“开始”选项卡→“工作表”按钮→“重命名”命令，工作表标签高亮显示，输入新名称后按 Enter 键。

② 右击工作表标签，在弹出的快捷菜单中选择“重命名”命令，工作表标签高亮显示，输入新名称后按 Enter 键。

③ 双击工作表标签，工作表标签高亮显示，输入新名称后按 Enter 键。

（5）设置工作表标签颜色。

设置工作表标签颜色，常用的方法如下。

① 选择工作表，单击“开始”选项卡→“工作表”按钮→“工作表标签颜色”命令，选择需要的颜色即可。

② 右击工作表标签，在弹出的快捷菜单中选择“工作表标签”→“标签颜色”命令，选择所需颜色，即可设置该工作表标签的颜色。

（6）隐藏与取消隐藏工作表。

隐藏工作表常用的两种方法如下。

① 选择工作表，单击“开始”选项卡→“工作表”按钮→“隐藏工作表”命令。

② 右击工作表标签，在弹出的快捷菜单中选择“隐藏”命令。

取消隐藏工作表的常用两种方法如下。

① 选择任意工作表，单击“开始”选项卡→“工作表”按钮→“取消隐藏工作表”命令，在弹出的“取消隐藏”对话框中选择要取消隐藏的工作表，单击“确定”按钮。

② 右击工作表标签，在弹出的快捷菜单中选择“取消隐藏”命令，在弹出的“取消隐藏”对话框中选择要取消隐藏的工作表，单击“确定”按钮即可。

（7）移动工作表。

在同一个工作簿内移动工作表，常用的方法如下。

① 用鼠标拖动工作表标签到目标位置。

② 右击工作表标签，在弹出的快捷菜单中选择“移动”命令，在弹出的“移动或复制工作表”对话框中选择位置，单击“确定”按钮。

③ 选择任意工作表，单击“开始”选项卡→“工作表”按钮→“移动或复制工作表”命令，在弹出的“移动或复制工作表”对话框中选择要移动工作表的位置，单击“确定”按钮即可。

在多个工作簿之间移动工作表，方法如下。

打开两个工作簿，选择要移动的工作表标签后右击鼠标，在弹出的菜单中选择“移动”命令，打开“移动或复制工作表”对话框，在“工作簿(T)”下面的列表中选择目标工作簿，单击“确定”按钮即可。

（8）复制工作表。

在一个工作簿内复制工作表，常用的方法如下。

① 在按住 Ctrl 键的同时，用鼠标拖动工作表标签到目标位置。

② 右击工作表标签，在弹出的快捷菜单中选择“创建副本”命令。

③ 选择任意工作表，单击“开始”选项卡→“工作表”按钮→“移动或复制工作表”命令，在弹出的“移动或复制工作表”对话框中选择要移动工作表的位置，选中“建立副本”复选框，单击“确定”按钮。

④ 右击工作表标签，在弹出的快捷菜单中选择“移动”命令，在弹出的“移动或复制工作表”对话框中选择插入点，选中“建立副本”复选框，单击“确定”按钮。

在多个工作簿之间复制工作表，方法如下。

打开两个工作簿，选择要移动的工作表标签后右击鼠标，在弹出的菜单中选择“移动”命令，打开“移动或复制工作表”对话框，在“工作簿(T)”下面的列表中选择目标工作簿，同时选中下面的“建立副本”复选框，然后单击“确定”按钮。

（9）保护工作表。

数据安全是指保护数据免遭损坏、丢失、泄露、篡改和未授权访问的能力。在现代社会中，数据安全已经成为企业和个人必须面对的问题。为了防止重要表格中的数据泄露，可以为表格设置保护。

打开表格文件，单击“审阅”选项卡→“保护工作表”按钮，在弹出的“保护工作表”对话框中输入密码，在列表框中勾选“选定锁定单元格”和“选定未锁定单元格”复选框，单击“确定”按钮。

若工作表中对应的项目设置了保护，则在对工作表中的内容进行修改时，会提示“被保护单元格不支持此功能”，无法修改。

（10）多窗口操作。

① 冻结行标题或列标题：选择工作表，单击“视图”选项卡→“冻结窗格”按钮，在弹出的下拉菜单中选择一种冻结方式。

② 多窗口显示同一工作簿：选择工作表，单击“视图”选项卡→“新建窗口”按钮，单击“视图”选项卡→“重排窗口”按钮，在打开的菜单中选择一种排列方式，单击“确定”按钮。

③ 多窗口显示不同工作簿：打开多个工作簿，单击“视图”选项卡→“重排窗口”按钮，在打开的菜单中选择一种排列方式，单击“确定”按钮。

4.3 输入与编辑数据

4.3.1 选择操作

在WPS表格中，若想在工作表中编辑数据，则需要先选择操作对象。操作对象可以是单元格、单元格区域、整行、整列或整个工作表等。

1. 选择单元格

既可通过单击单元格的方式选中单元格，也可以在“名称框”中输入单元格地址选中单元格。若查找满足条件的单元格，则可以单击“开始”选项卡→“查找”→“定位”命令，或者直接按Ctrl+G组合键，打开“定位”对话框，定位满足条件的单元格。

2. 选择单元格区域

（1）选择一个区域：按住鼠标，从单元格区域左上角单元格拖动至右下角单元格，被选择区域将反向显示。

若选择区域较大，则先单击区域左上角单元格，然后按住Shift键并单击区域右下角单元格。

（2）选择不连续的单元格：先选择第一个单元格，按住Ctrl键，依次选择其余单元格。用同样的方法可以选择不连续的行、列或单元格区域。

3．选择整行或整列

单击行号，即可选择整行。单击列标，即可选择整列。单击行号或列标并拖动鼠标，可以选择多行或多列。

4．选择整张工作表

单击工作表左上角的行号和列标交叉处的“表选择”按钮（如图4-3所示）即可选择整个工作表。也可以使用Ctrl+A组合键选择整个工作表。

5．取消选择

单击选择区域外的任何地方即可取消选择。

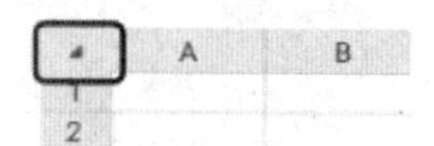

图4-3 “表选择”按钮

4.3.2 输入数据

在WPS表格中输入数据时，WPS表格会自动对输入的数据类型进行判断并采用相应的格式。WPS表格可以识别的数据类型有文本、数值、日期和时间、公式、逻辑值和错误值等。

在WPS表格中输入数据时，需要先选择单元格，然后输入数据，最后按Enter键或单击在编辑栏中的“输入（✓）”按钮确定。若要取消输入，则按Esc键或单击编辑栏中的“取消（✕）”按钮。

1．输入文本

在WPS表格中，文本是指用于表示文字、字符和字符串的数据类型，通常用于表示名称、标题、说明等文字信息。一些不代表数量不需要进行数值计算的数字，如学号、身份证号、电话号码、银行卡号等可以保存为文本形式。

在默认状态下，文本在单元格中靠左对齐显示。若在单元格中输入数字，则被自动识别为数值型。但当输入的数字超过11位时，WPS表格会自动将其保存为文本数据。

2．输入数值

数值是指所有代表数量的数字形式。输入的数值必须是允许的数值字符，如表4-1所示。默认状态下，数值在单元格中以右对齐方式显示。

表4-1 输入数字时允许的数值字符

字符	功能
0～9	数字的任意组合
+	当与E在一起时表示指数，如1.23E+4
-	表示负数，如-56.78
（）	表示负数，如（123）表示-123
,	半角逗号，千位分隔符，如123,456,789
/	表示分数（表示分数时在斜线前面添加一个空格，如3 1/2）或日期分隔符
$或者￥	$为美元金额表示符，￥为人民币表示符
%	百分比表示符
.	小数点
E和e	科学记数法中的指数表示符
:	时间分隔符
（一个空格）	带分数分隔符（如$4\frac{1}{2}$）和日期时间项（如2012/1/2 08:10）

注：连字符-和一些字母也可解释为日期或时间项的一部分，如10-Jun和10:45 AM。

说明：

（1）若将小于或等于 11 位的数字显示为文本型，可以使用如下方法。

① 在第一个数字前加西文单引号，如输入'123456789。

② 先设置单元格的格式为文本方式，然后输入数字。

注意：如果在单元格中没有输入任何内容，则该单元格是空单元格。如果在单元格中输入一个空格，则该单元格不是空单元格，它的值是一个空格。因此，在输入时，无论是数字还是文本都不要多加空格，否则易错，且不易查找和改正。

（2）数值和文本型数字的转换。

若需要将数值以文本形式显示，或将文本型数字变为数值显示，可以如下操作。

① 右击单元格，在弹出的菜单中选择“设置单元格格式”命令，在“单元格格式”对话框中选择“数值”选项卡，选择相应类型即可。

② 单击“开始”选项卡→在“数字格式”列表中选择“数值”或“文本”类型。“数字格式”列表如图 4-4 所示。

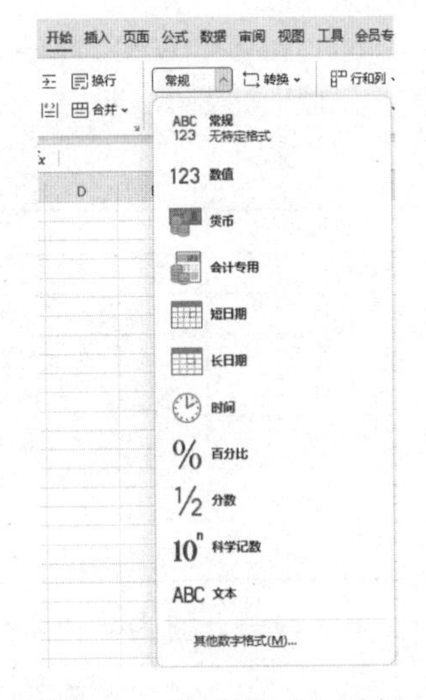

图 4-4　“数字格式”列表

③ 数值转换为文本型数字：使用公式=单元格地址或数值&""（在数值或数值单元格地址后使用连接符&，连接一对半角双引号组成的空文本）。

例如，在 A1 单元格中输入 123，在 B1 单元格中输入 =A1&""，则 B1 单元格中的 123 在单元格靠左侧显示。

④ 文本型数字转换为数值有以下多种方法。

✓ 使用公式=VALUE(数值或数值单元格地址)。

✓ 使用公式=--数值或数值单元格地址。

✓ 使用公式=数值或数值单元格地址*1。

✓ 使用公式=数值或数值单元格地址/1。

✓ 使用公式=数值或数值单元格地址+0。

✓ 使用公式=数值或数值单元格地址-0。

在单元格中输入数字并设置为文本型后，选中该单元格，单击“开始”选项卡→“转换”按钮（转换）→“文本型数字转为数字”命令。

例如，在 A1 单元格中输入数字 123，将其转换为文本型数字，可以在 B1 单元格中输入 =VALUE(A1)、=--A1、=A1*1 等。

3. 输入日期或时间

默认状态下，日期或时间在单元格中右对齐显示。

（1）日期：在年、月、日之间用斜杠（/）、短杠（-）或中文年月日连接。

例如，2024 年 2 月 28 日，可输入“2024/2/28”、“2024-2-28”和“2024 年 2 月 28 日”。若只输入月和日，则 Excel 自动取系统时钟的年份作为该日期的年份。

（2）时间：在时、分、秒之间用半角冒号（:）分隔，如“8:45:30”表示 8 点 45 分 30 秒，“8:45”表示 8 点 45 分。WPS 表格中的时间以 24 小时制表示。如按 12 小时制输入时间，则需在时间后留一空格，并输入 AM 或 PM（A 或 P）。例如，输入“8:00 AM”则表示上午 8:00。

（3）日期和时间：在日期和时间之间用半角空格分隔。例如，对于 2024 年 2 月 28 日下午 3:30，可输入“2024-2-28 15:30”（时间用 24 小时制）。

WPS 表格对输入的数据能进行一定程度的自动识别。例如，输入“10-1”，WPS 表格解释为日期，并显示为“10 月 1 日”或“1-Oct”。

4．输入公式

WPS 表格支持公式和函数的输入。在单元格中输入以等号（=）开头的表达式时，WPS 表格会自动将表达式内容识别为公式，并返回公式的计算结果。若单元格中的内容以加号（+）或者减号（-）开头，按下 Enter 键之后，WPS 表格会自动在输入内容之前加上等号。

在 WPS 表格中，构成公式的元素除必要的等号（=）外，还需要数值、文本、日期、逻辑值等数据、单元格地址或定义的名称、半角括号及运算符号（加+、减-、乘*、除/、幂运算^等），还包括一些函数，如 SUM 或 AVERAGE 等。

5．逻辑值和错误值

逻辑值包括 TRUE 和 FALSE 两种。假设在 A1 单元格中输入“=5>3”，返回逻辑值 TRUE，表示该表达式的结果为真。在 A2 单元格中输入公式“=5<3”，返回逻辑值 FALSE，表示该表达式的结果为假。

用户在使用 WPS 表格过程中有时会遇到一些错误值，如#DIV/0!、#N/A 等。常见的错误值及产生的原因如表 4-2 所示。

表 4-2 常见的错误值及产生的原因

错误值	原因
#####	单元格所含数字超出了单元格宽度，或者在设置了日期、时间的单元格内输入了负数
#VALUE!	在需要数字或逻辑值时输入文本，WPS 表格不能将其转换为正确的数据类型
#DIV/0!	使用了 0 作为除数
#NAME?	使用了不存在的名称或函数名拼写错误
#N/A	在查找类函数公式中，无法找到匹配的内容
#REF!	删除了由其他公式引用的单元格或工作表，致使单元格引用无效
#NUM!	在需要数字参数的函数中使用了超出范围的参数
#NULL!	要进行计算的两个数据集合没有用逗号分开，如=SUM(A1:A3 C1:C3)

6．在单元格内强制换行

将单元格中的内容在指定位置处换行，可以在单元格处于编辑状态时，把光标定位到要换行的位置，然后按 ALT+Enter 组合键。

7．在多个单元格中输入相同的数据

若要在多个单元格中输入相同的数据，可以先选中要输入数据的单元格区域，在编辑栏中输入内容后按 Ctrl+Enter 组合键。

4.3.3 自动填充

使用 WPS 表格的自动填充功能可快速地在工作表中输入数据序列，也可使用填充柄或“序列”对话框自动填充。

1．填充柄

填充柄是当前被选中单元格右下角的小实心方块。当鼠标指向填充柄时，鼠标指针变为黑十字，拖动填充柄到所需填充的区域边缘或者双击填充柄即可完成填充。填充柄位置如图 4-5 所示。

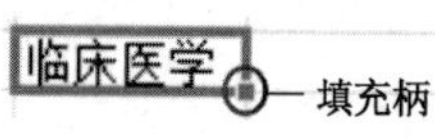

临床医学 — 填充柄

图 4-5 填充柄位置

（1）如果单元格的内容不属于 WPS 表格自带的序列，则在拖动填充过程中，默认按复制填充选中区域。

例如，在 A1 单元格中输入“WPS 表格”，选择 A1 单元格，拖动 A1 单元格右下角填充柄到 A4 单元格，则 A1～A4 单元格的内容均为

“WPS 表格”。

（2）如果单元格的内容属于 WPS 表格自带的序列，则在拖动填充柄填充的过程中，默认按 WPS 表格的序列填充。

例如，在 B1 单元格中输入“一月”，选择 B1 单元格，拖动 B1 单元格右下角填充柄到 B4 单元格，则 B1～B4 单元格的值依次为“一月”、“二月”、“三月”和“四月”。拖动结束后，可以单击区域右下角的“自动填充选项”按钮修改填充方式。“自动填充选项”按钮位置及内容如图 4-6 所示。

拖动填充柄填充适用于向上、向下、向左或向右填充。如果选择多个单元格作为自动填充的起始区，则 WPS 表格会确定扩展趋势并自动填充。

2．“序列”对话框

WPS 表格还支持输入等差和等比序列。输入时，先在单元格中输入序列首项，选中该单元格，单击“开始”选项卡→“填充”→“序列”命令，在弹出的“序列”对话框中设置序列产生的方向、序列的类型和步长值等。“序列”对话框如图 4-7 所示。

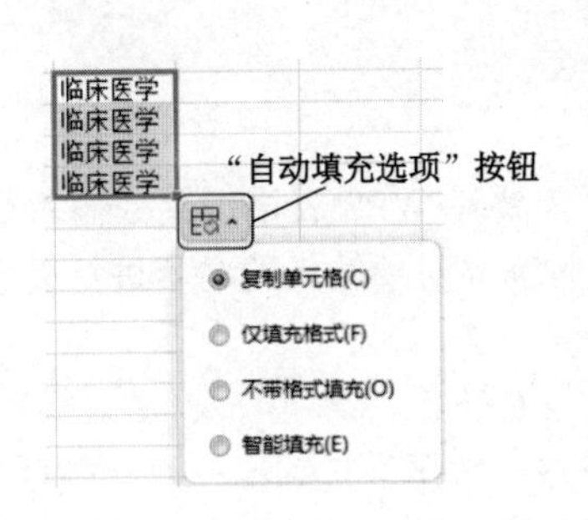

图 4-6　“自动填充选项”按钮

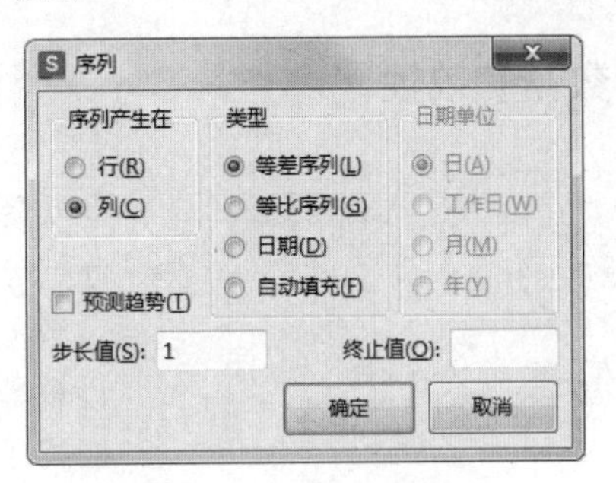

图 4-7　“序列”对话框

（1）输入等差序列。

例如，若想在 A1～A7 单元格中输入等差序列：2，5，8，11，14，17，20，则方法如下。

① 在 A1 单元格中输入 2，在 A2 单元格中输入 5；选中 A1:A2 区域，拖动区域右下角的填充柄至 A7 单元格处即可。

② 在 A1 单元格中输入 2，选中 A1:A7 区域，单击“开始”选项卡→“填充”→“序列”命令打开“序列”对话框，选择序列类型为“等差序列”，步长值为 3，单击“确定”按钮即可。

（2）输入等比序列

例如，若想在 C1～I1 中输入等比序列：2，4，8，16，32，64，128，则方法如下。

在 C1 单元格中输入 2，选中 C1:I1 区域，单击“开始”选项卡→“填充”→“序列”命令打开“序列”对话框，选择序列类型为“等比序列”，步长值为 2，单击“确定”按钮即可。

3．自定义序列

单击“文件”菜单→“选项”命令，在弹出的“选项”对话框中选择“自定义序列”选项，如图 4-8 所示。添加新的自定义序列有以下两种方式。

① 在“输入序列”列表框中输入新的序列，序列内容之间用回车符或半角逗号“,”分隔，输入完毕后单击“添加”按钮，然后单击“确定”按钮。关掉“选项”对话框即可按照输入序列的方式在 WPS 表格中完成自定义序列的输入。

② 在“自定义序列”选项下，单击“从单元格导入序列”下方参数框的折叠按钮 ，用鼠标圈定已定义好的数据序列，单击 按钮返回，再单击“导入”按钮，导入新的序列，单击“确定”按钮，可以在 WPS 表格中使用定义好的序列。

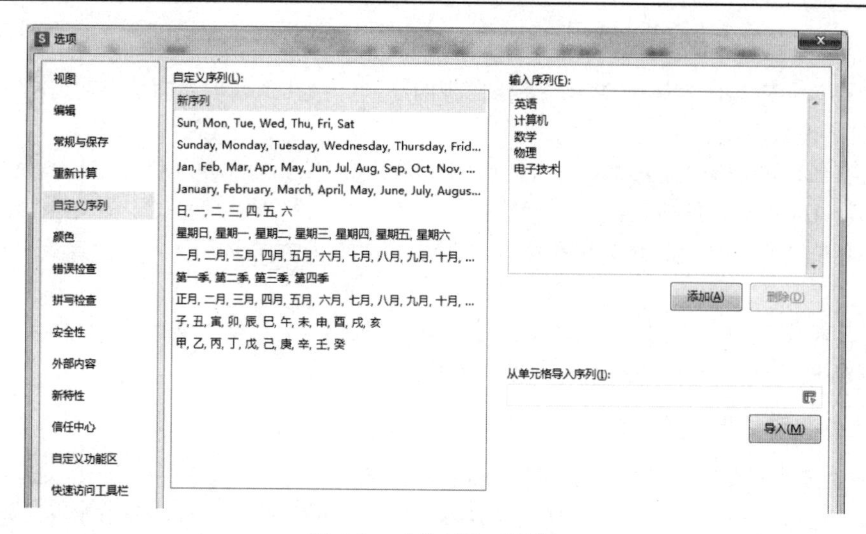

图 4-8 “选项”对话框

4.3.4 数据有效性

图 4-9 “数据有效性”对话框

在实际应用中，有时需要对 WPS 表格中某处输入数据的类型、范围等进行约束，有时需要对要输入的内容进行提示，这可以通过数据有效性功能完成。

设置数据有效性的方法如下。

选择单元格区域，单击“数据”选项卡→“有效性”按钮，弹出“数据有效性”对话框，如图 4-9 所示。

（1）“设置”选项卡：设置允许的数据类型、数值范围。

（2）“输入信息”选项卡：设置输入时的提示标题、提示信息。

（3）“出错警告”选项卡：设置数据无效时的警告按钮、警告标题、警告信息。

数据有效性条件说明如表 4-3 所示：

表 4-3 数据有效性条件说明

有效性条件	说明
任何值	允许在单元格中输入任何值
整数	只能输入指定范围内的整数
小数	只能输入指定范围内的小数
序列	只能输入指定序列中的某一项，序列来源既可以手动输入，也可以选择单元格中的内容，或者是公式返回的引用结果
日期	只能输入某一范围内的日期
时间	只能输入某一范围内的时间
文本长度	输入数据的字符个数
自定义	借助函数公式设置较为复杂的数据有效性说明

4.3.5 清除与更改数据

1. 清除数据

清除数据的两种常用方法如下。

（1）选择单元格或区域并右击鼠标，在弹出的快捷菜单中选择“清除内容”命令，在下级菜单中选择清除方式。清除方式包括全部清除、清除格式、清除内容、清除批注或清除特殊字符、清除部分文本、清除图片和文本框。

（2）选择单元格或单元格区域，按Delete键即可清除内容。

2．更改数据

更改单元格中的数据，可以选择单元格，在编辑栏中进行修改；也可以直接双击单元格，在单元格中修改。

4.3.6 移动与复制数据

移动与复制数据的4种常用方法如下。

1．使用功能区

先选择要移动（或复制）的单元格区域，单击“开始”选项卡→“剪切”（或“复制”）按钮，再选择目标区域的左上角单元格，单击“开始”选项卡→“粘贴”按钮。

2．使用快捷菜单

先选择要移动（或复制）的区域，右击鼠标，在弹出的快捷菜单中选择“剪切”（或“复制”）命令，再选择目标区域的左上角单元格并右击鼠标，在弹出的快捷菜单中选择“粘贴”命令。

3．使用鼠标拖动

选择要移动（或复制）的区域，用鼠标指向该区域的外边界，在鼠标指针变为十字箭头时拖动鼠标到目标位置实现移动，若复制数据则需要在拖动鼠标的同时按住Ctrl键。

4．使用快捷键

移动：选择要移动的区域，先按Ctrl+X组合键剪切，再选择目标位置，按Ctrl+V组合键粘贴。

复制：选择要复制的区域，先按Ctrl+C组合键复制，再选择目标位置，按Ctrl+V组合键粘贴。

4.3.7 查找与替换数据

1．查找数据

单击“开始”选项卡→“查找”→“查找”命令，弹出“查找”对话框，输入查找值，单击“查找下一个”按钮，即可定位到含有查找值的单元格。“查找”对话框如图4-10所示。

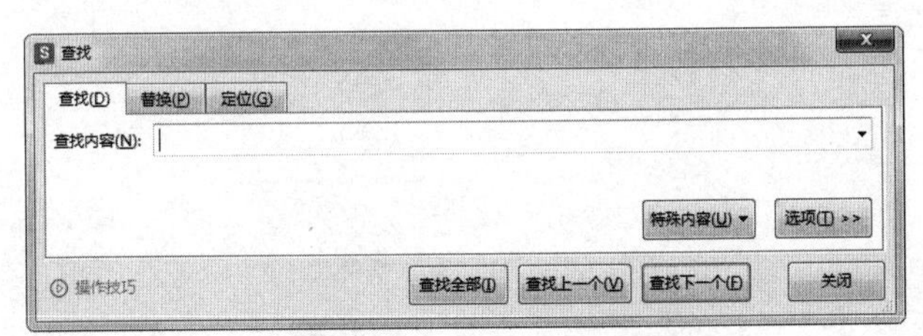

图4-10 “查找”对话框

2．替换数据

替换数据的步骤如下。

（1）单击“开始”选项卡→“查找”→“替换”命令，在弹出的“替换”对话框中输入查找内容、替换值。“替换”对话框如图 4-11 所示。

（2）单击“查找下一个”按钮，即可定位到含有查找值的单元格，若需替换则应单击“替换”按钮，否则重复步骤（2）。

若要一次替换所有查找到的内容，则在打开的“替换”对话框中单击“全部替换(A)”按钮即可。若想对查找和替换的内容进行格式设置，则单击对话框中的“选项”按钮进行后续操作。

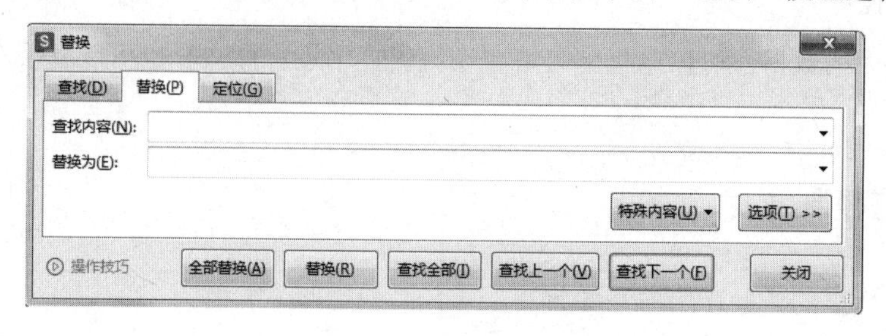

图 4-11 “替换”对话框

4.4 单元格操作

为使制作的表格整洁美观，用户可以对单元格进行编辑。对单元格的操作包括插入与删除单元格、行或列，合并与拆分单元格，调整单元格的列宽或行高，隐藏单元格的列或行等。

4.4.1 插入与删除单元格、行或列

1. 插入单元格、行或列

（1）插入空白单元格、行或列。

① 使用功能区插入单元格、行或列：选择要插入位置的单元格、行或列，单击“开始”选项卡→“行和列”下拉按钮，在弹出的下拉菜单中选择“插入单元格”命令，在“插入单元格”级联菜单中选择相应的插入命令即可。“插入单元格”级联菜单内容如图 4-12 所示。

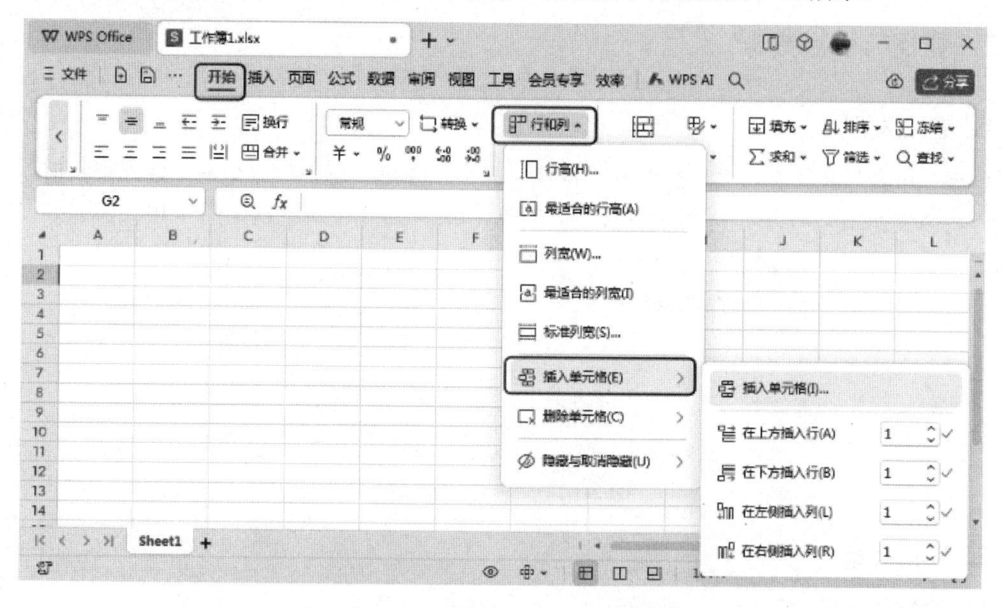

图 4-12 “插入单元格”级联菜单

若选择“插入单元格”命令，则打开“插入”对话框，在该对话框中可选择具体的插入方式。

② 使用快捷菜单插入单元格、行或列：选择要插入单元格的位置并右击鼠标，在弹出的快捷菜单中选择“插入”命令，在下级菜单中选择插入方式即可。

（2）插入剪切或复制的单元格。

可将从别处剪切（或复制）的单元格或单元格区域插入当前工作表中。操作步骤如下：选择要剪切或复制的区域并右击鼠标，在弹出的快捷菜单中选择“剪切”或“复制”命令。选择目标区域左上角单元格并右击鼠标，在弹出的快捷菜单中，选择“插入已剪切的单元格”或“插入复制单元格”命令，在弹出的下级菜单中选择插入方式即可。若目标区域为整行或整列，则直接在弹出的菜单中选择。

2. 删除单元格、行或列

删除单元格、行或列的方法类似于插入方法。

4.4.2　合并与拆分单元格

1. 合并单元格

选择要合并的单元格，单击“开始”选项卡→“合并”按钮，或单击“合并”下拉按钮，在弹出的下拉菜单中根据具体情况选择相应的命令。“合并”菜单如图 4-13 所示。

（1）若直接单击“合并”按钮，则打开“WPS 表格”对话框，如图 4-14 所示，根据期望的合并方式选择内容。

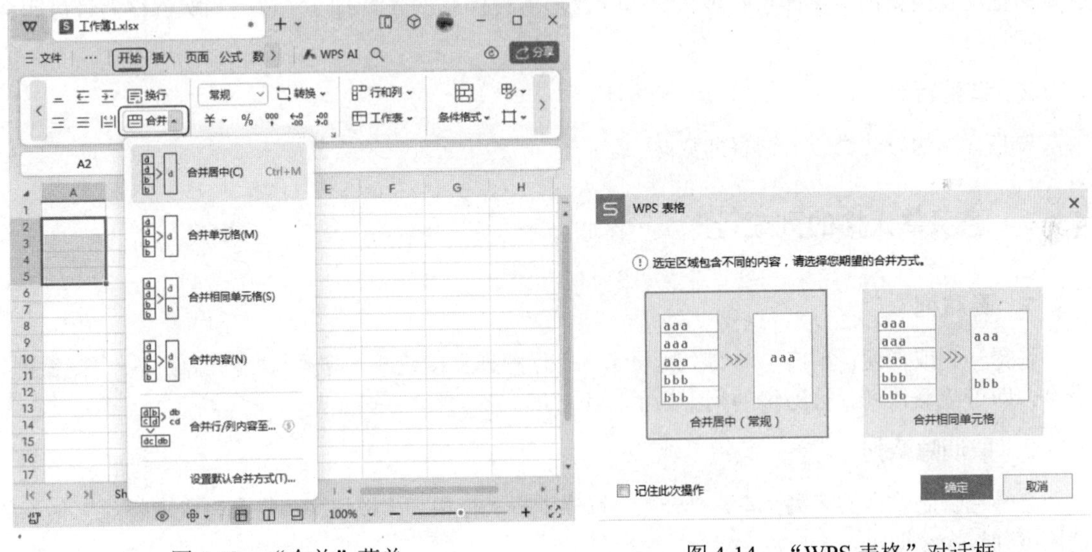

图 4-13　“合并”菜单　　　　图 4-14　“WPS 表格”对话框

（2）合并居中：将选中的单元格区域合并为一个较大单元格，只保留区域左上角单元格的内容且居中。

（3）合并单元格：将选中的单元格区域合并为一个较大单元格，只保留区域左上角单元格的内容，对齐方式不变。

（4）合并相同单元格：将内容相同且相邻的单元格合并，内容不同的单元格不参加合并操作。

（5）合并内容：将选中的单元格区域合并为一个较大单元格，原单元格的内容均保留并分行显示，对齐方式不变。

2. 拆分单元格

选择已合并的单元格，单击“开始”选项卡→“合并”下拉按钮，在弹出的下拉菜单中选择“取消合并单元格”或“拆分并填充内容”命令。

4.4.3 调整单元格的列宽或行高

当单元格数据的宽度或高度大于列宽或行高时，无法在该单元格中浏览整个数据，需调整列宽或行高。当单元格数据为数值型且数据宽度大于列宽时，该单元格将以“##”显示。调整行高或列宽常用的方法如下。

1. 调整列宽

（1）使用功能区。

① 设置列宽：选定一列或多列，单击“开始”选项卡→“行和列”按钮→“列宽”命令，在弹出的“列宽”对话框中输入列宽值，单击“确定”按钮。

② 自动匹配列宽：选定一列或多列，单击“开始”选项卡→“行和列”按钮→“最适合的列宽”命令，可调整该列列宽为该列单元格中数据所占宽度最大的单元格的宽度。

③ 设置标准列宽：单击“开始”选项卡→“行和列”按钮→“标准列宽”命令，在“标准列宽”对话框中输入列宽值，单击“确定”按钮。

（2）使用鼠标拖动或双击。

将光标指向两列之间的分隔线，鼠标指针变为中间竖线两边分别指向左右的箭头形状时，按住鼠标拖动至需要的宽度即可；或鼠标指针变形后直接双击分隔线，把该列列宽调整为“最适合的列宽”。

2. 调整行高

调整行高的方法类似于调整列宽。

4.4.4 隐藏单元格的列或行

1. 隐藏列

选择一列或多列，单击“开始”选项卡→“行和列”按钮→“隐藏与取消隐藏”→“隐藏列”命令，即可隐藏该列。被隐藏的列不显示、不打印。

2. 取消隐藏列

选择包含隐藏列的多列，单击“开始”选项卡→“行和列”按钮→“隐藏与取消隐藏”→“取消隐藏列”命令即可。

3. 隐藏行及取消隐藏行

隐藏行及取消隐藏行的操作与隐藏列及取消隐藏列类似。

4.5 公式与函数

为满足用户对数据计算的要求，WPS 表格提供了大量的函数，也支持用户自己编写公式实现对数据的计算。公式是对工作表中的数据进行分析计算的等式，函数是系统预先定义的内置公式。

使用函数可以简化或缩减表达式，使数据处理更加简单。函数可以是公式的一部分，但公式不一定包含函数。

4.5.1 单元格引用

在公式中引用某个单元格或单元格区域的数据，称为单元格引用（也称为地址引用）。在对单元格引用时，既可以引用来自同一工作表的单元格数据，也可以引用同一工作簿不同工作表的单元格，还可以引用不同工作簿中的数据，甚至可以引用其他应用程序的数据。单元格引用分为相对引用、绝对引用和混合引用 3 种。

1．相对引用

相对引用是指使用单元格地址引用单元格数据。若源位置的公式使用了相对引用，当将公式从源位置复制到目标位置时，目标位置的公式会发生改变。

例如，在 C1 单元格中输入“=A1+B1”，将 C1 单元格中的公式复制到 F5 单元格中，F5 单元格的公式为“=D5+E5”。

2．绝对引用

绝对引用是指在引用公式的行号和列标前都加“$”符号。当公式所在的位置发生改变时，公式中引用的单元格地址固定不变。

例如，在 C1 单元格中输入“=$A$1+$B$1”，将 C1 单元格中的公式复制到 F5 单元格中，F5 单元格的公式为“=$A$1+$B$1”。

3．混合引用

混合引用是指在引用公式的行号或列标前加“$”符号，即行绝对引用、列相对引用；或行相对引用、列绝对引用。其作用是不加“$”符号的地址随公式的复制而改变，加“$”符号的地址保持不变。

例如，在 C1 单元格中输入“=$A1+$B1”，将 C1 单元格中的公式复制到 F5 单元格中，F5 单元格的公式为“=$A5+$B5”。A、B 列保持不变。

在单元格 C1 中输入“=A$1+B$1”，将 C1 单元格中的公式复制到单元格 F5 中，F5 单元格的公式为“=D$1+E$1”。行标保持不变。

引用单元格时，在公式编辑状态下可以通过按下 F4 键使单元格地址在相对引用、绝对引用与混合引用之间进行切换。

4.5.2 公式

公式以等号（=）开始，公式中可包含运算符、常量、单元格引用和函数等。字符型数据需要用双引号引起来。

1．运算符

常用运算符包括以下 4 类。

（1）算术运算符：优先级从高到低为-（负号）、%（百分比）、^（乘方，如 2^3 值为 8）、*（乘）、/（除）、+（加）、-（减）。乘法和除法的优先级相同，加法和减法的优先级相同。

（2）文本运算符&：用于连接一个或多个文本，以生成一个新的文本。例如，在 A1 单元格中输入“WPS 表格”，在 B1 单元格中输入“你好！”，在 C1 单元格中输入“=A1&B1”，则 C1 单元格中显示“WPS 表格你好！”

（3）比较运算符：包括=（等于）、<（小于）、>（大于）、<=（小于或等于）、>=（大于或等于）、<>（不等于），它们之间的优先级相同，结果为逻辑值 TRUE（真）或 FALSE（假）。

运算符两边的数据类型必须相同。

（4）引用运算符，包括：

① :（区域运算符），表示引用包括两个单元格在内的区域中所有单元格内容。例如，A1:A5 表示引用 A1 到 A5 区域的单元格内容。

② ,（联合运算符），表示将多个引用合并为一个引用。例如，A1:A5,C1:C5 表示同时引用 A1 到 A5 区域和 C1 到 C5 区域的单元格内容。

③ （空格），表示对多个引用中共有单元格的引用。例如，(A1:C3 B2:D4)等价于引用(B2:C3)区域的内容。

2. 编辑公式

编辑公式时，公式内容同时显示在编辑栏和单元格内。

编辑完成并确认后，编辑栏中显示公式内容，单元格内显示计算结果。

3. 公式的自动填充

在单元格中输入公式，若相邻单元格需要相同类型的计算，可使用拖动填充柄的方式将公式复制填充。

4. 公式的出错信息

若公式有错误，则系统会给出错误信息。例如，在任意单元格中输入公式=DAY ("2024-02-30")，则该单元格显示为 #VALUE! ，选择该单元格，单击单元格旁边的图标，即显示错误的详细信息及改正的方法。

4.5.3 函数

函数是一种用于处理数据、执行计算和返回结果的工具。它可以根据一组或多组输入值（参数）进行计算，并返回一个单一的结果值。函数通常可以分为文本函数、逻辑函数、日期和时间函数、数学和三角函数、财务函数、统计函数、查找与引用函数和数据库函数等。每类函数都有其特定的功能和用途，可以满足不同的数据处理需求。

函数一般由函数名、参数等组成，函数的一般格式为

函数名([参数 1]，[参数 2]，...)

函数的参数：括号中的参数可以是数值、字符、逻辑值、表达式、单元格地址、区域地址或区域名等。函数也可作为参数。无论函数是否有参数，函数名后面的括号不能省略。

函数的返回值：当函数被调用时，函数有且仅有一个返回值。

1. 输入与编辑函数

（1）直接输入：选择单元格，直接在单元格中输入要使用的函数即可，如“=函数名(参数)”。

（2）使用函数向导，步骤如下。

① 选择单元格。

② 单击“开始”选项卡→“求和（∑求和）”下拉按钮→“其他函数”命令，或在编辑栏中单击“插入函数（fx）”按钮，都可弹出“插入函数”对话框，如图 4-15 所示。

使用“公式”选项卡下的“插入函数”按钮和“其他函数”按钮，也可打开“插入函数”对

话框。

③ 在“插入函数”对话框中，选择函数类别、函数名，单击“确定”按钮，弹出“函数参数”对话框，如图 4-16 所示。

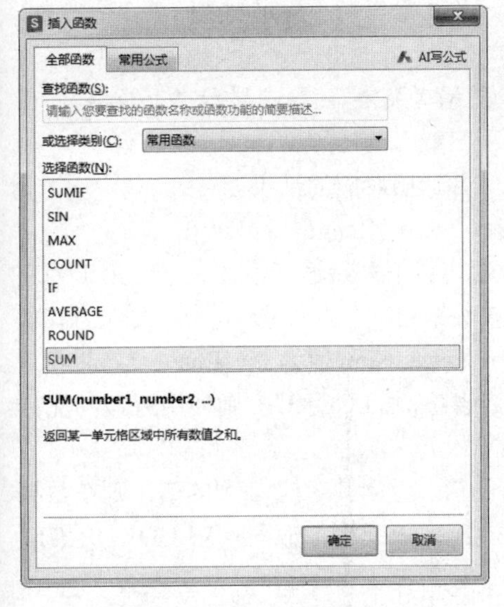

图 4-15　“插入函数”对话框

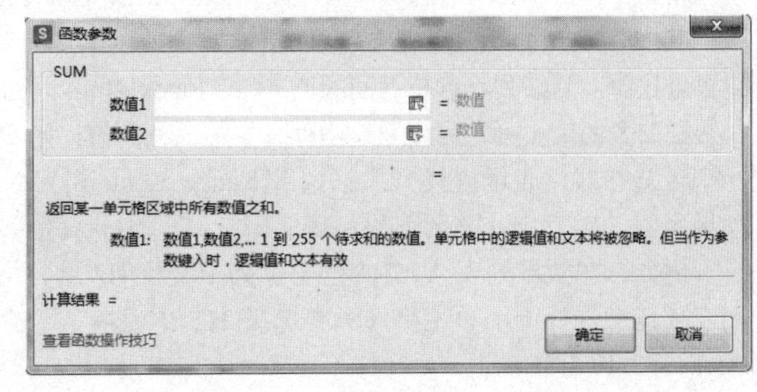

图 4-16　“函数参数”对话框

④ 在“函数参数”对话框的参数框中输入或者选择参数。

选择参数时，如果“函数参数”对话框遮挡了要引用的单元格，则可单击对应参数框的折叠按钮，将对话框折叠起来，选择要引用的单元格或区域后，单击按钮，返回“函数参数”对话框。按此方法可设置其他参数。设置完参数后，单击“确定”按钮即可。

（3）从其他单元格复制、粘贴公式。

如果用户已经在其他单元格中输入了函数，并且想要将其应用到目标单元格，可以直接复制、粘贴。方法：复制已输入函数的单元格后，将鼠标移动到目标单元格，直接粘贴即可。

2．常用函数

WPS 表格提供了大量的函数，下面简单介绍常用函数。

（1）求和函数 SUM，返回参数值的总和。

格式：SUM(Number1, [Number2], ...)。

例如，计算 A1～A10 单元格的和，在 A11 单元格中输入=SUM(A1:A10)。

（2）求平均值函数 AVERAGE，返回参数值的平均值。

格式：AVERAGE(Number1, [Number2], ...)。

例如，计算 B1～B5 单元格的平均值，在 B6 单元格中输入=AVERAGE(B1:B5)。

（3）求最大值函数 MAX，返回参数值的最大值。

格式：MAX(Number1, [Number2], ...)。

例如，找出 C1～C10 单元格中的最大值，在 C11 单元格中输入=MAX(C1:C10)。

（4）求最小值函数 MIN，返回参数值的最小值。

格式：MIN(Number1, [Number2], ...)。

例如，找出 D1～D10 单元格中的最小值，在 D11 单元格中输入=MIN(D1:D10)。

（5）计数函数 COUNT，返回包含数字的单元格及参数列表中数字的个数。

格式：COUNT(Value1, [Value2], ...)。

例如，统计 E1～E10 单元格中非空单元格的数量，在 E11 单元格中输入=COUNT(E1:E10)。

（6）SUMIF 函数，对满足条件的单元格求和。

格式：SUMIF(Range, Criteria, [Sum_Range])。

例如，统计 A 列中大于 100 的数值之和，在 B1 单元格中输入=SUMIF(A:A, ">100")。

（7）IF 函数，判断一个条件是否满足，若满足则返回第 2 个参数，若不满足则返回第 3 个参数。

格式：IF(Logical_Test, Value_If_True, Value_If_False)。

例如，如果 F1 单元格的值大于 60，则在 F2 单元格中显示“及格”，否则显示“不及格”，在 F2 单元格中输入=IF(F1>60, "及格", "不及格")。

（8）数据查找函数 VLOOKUP，在表格中查找特定值，并返回对应的结果。

格式：VLOOKUP(Lookup_Value, Table_Array, Col_Index_Num, [Range_Lookup])。

其中，Lookup_Value 是要查找的值。Table_Array 是包含查找值和待返回值的表格，第 1 列应包含查找值，后续列包含待返回的值。Col_Index_Num 返回在数据列表中的列号。例如，如果查找值在数据列表的第 1 列，且需要返回列表中第 3 列的值，则 Col_Index_Num 值为 3。[Range_Lookup]是一个可选参数，表示查找方式。如果[Range_Lookup]为真或省略，VLOOKUP 则使用近似匹配；如果为假，VLOOKUP 则使用精确匹配。

例如，在数据列表 A1:E11 的第 1 列中查找 H2 单元格的值，返回其对应 C 列的值，则在数据列表外任意选择一个单元格（不要选择 H2 单元格），如在 B15 单元格中输入= VLOOKUP (H2, A1:E11, 3, FALSE)。

（9）构建日期函数 DATE，创建一个日期，该日期由年、月和日三个参数指定。

格式：DATE(Year, Month, Day)。

例如，在 A1 单元格中创建一个日期，年为 2024，月为 5，日为 19，则在 A1 单元格中输入=DATE(2024, 5, 19)。

（10）返回当前日期函数 TODAY。

格式：TODAY()。

例如，在 A1 单元格中显示当前日期，则在 A1 单元格中输入=TODAY()。

（11）随机数函数 RAND，返回一个 0～1 之间的随机小数（无参数）。

格式：RAND()。

例如，在 A1 单元格中生成一个随机小数，则在 A1 单元格中输入=RAND()。

（12）当前日期和时间函数 NOW，返回系统的当前日期和时间。

格式：NOW()。

例如，在 A1 单元格中显示当前的日期和时间，则在 A1 单元格中输入=NOW()。

（13）RANK 函数，返回一个数字在数据集中的排名。

格式：RANK(Number, Ref, [Order])。

其中，Number 是要进行排名的数字。Ref 是包含数字的单元格区域或数组，用于确定 Number 的排名。[Order]是一个可选参数，用于指定排名的顺序。如果 Order 为 0（或省略），则按降序排名，即数字越大，排名越靠前。如果 Order 为任何非零值，则按升序排名，即数字越小，排名越靠前。

例如，在 A1～A10 单元格中有一些数值，返回 A1 单元格中数值在 A1～A10 这组数据中的排名（从高到低），则在 B1 单元格中输入=RANK(A1, A1:A10)。

3．其他函数

（1）文本函数。

① 左截取字符串函数 LEFT(Text, Num_Chars)。

② 右截取字符串函数 RIGHT(Text, Num_Chars)。

③ 截取任意位置字符串函数 MID(Text, Start_Num, Num_Chars)。

④ 删除空格函数 TRIM(Text)。

⑤ 字符串长度测试函数 LEN(Text)。

（2）数值计算函数。

① 多条件求和函数 SUMIFS(Sum_Range, Criteria_Range1, Criteria1, [Criteria_Range2, Criteria2], ...)。

② 取整函数 INT(Number)。

③ 四舍五入函数 ROUND(Number, Num_Digits)。

④ 求余数函数 MOD(Number, Divisor)。

（3）统计函数。

① 条件求平均值函数 AVERAGEIF(Range, Criteria, [Average_Range])。

② 多条件求平均值函数 AVERAGEIFS(Average_Range, Criteria_Range1, Criteria1, [Criteria_Range2, Criteria2], ...)。

③ 条件统计函数 COUNTIF(Range, Criteria)。

④ 多条件统计函数 COUNTIFS(Criteria_Range1, Criteria1, [Criteria_Range2, Criteria2], ...)。

（4）日期时间函数。

① 年函数 YEAR(Serial_Number)。

② 小时函数 HOUR(Serial_Number)。

③ 星期函数 WEEKDAY(Serial_Number, [Return_Type])。

（5）查找函数与引用函数。

行匹配查找函数 HLOOKUP(Lookup_Value, Table_Array, Row_Index_Num, Range_Lookup)。

（6）逻辑函数。

① 逻辑与函数 AND(Logical1, Logical2, ...)。

② 错误处理函数 IFERROR(Value, Value_If_Error)。

除以上函数外，还有财务函数、查找与引用函数、数据库函数、信息函数和工程函数等。记忆并熟练使用函数，可以提高数据分析和数据处理的效率，使用更加方便和快捷的方式解决问题。

4.6 工作表格式化

通过对表格进行格式设置，可以美化表格、增加表格的可读性和直观性，精益求精的设计表格。

4.6.1 单元格格式化

1．“单元格格式”对话框

选择单元格或区域，单击“开始”选项卡→“字体设置”按钮，或单击“单元格格式：对齐方式”按钮，或者单击“单元格格式：数字”按钮，如图 4-17 所示；也可以直接在选定区域右击鼠标，在弹出的快捷菜单中选择“设置单元格格式”命令，都会弹出“单元格格式”对话框，如图 4-18 所示。

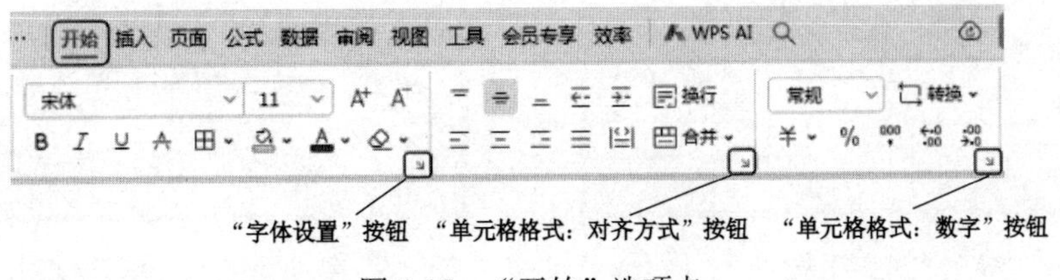

图 4-17 “开始”选项卡

“单元格格式”对话框中有 6 张选项卡，分别对单元格进行不同的格式设置。

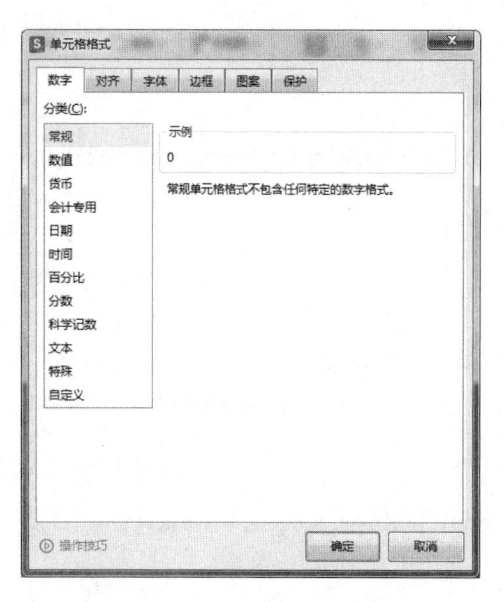

图 4-18 “单元格格式”对话框

（1）“数字”选项卡。

“数字”选项卡如图 4-18 所示。

在该选项卡中可以对各种类型的数字（包括日期和时间）进行格式设置，如“数值”、“货币”、“会计专用”、“日期”、“时间”、“百分比”、“分数”、“科学记数”、“文本”、“特殊”和“自定义”等格式。

（2）“对齐”选项卡。

“对齐”选项卡如图 4-19 所示。

水平对齐：设置单元格中内容水平方向的对齐方式，包括靠左、居中、靠右、填充、两端对齐、跨列居中和分散对齐。

垂直对齐：设置单元格中内容垂直方向的对齐方式，包括靠上、居中、靠下、两端对齐和分散对齐。

文本控制：对于较长文本，可设置单元格中内容为“自动换行”、“缩小字体填充”和“合并单元格”。

（3）“字体”选项卡。

在该选项卡中可以设置选定单元格或单元格区域的字体、字形、字号、下画线、颜色、特殊效果（上标、下标及删除线）。

（4）“边框”选项卡。

创建工作簿时，工作表中默认的灰色表格线是为方便编辑而预设的，这些表格线不被打印出来。若要显示某些边框，则应单独设置边框。“边框”选项卡如图 4-20 所示。

预置：设置被选中单元格或单元格区域的“外边框”或“内部”表格线。

边框：设置被选中单元格或单元格区域的外边框、内部线或斜线。

样式：设置被选中单元格或单元格区域的边框线条样式。

颜色：设置被选中单元格或单元格区域的边框线条颜色。

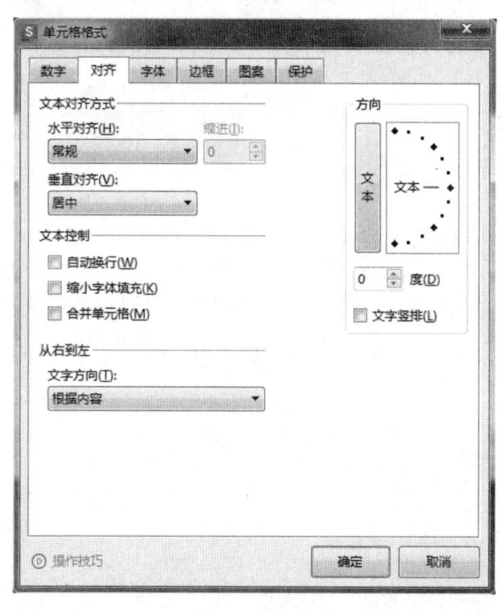

图 4-19 “对齐”选项卡

图 4-20 “边框”选项卡

（5）“图案”选项卡。

该选项卡用于设置被选中单元格或单元格区域的背景色、填充图案样式、图案颜色等。

（6）“保护”选项卡。

该选项卡用于设置单元格保护，即锁定单元格和隐藏公式，在保护工作表状态下有效。

2. 使用“格式刷”按钮

使用“选择性粘贴”中的“格式”可仅复制单元格的格式。更快捷的方法是使用“格式刷（格式刷）”按钮。选择源单元格，单击“开始”选项卡→“格式刷”按钮复制格式，再单击目标单元格即可将源单元格的格式应用到目标单元格。若要把格式连续复制到多个单元格或区域中，应在复制格式时双击“格式刷”按钮，鼠标指针变成刷子形状后，依次单击目标单元格复制格式，再次单击“格式刷”按钮可结束复制格式。

4.6.2 条件格式

WPS 表格提供了条件格式功能，可帮助用户将满足条件的数据以不同的样式显示。条件格式的默认规则：突出显示单元格、项目选取、数据条、色阶和图标集等。用户还可以自定义规则显示数据。

“突出显示单元格规则”的条件格式，可以设定的内容如图 4-21 所示。

图 4-21　突出显示单元格规则

例如，将成绩表中计算机成绩在 80 分以上的用蓝色显示，60 分以下的成绩用红色显示。操作步骤如下。

（1）选择要设置条件格式的区域“计算机”成绩列。

（2）单击“开始”选项卡→“条件格式”按钮→“突出显示单元格规则”→“小于”命令。弹出“小于”对话框，输入 60，“设置为”选择“红色文本”选项，单击“确定”按钮。

单击“开始”选项卡→“条件格式”按钮→“突出显示单元格规则”→“大于”命令，弹出“大于”对话框，输入 80，“设置为”选择“自定义格式”选项，在弹出的“设置单元格格式”对话框中设置字体为蓝色，再依次单击“确定”按钮即可。

4.6.3 自动套用格式

自动套用格式包括套用表格样式、创建自定义表格样式和删除自定义表格样式。

1. 套用表格样式

选择要格式化的单元格或单元格区域，单击“开始”选项卡→“套用表格样式”按钮，打开“套用表格样式”下拉面板，如图 4-22 所示。选择表格样式，弹出“套用表格样式”对话框，选择要套用格式的区域，单击“确定”按钮。

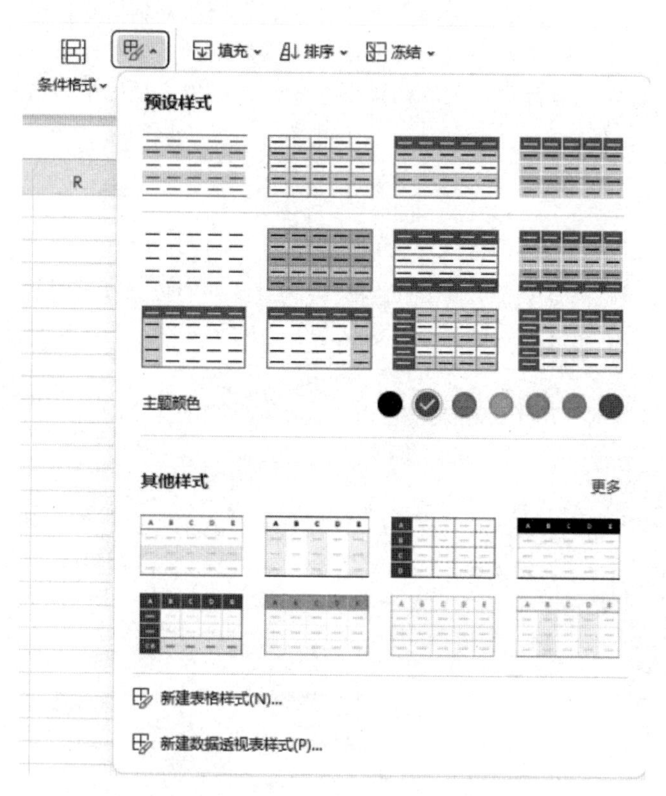

图 4-22 “套用表格样式”下拉面板

2. 创建自定义表格样式

单击“开始”选项卡→“套用表格样式”按钮→“新建表格样式”命令，在弹出的“新建表样式”对话框中，可设置表样式的名称、表元素、条纹尺寸等。

3. 删除自定义表格样式

系统的表格样式不可删除，但自定义的表格样式可删除。删除自定义表格样式的步骤如下。

单击“开始”选项卡→“套用表格样式”按钮→“自定义”命令，右击菜单中的自定义表格样式，在弹出的快捷菜单中选择“删除”命令即可。

4.6.4 设置工作表背景

可以为某个工作表设置背景。在设置工作表背景时，可单击“页面”选项卡→“背景图片”按钮，在弹出的“工作表背景”对话框中选择需要的图形文件。

清除工作表背景时，可单击“页面”选项卡→“删除背景”按钮。

4.7　数据管理与分析

WPS 表格提供了许多数据管理和分析的有效工具，包括删除重复项、数据排序、数据筛选、分类汇总、数据透视表等。通过对数据的管理和分析，可以加强用户的观察探究意识和严谨的逻辑思维能力，帮助用户更清晰的认识和管理数据。

4.7.1　删除重复项

如果需要在工作表的一列或多列数据中提取出不重复的记录，需要使用 WPS 表格的删除重复项功能。

例如，从“姓名”列（A1～A12）取出不重复的姓名列表，“姓名”列内容如图 4-23 所示。

步骤如下：

（1）选中“姓名”列数据区域 A1～A12 或者直接选中 A 列。

（2）单击“数据”选项卡→“重复项”→“删除重复项”命令，打开“删除重复项”对话框，如图 4-24 所示。

图 4-23　“姓名”列内容

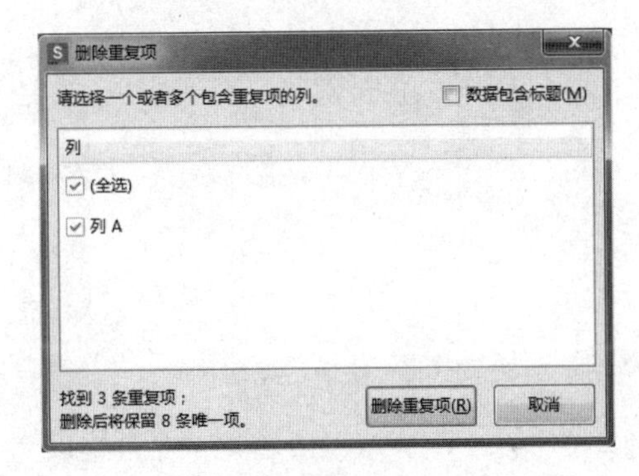

图 4-24　“删除重复项”对话框

（3）单击“删除重复项”按钮，在弹出的“WPS 表格”提示中单击“确定”按钮即可看到结果。

使用删除重复项功能后，将直接在原始数据区域显示结果。如果要保留原始数据，则将数据复制到其他位置进行操作。

删除重复项功能也可用于删除多列数据中的重复项，只需要在操作前，将鼠标定位于数据区，打开“删除重复项”对话框后，选择相应的列即可。

4.7.2　数据排序

在分析和处理数据时，需要对数据进行排序。排序可以重新组织工作表中的数据，使无序的数据变得有序，方便用户观察、整理数据。按照数据的排列方向，排序分为升序排序（数字由小到大、日期由前到后、西文按字母表、中文按拼音或笔画进序排序）和降序排序。按照排序时使用的条件，可以把排序分为单条件排序和多条件排序两种形式。

1. 使用“升序”或“降序”按钮，进行单条件排序

使用“升序”或“降序”按钮，对一列数据排序。

操作步骤如下：选择要排序的数据列中的任意一个单元格，单击“数据”选项卡（或“开始”选项卡）→“排序”下拉按钮→“升序”或“降序”命令即可。“数据”选项卡和“开始”选项卡中的“排序”菜单一样，对数据的排序方法也一样。后面均针对“数据”选项卡讲解排序。“数据”选项卡中的“排序”按钮位置如图 4-25 所示。

2. 使用“自定义排序”功能，进行单条件或多条件排序

使用“排序”对话框，可以对数据按照一个或多个关键字进行排序。

操作步骤如下：选择要排序数据区的任意单元格，单击“数据”选项卡（或“开始”选项卡）→“排序”下拉按钮→“自定义排序”命令，弹出“排序”对话框，在“排序”对话框中设置排序条件。

“排序”对话框如图 4-26 所示，各部分说明如下。

主要关键字：用来排序的字段名或列标称为“主要关键字”，简称“关键字”。在使用“排序”对话框排序时必须指明主要关键字，其他关键字可有可无。

排序依据：每个关键字可按“数值”、“单元格颜色”、“字体颜色”和“条件格式图标”为依据排序。

次序：对每个关键字设置“升序”、“降序”和“自定义排序”的排序顺序。

图 4-25 “数据”选项卡中的“排序”按钮位置

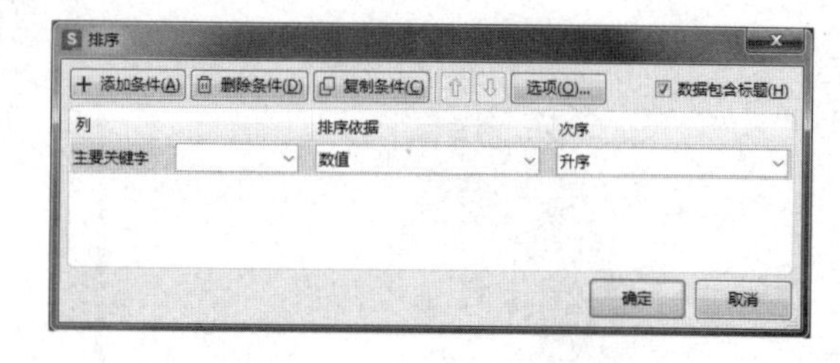

图 4-26 “排序”对话框

使用自定义排序时，WPS 表格会将待排序数据以“主要关键字”作为排序的依据，对主要关键字相同的数据按“次要关键字”排序，如果“次要关键字”又相同，则对该部分数据按下一个“次要关键字”排序。

“数据包含标题”复选框：确定要排序区域是否有标题行（字段名）。若选定区域中包含标题行，而“数据包含标题”复选框未选中，则标题行也作为数据记录进行排序。一般，WPS 表格会自动判断排序区域中是否含有标题行，所以通常不需要设置。

在特殊情况下，可以根据行对数据列排序，操作步骤如下：在“排序”对话框中单击“选项”按钮，在弹出的“排序选项”对话框中选择“按行排序”，单击“确定”按钮，继续操作即可。

例如，对学生成绩表中的数据，按照“总分”降序排列；“总分”相同的数据，按照“计算机”成绩降序排列；“计算机”成绩相同的数据，按照“药理”成绩升序排列。

操作步骤如下：

（1）选中数据区域（要排序的数据）的任意一个单元格，或者选中全部待排序数据。

（2）单击“数据”选项卡（或“开始”选项卡）→“排序”按钮→“自定义排序”命令，弹出“排序”对话框，在“排序”对话框中选择“主要关键字”为“总分”，按“降序”排列；单击“添加条件”按钮，“次要关键字”选择“计算机”，按“降序”排列；再次单击“添加条件”按钮，第二个“次要关键字”选择“药理”，按“升序”排列，“排序”对话框中的多关键字排序设置如图 4-27 所示，最后单击“确定”按钮可看到排序结果。

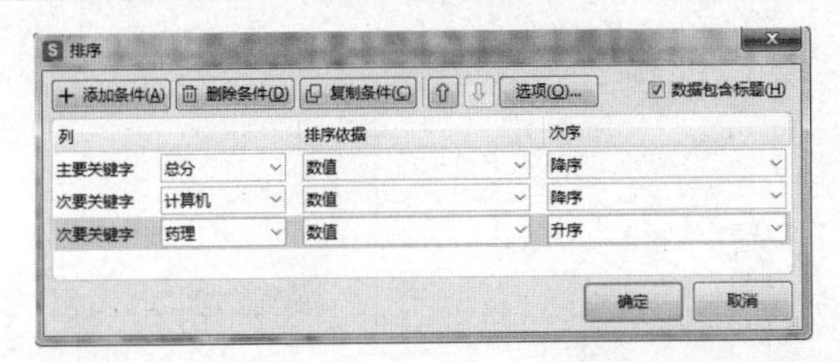

图 4-27　“排序”对话框中的多关键字排序设置

4.7.3　数据筛选

数据筛选是一种数据分析功能，可根据某些条件快速筛选和过滤数据。经过数据筛选，可以暂时显示满足指定条件的记录，暂时隐藏不满足条件的记录，以减少查找范围。WPS 表格提供了自动筛选和高级筛选两种数据筛选方法，自动筛选适用于简单条件的筛选，高级筛选适用于复杂条件的筛选。

“数据”选项卡中的“筛选”按钮如图 4-28 所示。

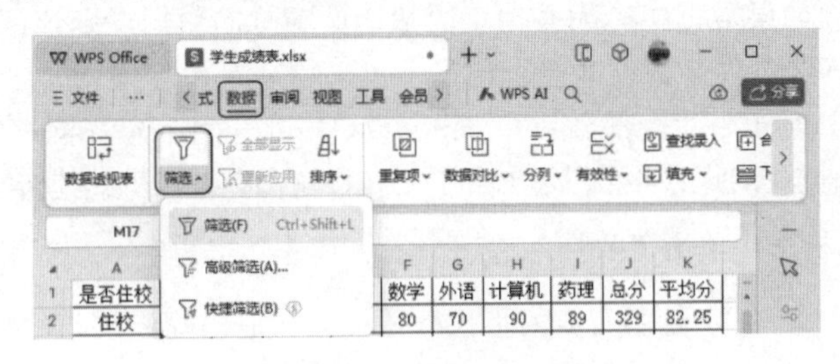

图 4-28　“筛选”按钮

1．自动筛选

自动筛选一般适用于比较简单的条件筛选。当筛选条件只涉及单个字段，或涉及多个字段但筛选条件存在逻辑上“与”关系时可选用自动筛选方法。

（1）自动筛选：选择数据区域的任意一个单元格，单击“数据”选项卡（或“开始”选项卡）→“筛选”按钮→“筛选”命令，即可在各标题字段名右侧显示下拉按钮▼，进入筛选状态。单击某一字段的下拉按钮，在弹出的下拉列表框中设置筛选条件。

（2）自定义筛选：进入筛选状态后，可以单击字段名右侧的下拉按钮▼，选择“××筛选”→“自定义筛选”命令，如图 4-29 所示，在弹出的“自定义自动筛选方式”对话框中设置筛选条件即可。

“××筛选”：若该字段列表中的数据是数值型，则“××筛选”显示为“数字筛选”；若该字段列表中的数据是文本型，则显示为“文本筛选”；若该字段列表中的数据是日期型，则显示为“日期筛选”。

例如，使用自定义筛选，在学生成绩表中筛选出总分大于或等于 300 分的记录。

步骤如下：

① 单击“数据”选项卡（或“开始”选项卡）→“筛选”按钮→“筛选”命令，进入筛选状态。

② 单击“总分”字段旁的下拉按钮，在下拉菜单中选择“数字筛选”→“自定义筛选”命令，打开“自定义自动筛选方式”对话框，如图 4-30 所示。

③ 选择“总分”项下面列表中的“大于或等于”条件，在右侧的组合框中输入条件“300”，单击“确定”按钮得到结果。

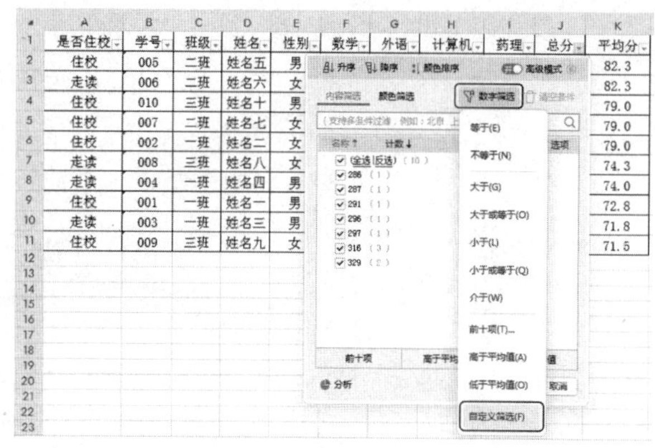

图 4-29 “自定义筛选”选项位置

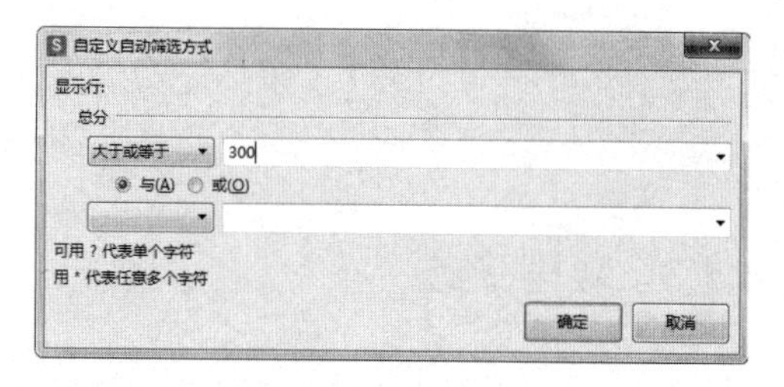

图 4-30 “自定义自动筛选方式”对话框

（3）恢复因筛选而隐藏的记录。

筛选后，不满足条件的记录将被隐藏，若想恢复因筛选而隐藏的记录，有下面 3 种方法。

① 单击被筛选字段旁边的按钮，在打开的菜单中选择“清空条件”命令，可恢复因该字段筛选而隐藏的数据，但如果数据中有因其他字段筛选而隐藏的数据，则该部分数据不会显示，只有取消了所有字段的筛选条件，数据才会全部显示出来。

② 单击“数据”选项卡→“全部显示”按钮，或单击“开始”选项卡→“全部显示”按钮，即可恢复因筛选而隐藏的记录，此时各字段名右侧的下拉按钮仍存在，可继续新的筛选。

③ 取消自动筛选状态：单击“数据”选项卡→“筛选”按钮，或者单击“开始”选项卡→“筛选”按钮，各字段名右侧的下拉按钮消失，退出筛选状态，数据全部显示。

2．高级筛选

高级筛选一般用于较复杂的筛选，当筛选条件涉及多个字段且筛选条件在逻辑上存在“或”关系时可采用高级筛选。

高级筛选需要在工作表中建立条件区域，自行输入筛选条件。在设置条件区域时，要求条件区域与原数据区域分开，两者之间至少间隔一行或至少一列。

条件区域由标题行（也称字段名行或条件名行）和条件行组成。对于字符型字段，其下面的条件可使用通配符“*”及“?”。若字符串用于比较条件，则必须使用双引号。

设置条件区域时，首先在条件区域的第一行输入筛选涉及的字段名，多个字段的名称需放在同一行，字段名与数据区域相关的字段名完全一致。然后，依次在每个字段名的下方输入条件。

注意：若多字段之间的条件为“与”关系，则多个条件必须写在同一行不同列中。若条件出现“或”关系，则将“或”的条件写在不同行。

执行高级筛选之后，筛选的结果将显示在原数据区域中，不满足条件的记录将被隐藏。也可以将筛选结果放在新的位置，保持原数据区域中的数据不变。

例如，以“学生成绩表”工作表中的数据为数据源，筛选出“计算机”成绩大于或等于 80、小于或等于 90、总分大于 300 的记录，或者“药理”成绩大于 90 的记录。

操作步骤如下：

① 建立高级筛选的条件区域。含条件区域的“学生成绩表”工作表如图 4-31 所示。

② 选择数据区域的任意一个单元格，或者选中整个数据区域。

③ 单击“数据”选项卡（或“开始”选项卡）→“筛选”按钮→“高级筛选”命令，弹出“高级筛选”对话框，如图 4-32 所示。

是否住校	学号	班级	姓名	性别	数学	外语	计算机	药理	总分	平均分
住校	005	二班	姓名五	男	80	70	90	89	329	82.3
走读	006	二班	姓名六	女	85	88	70	86	329	82.3
住校	007	二班	姓名七	女	88	68	78	82	316	79.0
住校	010	三班	姓名十	男	86	80	80	70	316	79.0
走读	008	三班	姓名八	女	78	66	88	65	297	74.3
住校	009	三班	姓名九	女	79	72	77	58	286	71.5
住校	002	一班	姓名二	女	69	76	78	93	316	79.0
走读	004	一班	姓名四	男	70	81	65	80	296	74.0
住校	001	一班	姓名一	男	89	56	80	66	291	72.8
走读	003	一班	姓名三	男	66	70	79	72	287	71.8

计算机	计算机	药理	总分
>=80	<=90		>300
		>90	

条件区域

图 4-31　含条件区域的“学生成绩表”工作表

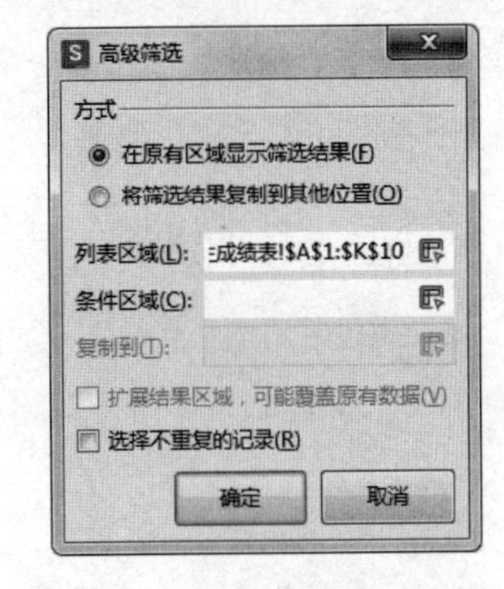

图 4-32　“高级筛选”对话框

④ 在“高级筛选”对话框中，默认为“在原有区域显示筛选结果”。

通过“列表区域”参数框设置需要筛选的数据区域，此数据是系统自动获取的，若有错误，可以单击“列表区域”参数框的折叠按钮重新设定，单击按钮返回“高级筛选对话框”。

通过“条件区域”参数框设置条件区域的位置，然后单击“确定”按钮，完成高级筛选。

如果要将筛选结果复制到其他位置，可选中“高级筛选”对话框的“将筛选结果复制到其他位置”单选按钮，在“复制到”文本框中选择显示结果区域的左上角单元格，单击“确定”按钮即可。

在“高级筛选”对话框中，若选中“选择不重复的记录”复选框，则在得到的结果中删除相同的记录（但必须同时选中“将筛选结果复制到其他位置”单选按钮，此操作才有效），生成一个不含重复记录的新数据清单，筛选时，“条件区域”设置为空。

4.7.4　分类汇总

分类汇总是指将数据按某个字段分类显示。在分类汇总前，需要先通过“排序”方式将分类字段值相同的记录排列在连续区域，在对数据分类的基础上对各类数据进行求和、计数、平均值、最大值、最小值、乘积、计数制、标准偏差、总体标准偏差、方差或总体方差等汇总运算。系统默认的汇总方式为求和。

分类汇总既可以对数据区域中的一个或多个字段进行一种方式的汇总，也可以对同一字段进行多种方式的汇总。

1. 创建分类汇总

下面讲解分类汇总的操作过程。

例如，以“学生成绩表”工作表为数据源，求每班各课程的平均成绩。

操作步骤如下：

（1）按“班级”字段排序，升序、降序均可。

（2）选择数据区域的任意一个单元格，或选择全部数据，单击“数据”选项卡→“分类汇总”按钮，弹出“分类汇总”对话框。

（3）在“分类汇总”对话框中进行如下设置：

在“分类字段”下拉列表框中选择“班级”字段。

在“汇总方式”下拉列表框中选择“平均值”选项。

在“选定汇总项”列表框中选中“数学”、“外语”、“计算机”和“药理”复选框，如图 4-33

所示。单击“确定”按钮，分类汇总结果如图4-34所示。

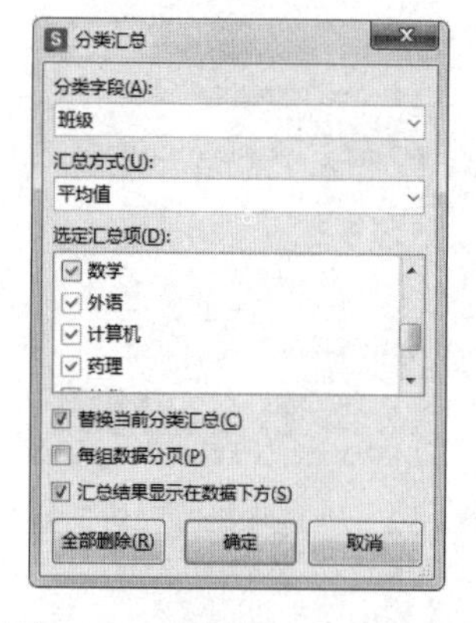

图4-33 “分类汇总”对话框

	A	B	C	D	E	F	G	H	I	J	K
1	是否住校	学号	班级	姓名	性别	数学	外语	计算机	药理	总分	平均分
2	住校	005	二班	姓名五	男	80	70	90	89	329	82.3
3	走读	006	二班	姓名六	女	85	88	70	86	329	82.3
4	住校	007	二班	姓名七	女	88	68	78	82	316	79.0
5			二班 平均值			84.333	75.333	79.3333	85.667		
6	住校	010	三班	姓名十	男	86	80	80	70	316	79.0
7	走读	008	三班	姓名八	女	78	66	88	65	297	74.3
8	住校	009	三班	姓名九	女	79	72	77	58	286	71.5
9			三班 平均值			81	72.667	81.6667	64.333		
10	住校	002	一班	姓名二	女	69	76	78	93	316	79.0
11	走读	004	一班	姓名四	男	70	81	65	80	296	74.0
12	住校	001	一班	姓名一	男	89	56	80	66	291	72.8
13	走读	003	一班	姓名三	男	66	70	79	72	287	71.8
14			一班 平均值			73.5	70.75	75.5	77.75		
15			总平均值			79	72.7	78.5	76.1		

图4-34 分类汇总结果

2. 隐藏与显示明细数据

分类汇总后，数据会分级显示。在窗口的左侧会出现分级显示控制符，最上端的“1”、“2”和“3”为分级编号按钮，单击按钮“1”，显示一级数据（列标题和总计结果）；单击按钮“2”，显示二级数据（列标题、各分类汇总结果和总计结果）；单击按钮“3”，显示所有详细数据。

分级编号按钮下方的“＋”和“－”符号为分级分组标记。单击分级分组标记“＋”，可显示本级或本组的详细内容；单击分级分组标记“－”，可折叠本级或本组的详细内容，只显示本级或本组的汇总内容。

3. 删除分类汇总

如果分类汇总有误，或者需要还原数据，可以删除分类汇总。

删除方式：单击“数据”选项卡→“分类汇总”按钮，在弹出的“分类汇总”对话框中单击左下角的“全部删除”按钮即可。

4.7.5 数据透视表

数据透视表是计算、汇总和分析数据的强大工具，它可以筛选、排序和分类汇总数据等，并能生成汇总表格，而数据透视图是数据透视表的图形表达形式。

创建数据透视表的步骤如下：

（1）选择需要创建数据透视表的数据区域的任意一个单元格，或者选择整个数据区域。

（2）单击“数据”选项卡（或者“插入”选项卡）→“数据透视表”按钮，打开“创建数据透视表”对话框，如图4-35所示。

（3）在“创建数据透视表”对话框的“请选择要分析的数据”区中，通过“请选择单元格区域”参数框设置数据透视表的数据源；通过单选按钮“新工作表”和“现有工作表”选择数据透视表的显示位置，若选择“现有工作表”单选按钮，需要继续设置显示数据透视表的位置。单击“确定”按钮生成一个空白的数据透视表，如图4-36所示。

图中右侧为“数据透视表”窗格，由“字段列表”和“数据透视表区域”组成。“字段列表”显示数据区域中的所有可用的字段名，在“数据透视表区域”中，通过“筛选器”、“列”和“行”设置筛选或者分类的字段，“值”用于设置用户对数据的汇总信息。

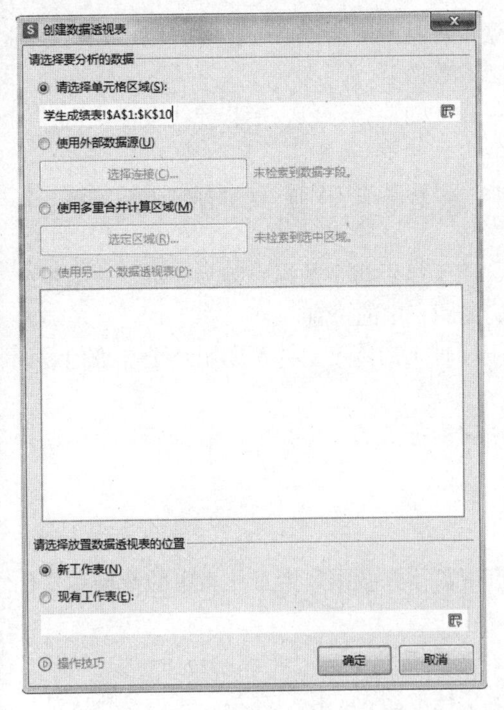

图 4-35　“创建数据透视表”对话框

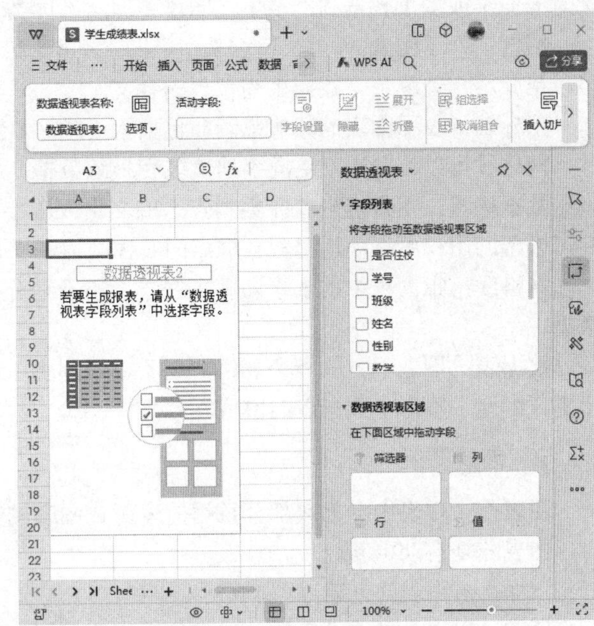

图 4-36　空白的数据透视表

（4）将“字段列表”中的字段名，用鼠标拖动的方式分别拖动至“数据透视表区域”的四个区域中，即可生成数据透视表。

4.8　数据的图表化

图表是 WPS 表格中数据的重要表现形式。图表可以形象地表现数据的相互关系，增强数据表的直观性和可读性，便于理解和交流，使枯燥、繁杂的数据变得生动、简洁、易懂。

每个事物的发展都是从无到有，从杂乱的数字到现在图表的简单明了经历了漫长的发展岁月。图表的发展历程体现了人类不断创新、追求卓越的精神。这种精神激励我们在学习和生活中不断挑战自我，勇攀高峰。

图表能让数据一目了然，一个好图胜过千言万语。在数据分析和可视化过程中，诚信意识至关重要。在制作图表时，需要确保数据的真实性和准确性，不能随意篡改或捏造数据。

4.8.1　创建图表

WPS 表格中的图表类型包括柱形图、折线图、饼图、条形图、面积图、*XY* 图（散点图）、股价图、雷达图等。每种图表类型还有若干子类型。

1. 图表

WPS 图表元素是构成 WPS 表格中图表的基本组成部分，它们共同协作以展示数据并帮助用户理解和分析数据之间的关系与趋势。以下是 WPS 图表中常见的一些元素。

图表标题：位于图表的顶部或覆盖于图表上方，用于简要描述图表的内容和目的。

图表区：图表的主要部分，其中包含了图表的所有数据点和图形元素。图表区通常有一个边框，用于区分图表和其他元素。

数据系列：图表中用于表示不同数据集的图形元素，如柱形、折线、饼图等。每个数据系列都对应一个或多个数据列，用于在图表中展示不同类别的数据。

图例：位于图表的一侧或底部，用于标识每个数据系列对应的颜色、形状或线条样式。图例可以帮助用户理解每个数据系列代表的含义。

坐标轴：表示图表的数值范围，包括水平轴（X 轴）和垂直轴（Y 轴）。坐标轴上的刻度、标签、网格线可以帮助用户更准确地读取和理解数据。

数据标签：指直接附着在数据点上的文本或数字，用于显示每个数据点的具体数值。数据标签可以帮助用户更直观地了解数据点的具体数值和它们在图表中的位置。

网格线：指图表中的水平和垂直线条，用于划分坐标轴上的刻度，并帮助用户更准确地读取数据。

数据表：图表下方的一个表格，用于显示图表中所有数据点的具体数值。数据表可以帮助用户更详细地了解每个数据点的数值。

2．创建图表

图表是工作表中全部或部分数据的表示，图表的产生离不开数据。当工作表中的数据源变化时，图表随之自动更新。

下面讲解图表的创建过程。

例如，以“学生成绩表”工作表为数据源，创建一个柱形图表，按“姓名”显示各科成绩，如图 4-37 所示。

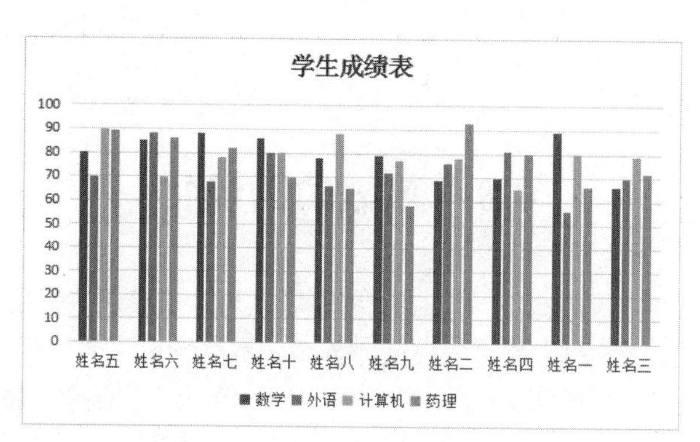

图 4-37 “学生成绩表”的柱形图表

具体操作步骤如下：

（1）选择需要的单元格区域。选择“姓名”列，在按住 Ctrl 键的同时选择各科成绩列。

（2）单击“插入”选项卡→“图表”按钮→“全部图表”命令，弹出“图表”对话框，选择图表类型为“柱形图”，单击选择一种柱形图即可。

或者单击“插入”选项卡→“插入柱形图”下拉按钮，在打开的下拉面板中选择一种柱形图。

（3）新生成的图表标题文字显示为“图表标题”，修改标题文字为“学生成绩表”。

4.8.2 编辑图表

图表创建后，可以编辑和修改图表。选中图表，在 WPS 表格的选项卡区会出现关于图表设计的三个选项卡：“绘图工具”、“文本工具”和“图表工具”选项卡。

1．“绘图工具”选项卡

该选项卡调整图表中被选择对象的样式，填充和轮廓及效果等。

2. “文本工具”选项卡

该选项卡调整图表中的文本样式及文本所在区域的图形样式。

3. “图表工具”选项卡

该选项卡调整图表的外观。

（1）“添加元素”按钮，调整图表元素的显示。

（2）“快速布局”按钮，快速调整图表元素布局。

（3）“更改类型”按钮，可以重新选择图表类型。

（4）“切换行列”按钮，交换图表的行和列。

（5）“选择数据”按钮，调整图表的数据源。

（6）“移动图表”按钮，将图表移至其他工作表中。

（7）“图表元素”列表框，选择图表元素，分别设置格式。

4.9　页面设置与打印

设计好工作表后，经常需要将内容打印出来。为了保证打印效果，减少纸张浪费，在打印之前，需要先对纸张大小、纸张方向、页面边距等内容进行设置，预览无误后再打印输出。

1. 页面设置与预览

（1）页面设置。

单击“页面”选项卡→“页面设置”按钮，如图 4-38 所示，即可弹出“页面设置”对话框，如图 4-39 所示。

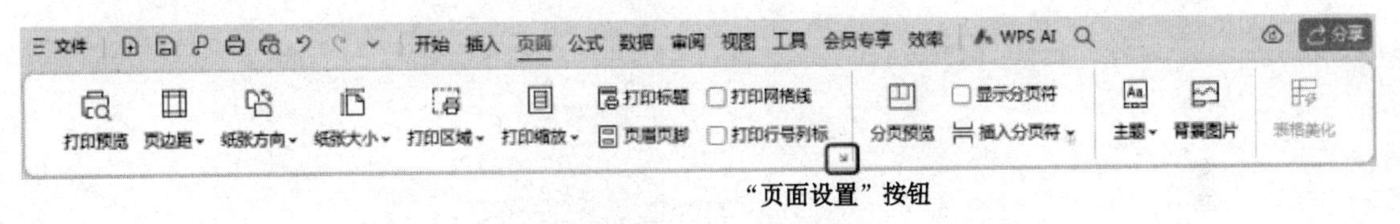

图 4-38　“页面设置”按钮

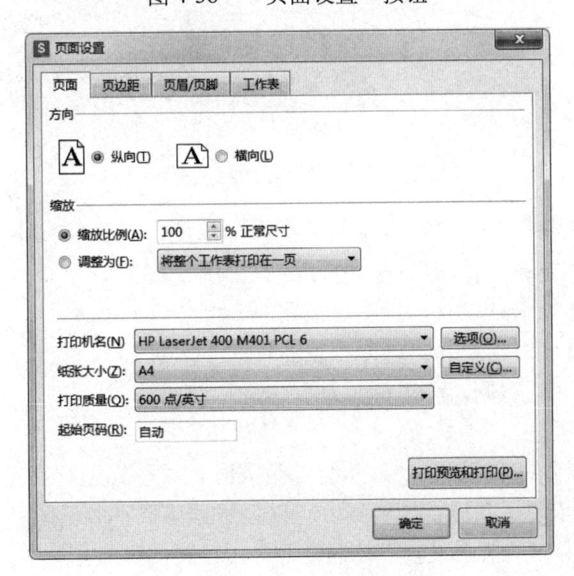

图 4-39　“页面设置”对话框

“页面设置”对话框中包括“页面”、“页边距”、“页眉/页脚”和“工作表”四个选项卡。

① “页面”选项卡：设置页面方向、缩放比例、纸张大小、使用的打印机、打印质量和起始页码等。

② “页边距”选项卡：设置上、下、左、右页边距，输出内容的水平和垂直居中方式。

③ “页眉/页脚”选项卡：设置页眉或页脚样式、奇偶页不同、首页不同等。可在“页眉”和“页脚”旁的下拉列表中选择不同的页眉、页脚样式，如果样式不符合要求，则可单击“自定义页眉”或“自定义页脚”按钮，在下一级对话框中进行设置。

④ “工作表”选项卡：设置打印区域、打印标题、打印可选项或打印顺序等。

（2）页面预览。

完成页面设置后，可以进入“打印预览”界面，如图4-40所示，从总体上查看版面是否符合要求。通过以下几种方式可以进入“打印预览”界面。

图4-40 “打印预览”界面

① 单击快速访问工具栏上的“打印预览（ ）”按钮，或者按Ctrl+Alt+P组合键。

② 单击“文件”菜单→“打印”→“打印预览”命令。

③ 单击“页面”选项卡→“打印预览”按钮。

④ 单击“页面设置”对话框→“打印预览和打印”按钮。

在“打印预览”界面的右侧，可以继续对打印进行设置。

（3）设置重复打印标题。

当要打印的数据量较多，一页无法显示全部数据时，顶端标题行和左端标题列将仅显示在打印的第一个页面中，为了便于阅读打印数据，可以为数据设置打印标题。

单击“页面”选项卡→“页面设置”按钮→“页面设置”对话框→“工作表”选项卡，在“顶端标题行”处选择每页显示的行标题；在“左端标题列”处选择每页显示的列标题。

（4）调整分页。

由于 WPS 表格为数据按照纸张、页边距等项自动进行的分页有时不能满足需要，可以使用分页符调整输出的位置。

① 插入分页符：选择要另起一页的行（或列），单击“页面”选项卡→“插入分页符”按钮→“插入分页符”命令，则被选择行及以下行（或被选择的列及右侧列）被分到新的一页中。若插入分页符之前选择的是单元格，则以被选择的单元格为分界点，上、下、左、右分成四个页面。

② 移动分页符：如果分页符的位置不合适，可移动分页符。

单击“视图”选项卡→“分页预览”按钮，拖动蓝色的线条（分页符）到目标位置。调整完成后，单击“视图”选项卡→“普通”按钮，切换回普通视图。

③ 删除分页符：选中手动设置分页符的位置，单击“页面”选项卡→“插入分页符”按钮→“删除分页符”命令。若要删除所有添加的分页符，可以单击“页面”选项卡→“插入分页符”按钮→“重置所有分页符”命令。

（5）设置打印区域。

若数据很多，但只有部分内容需要打印，可以设置打印区域。先选择要打印的数据区域，然后单击“页面”选项卡→“打印区域”按钮→“设置打印区域”命令，设置后，区域外的内容不被打印。

单击“页面”选项卡→“打印区域”按钮→“取消打印区域”命令，取消设置的打印区域。

2. 打印工作表

完成工作表的页面设置后，对预览效果满意，就可以打印工作表了。打印方式如下：

① 进入“打印预览”界面，设置打印机、份数、纸张信息、打印方式等信息后，单击“打印”按钮打印内容。

② 单击“文件”菜单→“打印”命令，或者单击快速访问工具栏的“打印（ ）”按钮，还可以按 Ctrl+F2 组合键，打开“打印”对话框，如图 4-41 所示。在“打印”对话框中选择打印机，设置各种打印信息后单击“确定”按钮，即可开始打印。

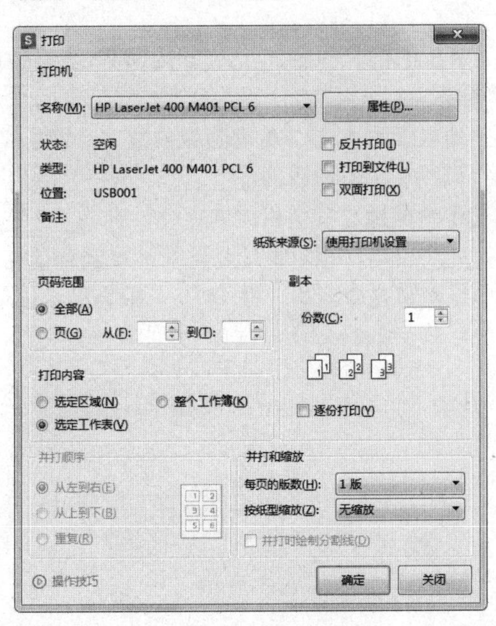

图 4-41　“打印”对话框

习　题　4

一、选择题

1．关于在 WPS 表格中移动和复制工作表，下列描述中正确的是（　　）。

A．工作表只能在所在工作簿内移动，不能复制

B．工作表只能在所在工作簿内复制，不能移动

C．工作表可移动到其他工作簿内，不能复制到其他工作簿内

D．工作表可移动到其他工作簿内，也可复制到其他工作簿内

2．若在数值单元格中出现一连串的“###”，希望正常显示时需要（　　）。

A．重新输入数据　　B．调整单元格的宽度

C．删除这些符号　　D．删除该单元格

3．在 WPS 表格中，某公式中引用了一组单元格，即 C3:D7、A1:F1，该公式引用的单元格总数为（　　）个。

A．4　　B．12　　C．16　　D．22

4．在 WPS 表格中，如果 A5 单元格的值是 A1、A2、A3、A4 单元格的平均值，则不正确的公式为（　　）。

A．=AVERAGE(A1:A4)　　B．=AVERAGE(A1,A2,A3,A4)

C．=(A1+A2+A3+A4)/4　　D．=AVERAGE(A1+A2+A3+A4)

5．在 WPS 表格中，要在同一行或同一列的连续单元格中使用相同的计算公式，可先在第一个单元格中输入公式，然后用鼠标拖动单元格的（　　）来实现公式复制。

A．列标　　B．行号　　C．填充柄　　D．框

二、填空题

1．在 WPS 表格中，一个工作表可有_______行、_______列。

2．工作表中行与列交叉形成的格子称为_______，是 WPS 表格中最基本的存储单位，可存放数值、变量、字符、公式等数据。

3．在工作簿窗口左边一列显示的 1、2、3 等阿拉伯数字，表示工作表的_______；工作簿窗口顶行显示的 A、B、C 等字母，表示工作表的_______。

4．公式被复制后，公式中参数地址发生相应的变化，称为_______引用。公式被复制后，参数地址不发生变化，称为_______引用。相对地址与绝对地址混合使用，称为_______引用。

5．若要查看公式的内容，可单击单元格，在_______中会显示该单元格的公式。

第 5 章　WPS 演示

5.1　WPS 演示概述

WPS 演示是 WPS Office 的重要组成部分之一，它可以用于制作、设计和播放演示文稿。演示文稿常用于课堂教学、产品介绍、现场宣讲等，可以将图表、文字、动画、视频和音频等结合在一起，并通过计算机屏幕进行演示或在投影仪上放映，使人们更直观地了解相关内容。

本章主要介绍 WPS 演示的基本功能和操作方法。

5.1.1　工作窗口及其组成

WPS 演示创建的文件称为演示文稿，其工作窗口由标签栏、快捷访问工具栏、选项卡、功能区、大纲/幻灯片窗格、编辑区、备注窗格、任务窗格、状态栏等部分组成，如图 5-1 所示。

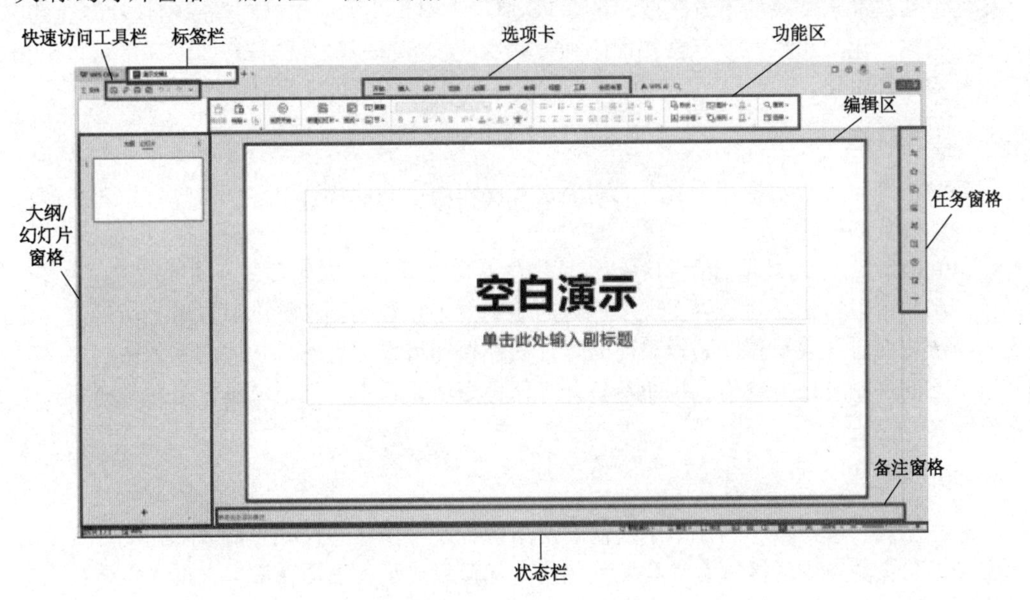

图 5-1　WPS 演示工作窗口

1．标签栏

标签栏通常位于 WPS 演示工作窗口的最上方，显示当前已经打开的演示文稿的名称，单击标签栏右侧的“+”按钮可新建 WPS 文件。

2．快速访问工具栏

快速访问工具栏在功能区左上方、“文件”菜单的右侧。快速访问工具栏用于放置一些在制作演示文稿时使用频率较高的按钮。用户可以根据自己的需要，单击快速访问工具栏右侧的“⌄”下拉按钮进行快速访问工具栏的设置。

3．选项卡

选项卡是 WPS 演示的所有功能集合，包括开始、插入、切换、动画、审阅、视图和工具等。

4．功能区

WPS 演示将大部分操作以按钮的形式分类放在功能区中，选择不同的选项卡可切换功能区中显示的命令。

5．大纲/幻灯片窗格

利用“幻灯片”窗格或“大纲”窗格可以快速查看和选择演示文稿中的幻灯片。单击该窗格上方的“大纲”或“幻灯片”选项，窗格内容在“幻灯片”和“大纲”两个选项卡之间切换显示。

“大纲”选项卡：以大纲形式显示幻灯片中占位符中的文本，不显示任何图形。在此视图方式下，可以轻松地对幻灯片的内容、层次进行组织编辑并移动幻灯片和文本。

“幻灯片”选项卡：以缩略图的形式显示幻灯片。使用缩略图可方便地遍历演示文稿。在此视图方式下，可以对幻灯片进行新建、查看、移动、复制、切换、删除、隐藏、更换背景图片等操作。

6．编辑区

编辑区是 WPS 演示的主要工作区，显示当前选中幻灯片的内容。在编辑区中可以进行输入和编辑文本，插入和编辑图片、表格、多媒体对象，设置超链接和动画设置等操作。

7．备注窗格

备注窗格在演示文稿的下方区域，是 WPS 演示中用于添加、编辑和显示幻灯片备注的区域。通过备注窗格，用户可以在演示文稿中添加一些说明、解释或额外的信息，演讲者可以根据备注信息进行演练和讲授。

8．任务窗格

任务窗格是对选中幻灯片及其组成对象进行操作的命令的集合，包括幻灯片中对象属性、动画窗格、幻灯片切换等功能。

在 WPS 演示中，对象属性是指对幻灯片中的对象及其包含的元素进行属性设置，通过调整这些属性，用户可以自定义对象以实现个性化的演示效果。在动画窗格中可以对当前幻灯片中选定的文本、图片或者图表设置动画效果。幻灯片切换按钮可以设置幻灯片的切换效果。单击“任务窗格”下方的“管理任务窗格”按钮，打开“任务窗格设置中心”对话框，可对任务窗格进行个性化设置。

9．状态栏

状态栏左侧区域显示了当前演示文稿的常用参数及工作状态，如当前编辑的幻灯片的编号、演示文稿的总页数。中间区域有“智能美化”、“隐藏或显示备注面板”和“批注”按钮。其右侧区域的快捷按钮可以设置软件显示的视图方式，从左至右依次为“普通视图”、“幻灯片浏览”、“阅读视图”和“从当前幻灯片开始播放”按钮。最右侧的“显示最佳比例”、“缩放级别”按钮和“缩放”滑块可控制幻灯片在编辑区中的显示比例。

5.1.2 视图方式

WPS 演示提供了多种视图方式，用户可以通过“视图”选项卡选择不同的视图方式，或者单击状态栏右侧的视图按钮切换不同的视图，“视图”选项卡如图 5-2 所示。

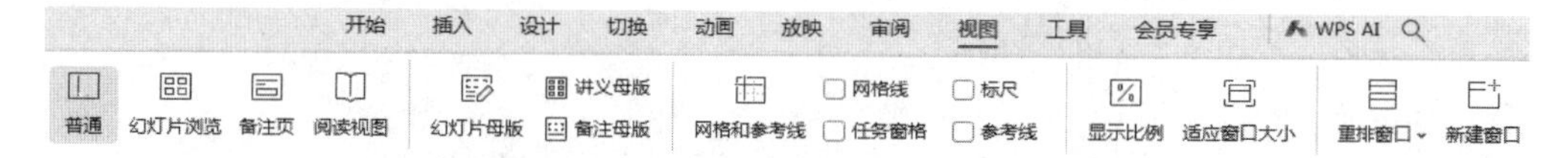

图 5-2 “视图”选项卡

1. 普通视图

普通视图是系统默认的视图方式，由幻灯片编辑区、大纲窗格、幻灯片窗格和备注窗格组成。在普通视图方式下，用户可完成幻灯片的设计、制作、管理及备注信息的编辑工作。

2. 幻灯片浏览视图

该视图以缩略图的形式显示全部幻灯片。在此视图方式下，用户不能对幻灯片内部的对象进行操作，但可以进行复制、剪切、粘贴、新建幻灯片、删除幻灯片、隐藏幻灯片、新增节、更换设计方案、设置背景格式、转为文字文档的操作，整体浏览所有幻灯片的外观效果，轻松地排列和组织幻灯片的顺序。

3. 备注页视图

该视图用于显示和编辑每页幻灯片的备注窗格内容。

4. 阅读视图

用户可以在该视图下查看演示文稿的播放效果。

5.2 演示文稿和幻灯片的操作

5.2.1 演示文稿的操作

演示文稿是 WPS 演示生成的文件形式，其默认的文件扩展名为.dps 或.pptx。其操作方法与 Word 文字的操作基本相同。

演示文稿中的每页称为幻灯片，幻灯片中可以包含文字、图片、动画及多媒体组件等元素。

1. 创建空白演示文稿

创建空白演示文稿的 6 种常用方法如下。

（1）打开 WPS Office，单击“新建”按钮→“新建”面板→“演示”按钮→“空白演示文稿”按钮。

（2）在桌面空白的地方单击鼠标右键→“新建”→“PPTX 演示文稿”。

（3）单击标签栏右侧的“+”按钮→“新建”面板→“演示”按钮→“空白演示文稿”按钮。

（4）在演示文稿下，单击快速访问工具栏中的“新建”按钮。

（5）在演示文稿下，使用 Ctrl+N 组合键创建一个同类型的空白演示文稿。

（6）在演示文稿下，单击“文件”菜单→“新建”命令→“空白演示文稿”按钮。

2. 打开现有演示文稿

单击“文件”菜单→“打开”命令，或者直接单击快速访问工具栏上的“打开”按钮，在弹出的“打开文件”对话框中找到并选择需要打开的演示文稿文件，单击“打开”按钮即可。

3. 保存演示文稿

在制作演示文稿时，要养成随时保存演示文稿的习惯，以防止发生意外而使正在编辑的内容丢失。编辑完毕并保存演示文稿后，还需要将其关闭，操作方法与 WPS 文字处理的操作相同。

4. 退出演示文稿

关闭当前正在编辑的演示文稿可以采用如下两种方法。

（1）单击“文件”菜单→“退出”命令，或者单击当前文件标签栏中右侧的“×”按钮。如果在退出之前，部分内容有未保存的修改，系统会弹出对话框询问用户是否需要保存。

（2）使用 Alt+F4 组合键。

5.2.2 幻灯片的操作

在 WPS 演示中，幻灯片的操作主要包括以下几种。

1．新建幻灯片

在 WPS 演示中新建幻灯片的方法有如下 6 种。

（1）单击“开始”选项卡→“新建幻灯片”下拉按钮，在弹出的“新建单页幻灯片”下拉面板中选择版式、当前主题等选项卡，选择相应的选项即可进行新建。

（2）单击“插入”选项卡→“新建幻灯片”下拉按钮，在弹出的“新建单页幻灯片”下拉面板中选择版式、当前主题等选项卡，选择相应的选项即可进行新建。

（3）在幻灯片窗格中右击鼠标，在弹出的快捷菜单中选择“新建幻灯片”命令。

（4）单击幻灯片窗格下方的“＋”按钮，在弹出“新建单页幻灯片”下拉面板中选择版式、当前主题等选项卡，选择相应的选项即可进行新建。

（5）使用 Ctrl+M 组合键新建幻灯片。

（6）选中幻灯片窗格中的任一幻灯片，按 Enter 键。

2．选择幻灯片

（1）选择单张幻灯片：在普通视图或幻灯片浏览视图下，单击需要选择的幻灯片即可。

（2）选择多张连续的幻灯片：在普通视图或幻灯片浏览视图下，先选中第一张幻灯片，然后按住 Shift 键，再选中最后一张幻灯片。

（3）选择多张不连续的幻灯片：在普通视图或幻灯片浏览视图下，先选中第一张幻灯片，然后按住 Ctrl 键，依次单击其他的幻灯片。若再次单击已被选择的幻灯片，则会取消选中。

（4）选择全部幻灯片：在普通视图或幻灯片浏览视图下，使用 Ctrl+A 组合键进行全选。

3．删除幻灯片

常用的删除幻灯片方法如下。

（1）选择需要删除的幻灯片，按 Delete 键删除。

（2）选择需要删除的幻灯片，按 Backspace 键删除。

（3）右键单击要删除的幻灯片，在弹出的快捷菜单中选择“删除幻灯片”命令。

删除幻灯片之后，幻灯片的编号也随之改变。如果误删，则可以单击快速访问工具栏中的“撤销”按钮恢复操作。

4．移动幻灯片

（1）在幻灯片窗格中，选择需要移动的幻灯片，按住鼠标左键将其拖动到目标位置即可。

（2）通过剪切和粘贴的方法移动幻灯片。

5．复制幻灯片

（1）在幻灯片窗格中，选择需要复制的幻灯片，单击鼠标右键，在弹出的菜单中选择“复制幻灯片”命令，则在它的后方出现该幻灯片的副本。

（2）先使用 Ctrl+C 组合键复制幻灯片，然后选择合适的位置使用 Ctrl+V 组合键粘贴。

6. 隐藏幻灯片

如果希望某张或者某几张幻灯片不参与放映，则使用幻灯片的隐藏功能。隐藏幻灯片的方法有以下两种。

（1）选中想要隐藏的幻灯片，单击“放映”选项卡→“隐藏幻灯片”按钮，即可完成对选定幻灯片的隐藏。若要取消隐藏，则再次单击该按钮即可。被隐藏的幻灯片编号上将显示一个带有斜线的小方框。

（2）选中想要隐藏的幻灯片后单击鼠标右键，在弹出的快捷菜单中选择“隐藏幻灯片”命令即可。如果想取消隐藏，则重复此操作，再单击“隐藏幻灯片”命令即可。

7. 编辑幻灯片内容

先在普通视图的大纲/幻灯片窗格中选择需要编辑的幻灯片，然后在编辑区中选中相应位置输入或修改文本内容。用户还可以通过插入图片、形状、表格等对象来丰富幻灯片的内容。

5.3　幻灯片编辑

5.3.1　版式

幻灯片的版式是指幻灯片中的内容布局和排版方式，通过合理的版式设计，可以使幻灯片更加美观、清晰和易于理解。在 WPS 演示中，单击“开始”选项卡→“版式”下拉按钮，在打开的下拉面板中查看幻灯片版式，如图 5-3 所示。

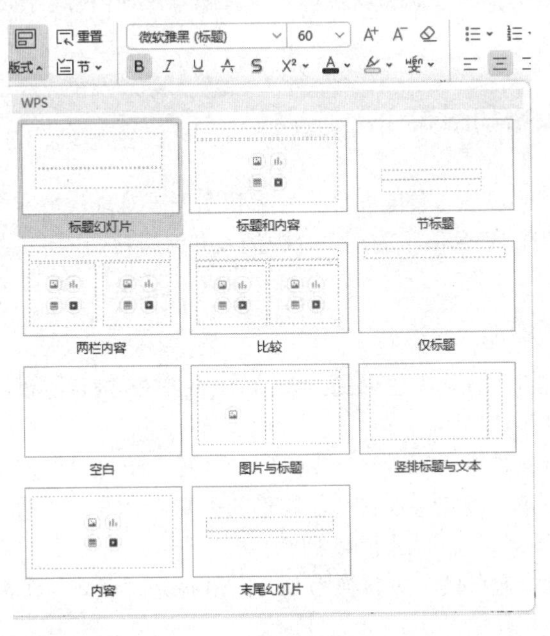

图 5-3　幻灯片版式

占位符是版式中的容器，是构成幻灯片内容的基本对象，可容纳文本（包括正文文本、项目符号列表和标题）、表格、图表、智能图形、影片、声音、图片及剪贴画等内容。占位符常见的操作状态有两种：对象编辑与整体选择。在对象编辑状态下，可编辑占位符中的文本或其他对象；在整体选择状态下，可对占位符进行选择、移动、调整大小、复制、剪切、粘贴和删除等基本操作。另外，也可以对占位符的属性，如旋转、对齐、形状等进行自定义设置。占位符的编辑状态与选择状态的主要区别是边框的状态，如图 5-4 所示。

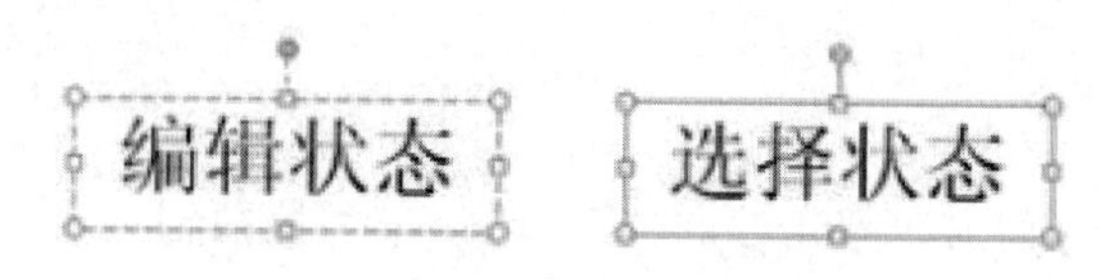

图 5-4 占位符的编辑状态与选择状态

5.3.2 文本

一份成功的演示文稿离不开文字，所以在制作演示文稿前应提前准备好文本，厘清其内部的层级关系和逻辑关系。

1. 输入文本

在演示文稿中输入文本的常用方法如下。

（1）使用占位符输入文本：当选择不同的版式时，幻灯片中会显示占位符。占位符通常是被设定好格式的，以虚线框的形式显示在幻灯片上。可以直接在占位符中输入文本。

（2）使用文本框输入文本：如果要在占位符以外的位置输入文字，则在幻灯片中添加文本框，操作与 WPS 文字插入文本框的方法相同。

2. 编辑文本并设置文本格式

为了使演示文稿更加美观，通常需要在演示文稿中输入文本后，对其进行编辑、修改、设置格式等基本操作，也可为文本内容添加项目符号或者编号，使内容层次更加清晰。文本格式的设置与 WPS 文字相同。

5.3.3 智能图形、表格和图表

完成文本设置后，还可以插入智能图形、表格和图表等对象，丰富内容的表现形式，增加幻灯片的吸引力。下面介绍在 WPS 演示的幻灯片中插入并编辑智能图形、插入并编辑表格、插入并编辑图表。

1. 插入并编辑智能图形

智能图形是信息和观点的视觉表示形式。用户可以在 WPS 演示提供的布局中选择创建智能图形，快速、轻松、有效地传达信息。

插入智能图形，需要先选中要插入智能图形的幻灯片，单击“插入”选项卡→“智能图形”按钮，在弹出的“智能图形”窗口中选择智能图形的类别，如并列、循环、流程等，再单击选中的智能图形即可。“智能图形”窗口如图 5-5 所示。

例如，将幻灯片中除标题外的文本转换为 SmartArt 图形“基本矩阵”，原幻灯片如图 5-6（a）所示。

（1）选中对应占位符，单击占位符右侧的“ ··· ”，选择“转智能图形”命令。

（2）在弹出的“智能图形”对话框中，选择“SmartArt”→“矩阵”组→“基本矩阵”。

（3）选中生成的智能图形，在弹出的“设计”选项卡中，选择“更改颜色”→“彩色”组→最后一种，结果如图 5-6（b）所示。

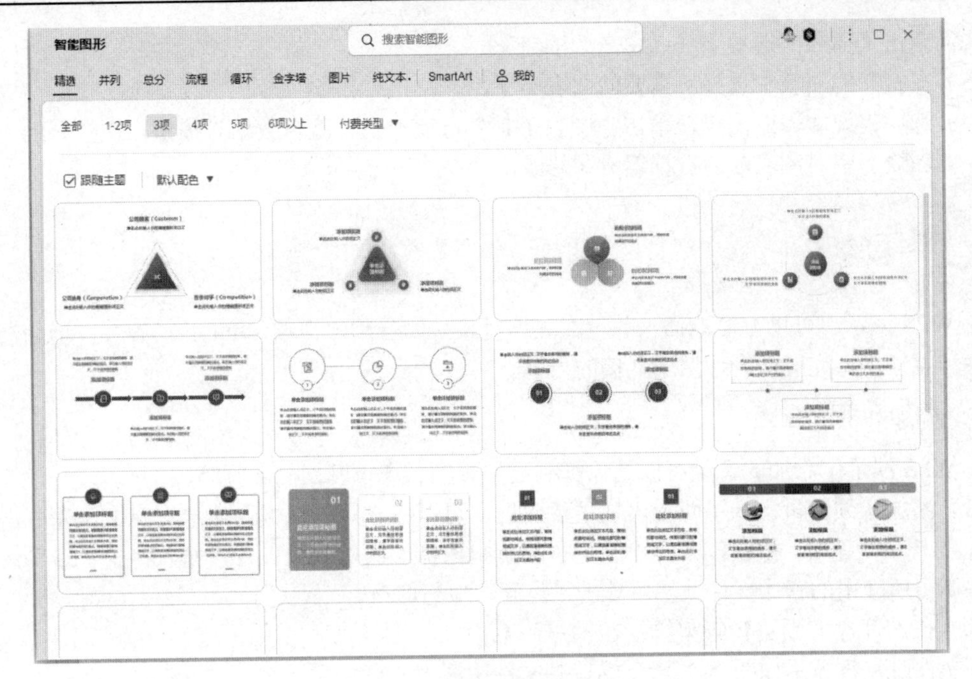

图 5-5　“智能图形”窗口

标题

第一项内容
第二项内容
第三项内容
第四项内容

（a）原幻灯片

标题

（b）文本转换为 SmartArt 图形“基本矩阵”

图 5-6　插入并编辑智能图形

2．插入并编辑表格

在 WPS 演示中插入并编辑表格的步骤如下。

（1）选中要插入表格的幻灯片。

（2）单击“插入”选项卡→“表格”下拉按钮→“插入表格”命令。

（3）在弹出的“插入表格”对话框中输入表格的行数和列数，设置完成后单击“确定”按钮。

（4）WPS 演示可以修改表格的样式，可以使用“表格工具”选项卡和“表格样式”选项卡中的各种命令完成设置，如合并单元格、拆分单元格、填充、设置效果等。

（5）在表格单元格内输入文本并设置文本格式。

3．插入并编辑图表

WPS 演示中提供了很多图表，如柱形图、折线图、饼形图、条形图、雷达图等。在 WPS 演示中插入并编辑图表的具体步骤如下。

（1）打开演示文稿，选择需要插入图表的幻灯片。

（2）单击“插入”选项卡→“图表”按钮。

（3）在打开的面板中选择所需要的图表类型。

（4）选中需要编辑的图表，单击“图表工具”选项卡→“编辑数据”按钮，在打开的“WPS 演示中的图表”中对图表内的数据编辑和修改。

5.3.4 媒体

在 WPS 演示中可以方便地插入各种多媒体对象，如音频、视频和 Flash 动画等，增强演示的生动性和感染力，完美地表达演示文稿的内容。

1. 添加和播放音频

在 WPS 演示中添加的音频可以是计算机上的音频、来自网站的音频等。

（1）添加音频剪辑：为了防止出现播放问题，可以将音频剪辑嵌入演示文稿中。先单击“插入”选项卡→“音频”按钮，在弹出的下拉菜单中选择“嵌入音频”或“嵌入背景音乐”命令，找到并单击所使用的音频文件，然后单击“打开”按钮即可。

（2）在幻灯片上预览音频剪辑：在幻灯片上插入音频文件时，将显示如图 5-7 所示的音频文件图标和播放器，在幻灯片中，选中音频剪辑图标 ，单击该图标下的“播放/暂停”按钮，即可在幻灯片上预览音频剪辑。

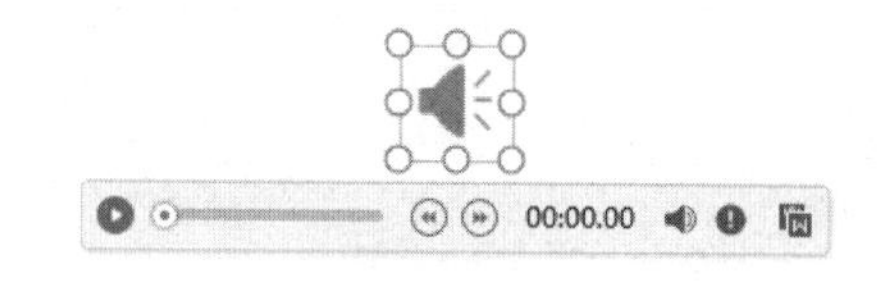

图 5-7 音频文件图标和播放器

（3）设置播放选项：选中音频剪辑图标 时，功能区中将显示“音频工具”选项卡。

① 若要在放映该幻灯片时自动开始播放音频剪辑，则在“开始”下拉列表中选择“自动”选项。

② 若要在幻灯片上单击音频剪辑来手动播放，则在“开始”下拉列表中选择“单击”选项。

③ 若要在切换到下一张幻灯片时继续播放音频剪辑，则选择“跨幻灯片播放”单选按钮，可设置至某页幻灯片停止。

④ 若要连续播放音频剪辑直至手动停止播放，则选中“循环播放，直到停止”复选框。

⑤ 若要在播放时隐藏音频剪辑图标，则选中“放映时隐藏”复选框。

⑥ 若要播放完返回到开头，则选中“播放完返回开头”复选框。

2. 嵌入和播放视频

视频是 WPS 演示中的一个重要的媒体元素，可以是计算机中的视频、来自网站的视频等。

（1）嵌入或链接视频：嵌入视频时，不必担心在传递演示文稿时会丢失文件。如果要限制演示文稿的大小，则可以选择链接的方式向演示文稿中加入视频。

① 嵌入来自文件的视频：单击“插入”选项卡→“视频”下拉按钮→“嵌入视频”命令，在弹出的“插入视频”对话框中找到并单击要嵌入的视频，单击“打开”按钮。

② 链接到视频：通过链接视频，可以限制演示文稿的文件大小。单击“插入”选项卡→“视频”下拉按钮→“链接到视频”命令，在弹出的“插入视频”对话框中找到并单击要链接到的视频，单击“打开”按钮。

（2）设置播放选项：选择视频，功能区中将显示“视频工具”选项卡。

① 若要在放映幻灯片时自动播放幻灯片中的视频，则在“开始”下拉列表中选择“自动”选项。

② 若要通过单击来启动视频，则在“开始”下拉列表中选择“单击”选项。

③ 若要在放映演示文稿时使播放中的视频填充整个幻灯片/屏幕，则选中“全屏播放”复选框。

5.4　幻灯片设计

为使幻灯片的内容更加具有吸引力，增加幻灯片的可读性，需要进一步设计幻灯片。幻灯片设计包括确定演示文稿的主题、背景样式、母版、动画等。

5.4.1　主题

主题是指应用于某一张或者若干张幻灯片的视觉设计。为了能够更好地、更系统地呈现内容，建议一个演示文稿使用一种风格，不建议多种风格混搭，应保持同一演示文稿的风格统一。

幻灯片主题包括颜色、字体、效果及背景。通过选择和设置不同的主题，可以快速改变幻灯片的外观和风格，提升演示效果。一个好的主题应该与演示的内容相符合，能够吸引观众的注意力，增强演示的说服力。在演示文稿中，用户既可以从预设的主题库中选择合适的主题，也可以自定义主题，满足个性化的需求。

在演示文稿中设置幻灯片主题的具体步骤如下：单击“设计”选项卡→“更多主题”按钮，在弹出的“主题方案”对话框中找到合适的主题并单击鼠标右键，在弹出的菜单中根据实际需要选择“应用于所选幻灯片”或“应用于所有幻灯片”。“主题方案”对话框如图 5-8 所示。

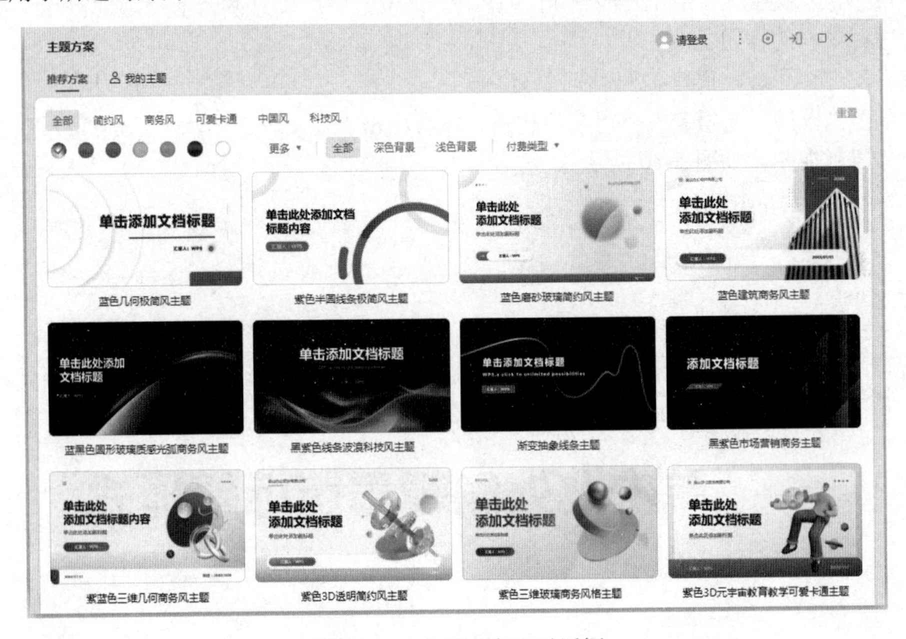

图 5-8　“主题方案”对话框

5.4.2　背景样式

在 WPS 演示中可以根据用户的实际需要设置幻灯片的背景样式，既可以单独设置某一张幻灯片的背景样式，也可以将全部幻灯片设置相同的背景样式，具体操作如下。

（1）打开需要设置背景样式的 WPS 演示文稿，选中一张或多张幻灯片。

（2）单击“设计”选项卡→“背景”下拉按钮，展开如图5-9所示的背景设置下拉面板。

（3）在背景设置下拉面板中，选择“渐变填充”或选择需要的图片作为幻灯片背景。

（4）单击“背景设置”下拉面板底部的“背景填充”选项或者直接在欲设置背景的幻灯片空白处单击右键后选择“设置背景格式”命令，在幻灯片右侧打开“对象属性”窗格，在“对象属性”窗格中对幻灯片背景样式进行设置。选择合适的背景样式后，若要将背景样式作用到所有幻灯片，则单击“对象属性”窗格左下角的“全部应用”按钮，即可将该背景样式应用到整个演示文稿中。

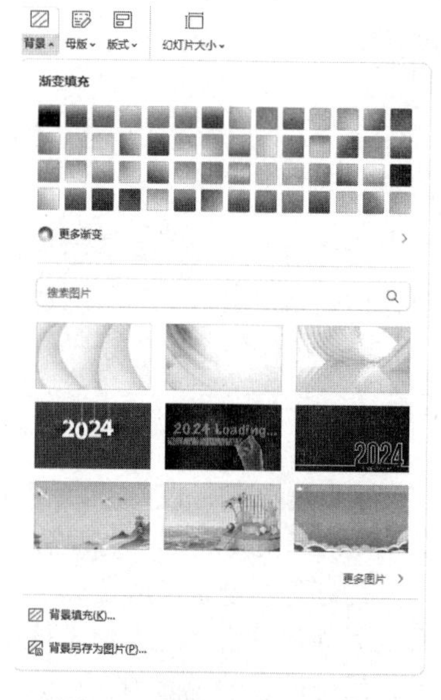

图5-9 背景设置下拉面板

5.4.3 母版

在WPS演示中，母版是一张特殊的幻灯片，它对所有幻灯片的格式进行定义，控制整个演示文稿的外观。母版包含标题、文本、日期、页脚和幻灯片编号占位符，这些占位符控制幻灯片的字体、字号、颜色等版式要素。母版通常分为幻灯片母版、讲义母版、备注母版三类。

幻灯片母版是幻灯片层次结构中的顶层幻灯片，用于存储有关演示文稿的主题和幻灯片版式的信息。每个演示文稿至少包含一个幻灯片母版。修改和使用幻灯片母版可以对演示文稿中的每张幻灯片进行统一的样式更改。

要编辑幻灯片母版，可以按照以下步骤操作。

（1）单击“设计”选项卡→“母板”按钮，或者单击“视图”选项卡→“幻灯片母版”按钮，进入幻灯片母版视图，如图5-10所示。

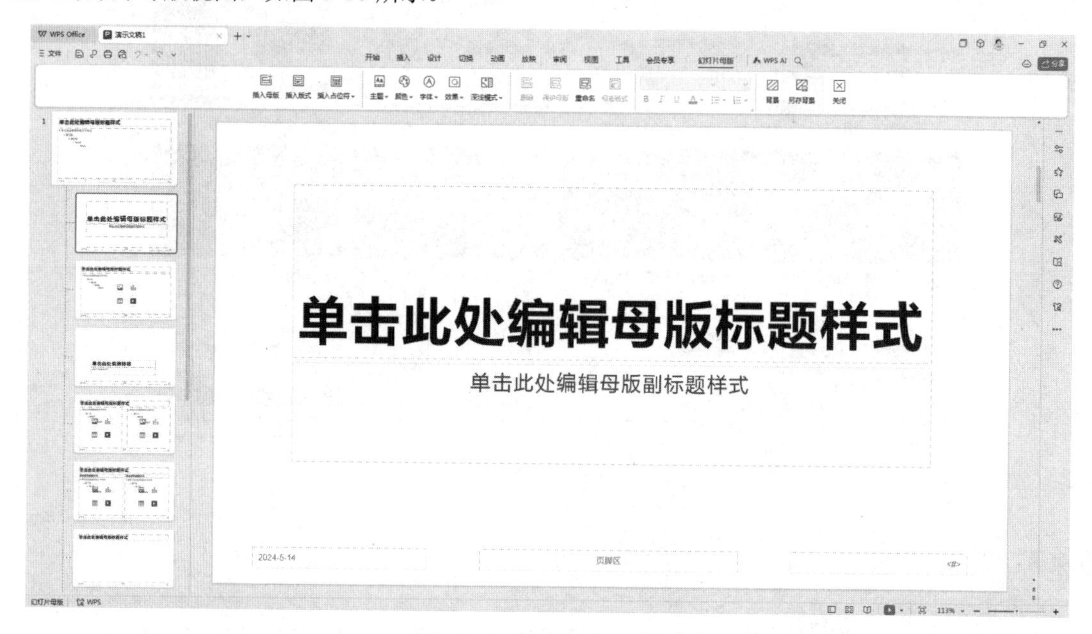

图5-10 幻灯片母版视图

（2）在幻灯片母版视图的左侧窗格中可以看到WPS母版和所有版式的幻灯片母版。用户根据实际需要选择要编辑的幻灯片母版进行修改。

（3）完成设置后，单击“幻灯片母版”选项卡→“关闭”按钮，退出幻灯片母版视图编辑状态。

例如，对版式为“标题幻灯片”母版，删除副标题占位符、日期区、页脚区和页码区，插入花朵图片，将标题占位符的背景填充色设为“猩红，着色 6，浅色 80%”，将标题文字设为“华文新魏，48 号，紫色”。

① 单击“视图”选项卡→“幻灯片母版”按钮，进入幻灯片母版视图。

② 选择“标题幻灯片”版式母版→删除副标题占位符、日期区、页脚区和页码区→单击“插入”选项卡→“图片”按钮→“本地图片”命令→在弹出的“插入图片”对话框中选择花朵图片保存的对应位置并选中→单击“打开”命令；插入后通过鼠标调整图片和占位符的位置和大小。

③ 选中标题占位符，单击“绘图工具”选项卡→“填充”按钮→“主题颜色”→“猩红，着色 6，浅色 80%”。

④ 选中标题文字，单击“开始”选项卡→选择字体为“华文新魏”→选择字号为“48”→选择颜色为“紫色”，完成设置后，单击“幻灯片母版”选项卡→“关闭”按钮。标题幻灯片母版设置结果如图 5-11 所示。

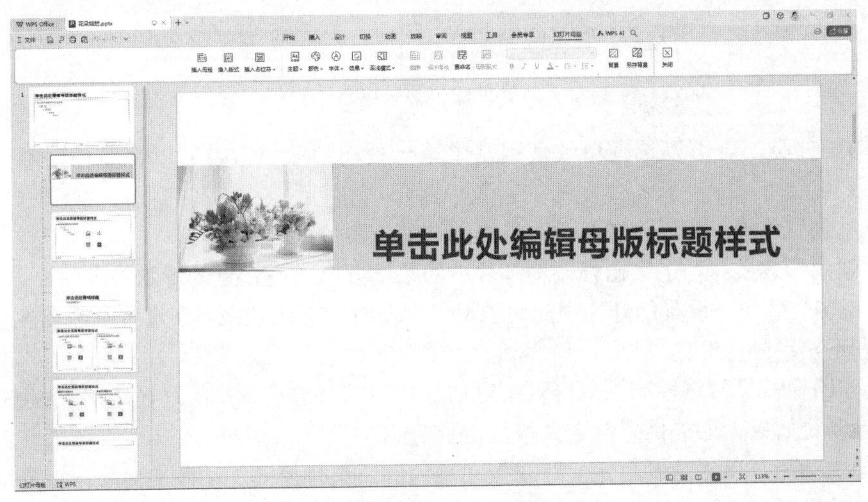

图 5-11　标题幻灯片母版设置结果

5.4.4　动画

动画是一种重要的视觉表达方式，添加动画可以使演示文稿更加生动有趣，增强演示效果，吸引观众的注意力，使观众更容易理解和记住演示的关键信息。

1．设计幻灯片切换动画

幻灯片切换动画是指在放映演示文稿时从一张幻灯片切换到下一张幻灯片的动画效果，即幻灯片从屏幕上出现和消失的动画方式。设置幻灯片切换方式可以单击“切换”选项卡，选择切换效果，还可以设置切换幻灯片时出现的声音、切换速度和换片方式等，使幻灯片的切换效果更佳。

2．添加对象动画效果

添加对象动画是指对幻灯片中的某个对象添加的动画效果。用户可以为对应的文字、图表、智能图形等内容添加不同的动画效果，操作步骤如下。

单击“动画”选项卡→“动画窗格”按钮，在演示文稿右侧出现动画窗格，选中需要添加动画效果的对象，单击动画窗格内的“添加效果”按钮，可以看到默认的四种动画效果。动画窗格如图 5-12 所示。

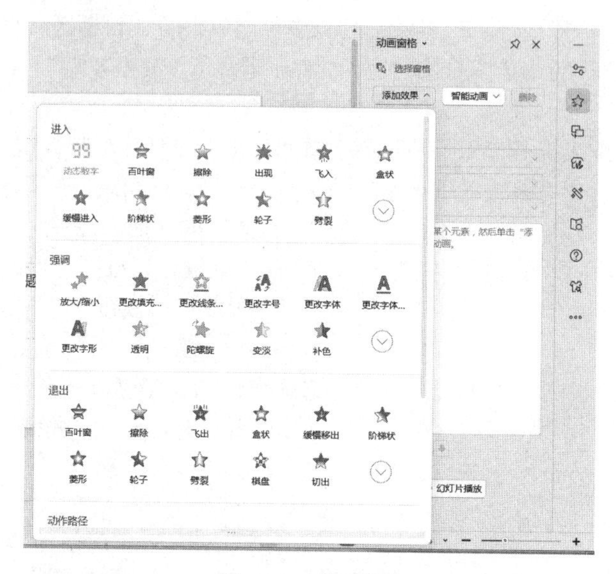

图 5-12　动画窗格

（1）动画分类。既可以选择单独使用其中某一种动画效果，也可以将多种动画效果组合在一起。

① “进入”效果：可以设置各种对象进入放映屏幕的动画效果。

② “强调”效果：为了突出强调幻灯片中的某部分内容而设置的特殊动画效果。

③ “退出”效果：设置幻灯片中的对象退出屏幕时的动画效果。在设置时需要注意同一对象进入动画和退出动画的顺序安排。

④ 动作路径：又称路径动画，可以指定幻灯片中的对象沿预定的路径运动。WPS 演示不仅提供了预设路径效果，还提供了自定义路径动画功能。

（2）添加动画。以“绘制自定义路径”动画为例，选择要添加动画的对象→打开动画窗格→单击“添加效果”按钮→“绘制自定义路径”选项→“自由曲线”按钮，指针变为手写形式，按住鼠标左键移动鼠标开始绘制路径。绘制完的动作路径的起始端显示为绿色箭头，结束端为红色箭头，两个标志由一条虚线连接。

（3）查看动画列表。在“动画窗格”中，可以查看选中幻灯片上的所有动画，并显示有关动画效果的信息，如动画播放的顺序、类型和速度等。

① 动画开始方式有以上 3 种。

- “单击时”：在单击鼠标时开始播放动画效果。
- “与上一动画同时”：动画效果开始播放的时间与列表中上一个动画效果开始播放的时间相同。
- “在上一动画之后”：动画效果在列表中上一个动画效果播放完成后立即开始播放。

② 速度代表效果的持续时间。

③ 图标代表动画效果的类型。

④ “动画窗格”中的编号表示动画的播放顺序。该窗格中的编号与幻灯片上显示的不可打印的编号标记相对应。可通过单击“重新排序”旁的上下箭头或用鼠标拖动动画的方式调整动画的播放顺序。单击窗格中某个动画后的下拉按钮，在弹出的下拉菜单中进一步设置动画效果。

（4）如果需要对同一对象添加多个动画效果，则多次单击“添加效果”按钮，在弹出的窗口中选择要添加的动画。

（5）在设置完幻灯片需要的动画后，可以预览整个幻灯片的动画效果。如果有不满意的地方，则随时调整。

5.4.5　超链接和动作按钮

通过添加超链接或者动作按钮，可以改变幻灯片从头到尾播放的线性模式，增加演示文稿的交互性。

1. 设置超链接

超链接是指向特定位置或文件的一种连接方式，可以利用它指定程序的跳转位置。超链接只有在幻灯片放映时才有效。在 WPS 演示中，超链接可以跳转到原有文件或网页、本文档中的位置、电子邮件地址、链接附件。

在 WPS 演示中设置超链接的方法如下。

（1）选择需要添加超链接的文本或对象。

（2）单击“插入”选项卡→“超链接”下拉按钮，在弹出的菜单中选择超链接目标，操作界面如图 5-13 所示。

（3）在弹出的“插入超链接”对话框中，选择要链接的目标，会出现如图 5-14 所示的对话框，可以选择原有文件或网页、本文档中的位置、电子邮件地址、链接附件。

（4）设置好后，单击“确定”按钮完成操作。

图 5-13　设置超链接

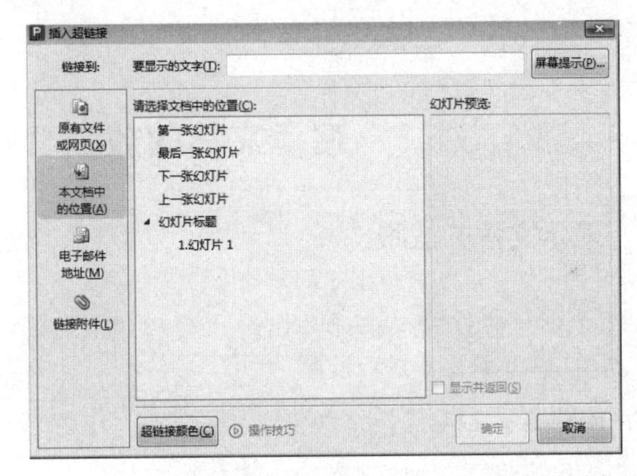

图 5-14　“插入超链接”对话框

2. 设置动作按钮

动作按钮是指可以添加到演示文稿中的内置按钮，可以设置单击鼠标或鼠标移过时动作按钮所执行的动作。

在幻灯片中添加动作按钮并进行动作设置的操作步骤如下。

（1）单击“插入”选项卡→“形状”按钮→在“动作按钮”区域选择需要的按钮。“形状”菜单如图 5-15 所示。

（2）先单击要添加的按钮，然后把鼠标定位在幻灯片中要添加按钮的位置，拖动鼠标绘制出该按钮，在弹出的“动作设置”对话框中选择动画触发方式（单击鼠标或鼠标移过）。

单击鼠标或鼠标移过时动作按钮所执行的动作：如果不想执行动作，则选中“无动作”单选按钮。若要创建超链接，则单击“超链接到”单选按钮，然后在列表框中选择超链接的目标。若要运行程序，则先单击“运行程序”单选按钮，单击“浏览”按钮，然后找到要运行的程序。

若要播放声音，则先选中“播放声音”复选框，然后选择要播放的声音。“动作设置”对话框如图 5-16 所示。

图 5-15 “形状”菜单

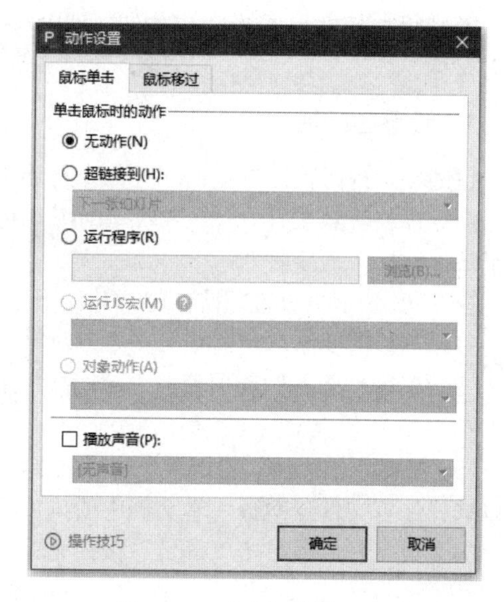

图 5-16 “动作设置”对话框

5.5 演示文稿的放映、打包和打印

5.5.1 演示文稿的放映

WPS 演示提供了多种放映和输出演示文稿的方法，便于将制作的演示文稿输出为多种形式，可以根据用户的需要对其进行设置。

1. 放映演示文稿

WPS 演示提供了 3 种放映演示文稿的方式。

（1）从头开始：单击“放映”选项卡→“从头开始”按钮，或者按 F5 键，即可从当前演示文稿中的第一张幻灯片开始放映。

（2）当页开始：单击“放映”选项卡→“当页开始”按钮，或者按 Shift+F5 组合键，即可从当前幻灯片开始放映，便于查看当前编辑效果。

（3）自定义放映：单击“放映”选项卡→“自定义放映”按钮，进行相应设置。

放映设置：单击“放映”选项卡→“放映设置”下拉按钮，会出现“手动放映”、“自动放映”和“放映设置”三个命令。选择菜单中的“放映设置”命令或直接单击“放映”选项卡→“放映设置”按钮，可以打开“设置放映方式”对话框，对演示文稿的放映类型、放映选项、放映幻灯片、换片等方式进行设置。

2. 设置放映方式

在放映幻灯片之前，为了更好地控制播放内容，使播放的效果更好，可以利用“放映”选项卡设置幻灯片的放映类型、放映内容、换片方式、是否循环放映等。

3. 排练计时

当用户在完成演示文稿相应的内容制作后，可以使用“排练计时”的功能记录用户在每张幻灯片上停留的时间和整个演示文稿的放映时间。操作步骤如下：

单击“放映”选项卡→“排练计时”下拉按钮，选择“排练全部”或者“排练当前页”命令，选中之后在屏幕上出现如图 5-17 所示的“预演”工具栏。

图 5-17　预演

4. 演讲备注

在使用 WPS 演示进行演讲时，可以在幻灯片中添加备注。

5.5.2　演示文稿的打包

演示文稿中常常会链接一些音频、视频等文件，如果更换设备，会导致链接失败，被链接的文件无法正常播放。此时，可使用 WPS 演示中的“文件打包”功能将演示文稿中音/视频等文件一起打包保存到同一文件夹或压缩包中，移动文件时，直接移动文件夹或压缩包即可。文件打包的步骤如下。

（1）单击“文件”菜单→“文件打包”命令，在弹出的下拉菜单中出现“将演示文档打包成文件夹”和“将演示文档打包成压缩文件”两个命令，根据实际需要选择即可。

（2）在弹出的“演示文件打包”对话框中输入文件夹名称或压缩文件名，然后单击“浏览”按钮，可以重新设置文件保存的路径，根据实际需要设置完成之后，再单击“确定”按钮，完成打包。

（3）打包完成后打开文件夹或压缩文件，查看打包内容。

5.5.3　演示文稿的打印

单击“文件”菜单→“打印”→“打印”命令，打开“打印”对话框，如图 5-18 所示。在该对话框中可以选择打印机、设置打印范围与打印份数等，设置结束后单击“确定”按钮即可。

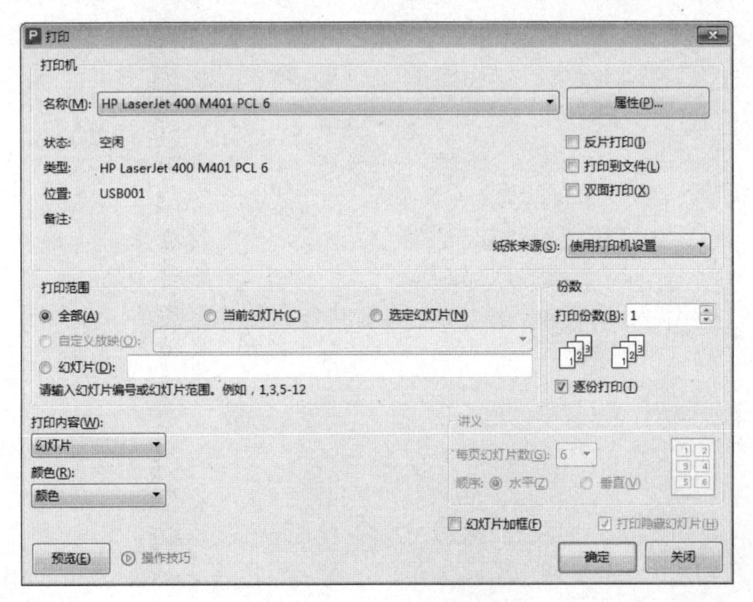

图 5-18　“打印”对话框

习　题　5

一、选择题

1．在 WPS 演示文稿中，对于“插入”选项卡，下列说法中错误的是（　　）。

A．可以插入动画　　B．可以插入表格

C．可以插入声音　　D．可以插入任何文件

2．WPS 演示文稿不能打印的内容是（　　）。

A．幻灯片　　B．备注页　　C．讲义　　D．动画

3．在“动作设置”对话框中，可以设置的鼠标动作有（　　）。

A．单击和双击　　B．单击和移过　　C．移过和按下　　D．单击和按下

4．若想从当前幻灯片开始放映，则应按（　　）键。

A．F5　　B．F1　　C．Shift+F5　　D．Enter

5．若想使作者名出现在所有的幻灯片中，应将其加入（　　）中。

A．幻灯片母版　　B．标题母版　　C．备注母版　　D．讲义母版

二、填空题

1．在 WPS 演示放映时，按________________键，可以退出幻灯片放映状态。

2．WPS 演示包含 3 个母版，它们是________________母版、________________母版和________________母版。

3．使用 WPS 演示制作交互式多媒体演示文稿，添加交互的主要方式是在幻灯片中的可显示对象上添加________________或________________。

4．在 WPS 演示中打印演示文稿前，可以使用________________按钮查看打印效果，以避免不必要的损失。

第 6 章　计算机网络基础

随着计算机技术和通信技术的迅猛发展，计算机网络已应用于各个领域，影响着人们的工作和生活。21 世纪是以数字化、网络化和信息化为特征，以计算机网络为核心的信息时代，计算机网络加快了全球信息化进程。从某种意义上讲，计算机网络的发展水平反映了计算机科学和通信技术的水平。计算机网络基础是计算机科学领域中的重要组成部分，它为计算机之间的通信和资源共享提供了基础支持。计算机网络已经成为现代社会中不可或缺的重要工具，为人们的生活与工作带来了极大的便利和效益。

本章主要介绍计算机网络组成、计算机网络分类、计算机网络结构与网络协议、Internet 应用、计算机网络安全等。

6.1　计算机网络概述

6.1.1　计算机网络的发展

计算机网络的发展经历了几个关键阶段，从早期的简单通信到现代的复杂互联网。

计算机网络的发展始于 20 世纪 50 年代。当时，计算机数量少且昂贵，用户需要通过远程终端进行访问。这个阶段的主要特点是面向终端的简单通信，主要用于远程数据处理和军事应用。

20 世纪 60 年代，分组交换网的出现使得计算机网络更加灵活和可靠。这个阶段的计算机网络以通信子网为中心，实现了计算机之间的数据交换和资源共享。

随着计算机的普及和互联网的兴起，计算机网络逐渐发展成为全球性的信息基础设施。现代计算机网络包括局域网、城域网、广域网和互联网等多个层次，实现了全球范围内的信息传输和资源共享。

计算机网络经历了从简单到复杂、从单机到多机的发展过程，其发展过程可分为面向终端的计算机通信网络、计算机通信网络、计算机互联网和高速互联网 4 个阶段。

1．面向终端的计算机通信网络

早期的计算机数量少又非常昂贵，且一台计算机仅供一个人使用，资源得不到充分利用。随着计算机软件、硬件及通信技术的发展，可以将不同地理位置的终端，通过传输介质及相应的通信设备与主计算机相连，构成面向终端的计算机通信网络。

2．计算机通信网络

计算机通信网络以资源共享为目的。人们将多台计算机连接起来，以资源共享为目的，计算机之间没有主从关系。计算机数据处理和通信由分布在不同地理位置的计算机共同完成，不再采用集中式管理。

计算机通信网络在逻辑上可分为两大部分：通信子网和资源子网。二者构成以通信子网为核心、以资源共享为目的的计算机通信网络。

（1）资源子网由主计算机系统、终端、终端控制器、联网外设、各种软件资源与信息资源组成。资源子网负责全网的数据处理业务，提供各种网络资源与网络服务。

（2）通信子网由通信控制处理器（Communication Control Processor，CCP）、通信线路和其他

通信设备组成，完成网络数据传输和转发等通信处理任务。

3．计算机互联网

初始阶段的计算机网络由不同部门自行开发研制，没有统一的体系结构和标准。各个厂家的计算机及网络产品无论是在技术上还是在结构上都有很大差异，以致不同产品很难实现互联。1984年，国际标准化组织（International Organization for Standardization，ISO）公布了开放式系统互联参考模型（Open System Interconnection Reference Model，OSIRM，也称OSI参考模型）的正式文件。由此，计算机网络进入了标准化时代。

4．高速互联网

网络的标准化使计算机网络得到了迅速发展，各个国家、地区及各个领域都建立了大量的局域网和广域网，进一步实现了资源共享。由此，Internet（因特网）应运而生。

6.1.2 计算机网络的功能

计算机网络的功能非常丰富和多样化，它为人们提供了高效、便捷、安全的通信和资源共享方式。具体来说，计算机网络的功能主要表现在以下方面。

（1）数据通信：计算机网络提供各种类型的信息传输，包括数据、文字、图片、音频和视频等，实现用户之间的通信。

（2）资源共享：计算机网络可以实现硬件资源、软件资源和数据资源的共享，使得用户可以方便地访问和使用各种资源，提高了资源的利用率。

（3）分布式处理：计算机网络可以将一个大型任务分解为多个小任务，分布到不同的计算机上进行处理，然后再将结果汇总，实现高效的任务处理。

（4）信息检索和传递：计算机网络提供全球范围内的信息检索和传递服务，用户可以通过网络搜索和获取各种信息，同时也可以将自己的信息传递给其他人。

（5）协同工作：计算机网络支持多个用户之间的协同工作，使得用户可以方便地进行协作和交流，提高了工作效率和合作效率。

（6）远程教育：计算机网络可以实现远程教育和培训，使得学生与教育者可以在不同的地点进行学习和交流。

（7）电子商务：计算机网络支持电子商务活动，如在线购物、电子支付等，使得商业交易可以在网上进行。

（8）娱乐功能：计算机网络还可以提供各种娱乐服务，如在线游戏、音乐、电影等，满足人们的休闲娱乐需求。

6.2 计算机网络组成

计算机网络由通信子网和资源子网组成，而网络硬件系统和网络软件系统是网络系统赖以存在的基础。在网络系统中，网络硬件对网络的选择起着决定性作用，而网络软件则是挖掘网络潜力的工具。

6.2.1 网络硬件

网络硬件是计算机网络的基础。若构成一个计算机网络系统，则先要将计算机及其附属硬件设备与网络中的其他计算机连接起来。不同计算机网络系统在硬件方面是有差别的。随着计算机技术和网络技术的发展，网络日趋多样化，功能更加强大、更加复杂。常见网络硬件主要有以下几类。

1．服务器

服务器（Server）是一台运行网络操作系统的计算机，它以集中方式管理局域网中的共享资源，为网上的其他计算机或设备提供各种功能的网络服务（包括文件服务、打印服务、通信服务，以及 Internet/Intranet 上的 WWW 服务、FTP 服务等）。因此，和工作站计算机相比，服务器通常有更多的内存和硬盘存储空间，有更快的速度、更坚固的结构和更强的可扩展性。服务器分为文件服务器、打印服务器和异步通信服务器。

2．网络工作站

网络工作站是一台计算机，当连接到网络时，它便成为网络上的一个结点，该结点称为网络工作站或客户机，可享用服务器所提供的各种服务。工作站分为有盘工作站和无盘工作站两种。

3．网络适配器

网络适配器是组建一个网络时，要在每个客户机和服务器上安装的接口卡，将接口卡与通信电缆相连并运行相应的驱动程序，网络中的计算机之间才能进行通信。这样的接口卡即网络适配器，俗称“网卡”。网卡是构成网络的基本部件。

4．集线器

集线器是一种集中完成多个设备连接的专用设备，它将分散的、用于连接网络设备的线路集中在一起，以便于管理和维护。

5．传输介质

传输介质主要有同轴电缆、双绞线和光纤。

（1）同轴电缆：由一根空心的圆柱形网状铜导体和一根位于中心轴线的铜导线组成，铜导线、空心圆柱形网状铜导体和外界之间用绝缘材料隔开。同轴电缆分为粗同轴电缆和细同轴电缆。

（2）双绞线：双绞线中封装着一对或多对铜质双绞线，外包一层 PVC 保护套，使其相互之间不能连通。双绞线分为屏蔽双绞线和非屏蔽双绞线。

（3）光纤：光纤是一种直径为 50～100 μm 的柔软、能传导光波的介质，玻璃和塑料可以用来制造光纤，其中，用超高纯度石英玻璃纤维制作的光纤的传输损耗最低。

6.2.2　网络软件

在网络中，每个结点都可享有网络中的各种资源。系统必须对用户进行控制，否则会造成系统混乱、信息数据丢失和破坏。为了协调系统资源，系统需要通过软件工具对网络资源进行全面管理、调度和分配，并采取一系列的安全保密措施，以防止不合理访问数据和信息。网络软件是实现网络功能不可缺少的软件环境。常用的网络软件有以下 4 种。

1．网络协议和协议软件

通过协议程序可以实现网络协议功能。协议软件的种类很多，不同体系结构的网络都有支持自身系统的协议软件，如 IPX/SPX 协议、TCP/IP 协议、X.21 与 X.25 协议等。

2．网络通信软件

通过网络通信软件可以实现网络工作站之间的通信。

3．网络管理软件与网络应用软件

网络管理软件是用来对网络资源进行管理和对网络进行维护的软件；网络应用软件是为网络用户提供服务并为网络用户解决问题的软件。

4．网络操作系统

网络操作系统是用来实现系统资源共享、管理用户对不同资源访问的应用程序，是最主要的网络软件。

6.2.3 计算机网络系统

计算机网络系统是一个由硬件、软件和通信设备组成的综合系统，用于实现计算机之间的信息交换和资源共享。其主要组成部分包括网络通信协议、网络操作系统和网络管理软件。

网络通信协议是计算机网络系统中实现数据交换和通信的规则与标准，它规定了计算机之间通信的格式、控制方式和数据传输方式。

网络操作系统是计算机网络系统中用于管理系统资源的软件，它提供各种网络服务和管理功能，如文件传输、电子邮件、远程登录等。

网络管理软件则负责对网络运行状态信息进行统计、报告、监控，以保证网络系统的正常运行。

除了以上组成部分，计算机网络系统还包括各种网络设备和终端。网络设备包括路由器、交换机、网桥、集线器等，用于连接计算机和其他网络设备。终端则是用户与计算机网络系统进行交互的设备，如个人计算机、手机等。

总之，计算机网络系统是一个复杂的综合系统，它通过将多个计算机连接在一起，实现了信息的快速交换和资源的共享，为现代社会的发展提供了重要的支持和保障。

6.3 计算机网络分类

1．按地理范围分类

按地理范围分类（从网络结点分布来看），计算机网络可分为局域网（Local Area Network，LAN）、城域网（Metropolitan Area Network，MAN）、广域网（Wide Area Network，WAN）和互联网（Internet）。

（1）局域网：通常用微型计算机通过高速线路连接（传输速率为 1Mb/s～1Gb/s），覆盖范围一般在 1km 左右，结构简单，布线容易。局域网一般在一个建筑物内，或在一个工厂、一个事业单位内，为单位独有。

（2）城域网：传输速度在 1Mb/s 以上，但覆盖范围比局域网大，一般为 5～50km。

（3）广域网：也称远程计算机网络，覆盖范围很广，通常为几十到几千千米，可以分布在一个省、一个国家或几个国家内。广域网信道的传输速率较低，结构比较复杂。

（4）互联网：由世界范围内不同地理位置、不同的网络互联而成。

2．按网络传输介质分类

按网络传输介质分类，计算机网络可分为有线网、光纤网和无线网。

（1）有线网。

有线网是采用同轴电缆或双绞线连接的计算机网络。用同轴电缆连接的网络的成本低，安装较为便利；但传输速率和抗干扰能力一般，传输距离较短。用双绞线连接的网络的价格便宜，安装方便；但其易受干扰，传输速率也比较低，且传输距离比同轴电缆短。

（2）光纤网。

光纤网也是有线网中的一种，光纤网是采用光导纤维作为传输介质的，光纤的传输距离长，传输速率高、抗干扰性强，不会受到电子设备监听，是高安全性网络的理想选择。但光纤网的成本较高，且需要高水平的安装技术。

（3）无线网。

无线网是用电磁波作为载体进行数据传输的。目前，无线网的联网费用较高，还不太普及。但使用灵活方便，是一种很有前途的联网方式。

常用的无线传输介质主要有微波、红外线、无线电、激光和卫星等。

3．按拓扑结构分类

（1）星形结构。

在星形结构中，每个结点都由一条点到点的链路与公共中心结点相连，任意两个结点间的通信只能通过中心结点，如图 6-1 所示。

（2）总线型结构。

总线型结构采用一条通信线路作为公共传输通道，所有结点都通过相应接口直接连接到总线上，并通过总线进行数据传输。为防止信号反射，一般在总线两端连有终结器来匹配线路阻抗，如图 6-2 所示。

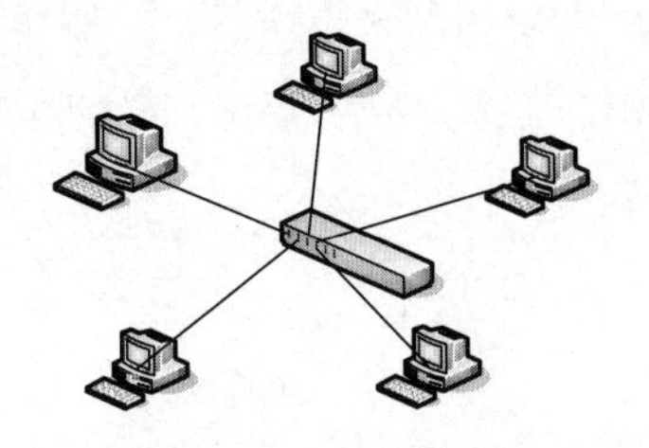

图 6-1　星形结构

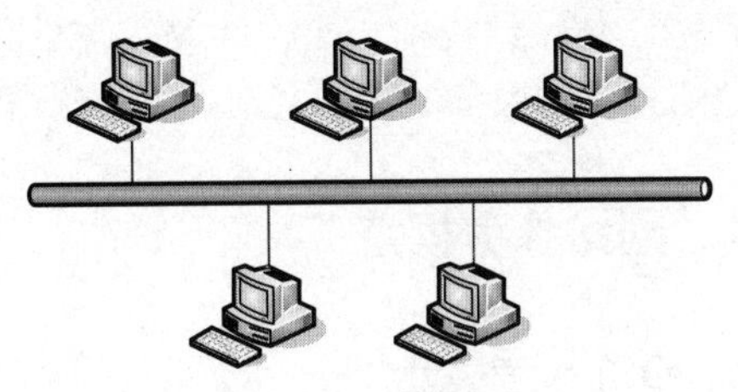

图 6-2　总线型结构

（3）环形结构。

环形结构将网络中的各个结点用通信线路连接成一个闭合的环，如图 6-3 所示。

（4）树形结构。

树形结构是从总线形结构和星形结构演变而来的。将原来用单独链路直接连接的结点通过多级处理主机进行分级连接即可得到树形结构，如图 6-4 所示。

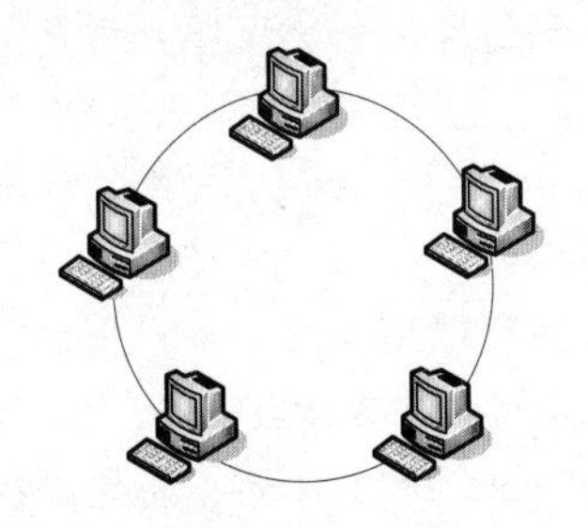

图 6-3　环形结构

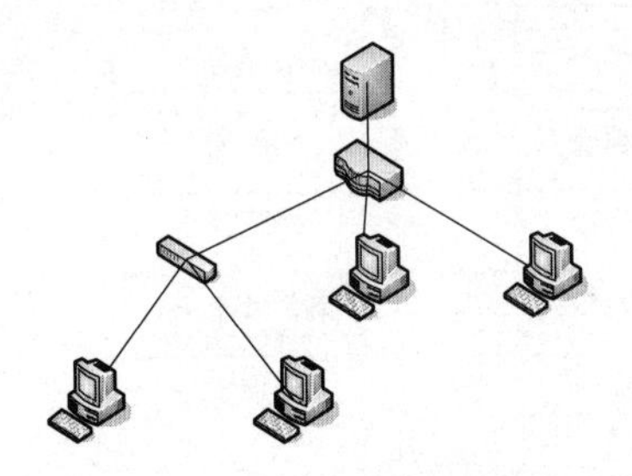

图 6-4　树形结构

4．其他分类

计算机网络的设计者可以从不同的角度对计算机网络进行分类，不同的分类方法反映的是不同的网络特性，除上述分类方法外，还有以下分类方法。

（1）按网络交换功能分类。

按网络交换功能，网络可分为线路交换网络、报文交换网络、分组交换网络。

（2）按传输技术分类。

广播式网络：其中的数据在公用介质中传输。无线网和总线型网络属于广播式网络。

点到点网络：其中的数据以点对点的方式在计算机或通信设备中传输。星形网、环形网属于点到点网络。

（3）按网络的使用范围分类。

公用网：该网是由国家邮电部门建造的网络，“公用”的意思是所有愿意按邮电部门规定交付费用的人都可以使用这个网络。

专用网：各部门为满足本单位的特殊业务工作的需要而建造的网络，这种网络不向本单位以外的人提供服务。军队、铁路、电力等系统均有自己的专用网。

6.4 计算机网络结构与网络协议

计算机系统相互通信必须高度协调工作，而这种“协调”相当复杂。为了降低网络协议设计的复杂性，网络体系采用了分层设计方法。所谓分层设计，是指按照信息的流动过程将网络的整体功能分解为多个功能层，不同机器上的同等功能层采用相同的协议，同一机器上的相邻功能层之间通过接口进行信息传递。计算机网络各层及其协议的集合称为网络体系结构。

在网络体系结构中，*N* 层是 *N*−1 层的用户，同时是 *N*+1 层的服务提供者，*N* 层服务建立在 *N*−1 层所提供的服务的基础之上。层次化结构使各层之间相互独立，利于实现、维护和标准化。

6.4.1 网络参考模型

1. OSI 参考模型

OSI 参考模型是由国际标准化组织为实现世界范围的计算机系统之间的通信而制定的标准框架，分为七层，又称七层协议参考模型，如图 6-5 所示。OSI 参考模型分为高层、中层和低层。高层（应用层、表示层和会话层）主要论述应用问题，一般以软件形式呈现，其中应用层最接近用户，用户通过网络应用软件和应用层相互通信；中层（传输层和网络层）负责处理数据传输问题，将数据包通过网络传输，实现端到端的传输；低层（数据链路层和物理层）负责网络链路两端设备间的数据通信，其功能主要由硬件实现。

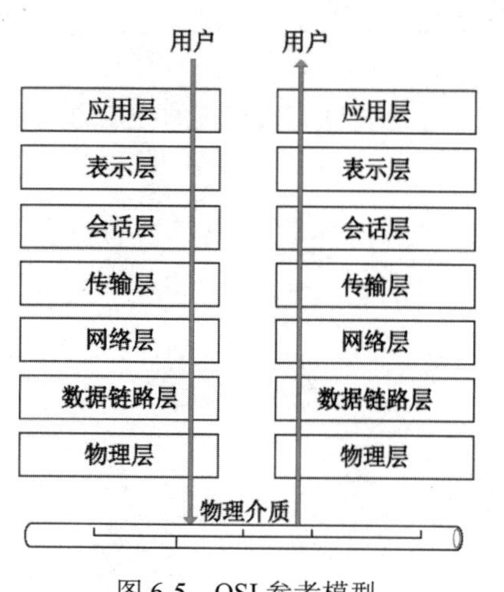

图 6-5 OSI 参考模型

（1）应用层（Application Layer）：网络协议与用户的接口，负责提供 OSI 用户服务，管理和支配网络资源。应用层与用户之间通过软件直接相互作用。它是七层协议模型中最复杂的一层，也是包含协议最多的一层。

（2）表示层（Presentation Layer）：主要解决用户信息的语法表示问题。例如，对源端数据进行比特编码，传送到目的端后再进行解码。

（3）会话层（Session Layer）：也称会晤层或对话层，主要任务是在传输服务的基础上，提供通信系统之间的数据流管理和控制。

（4）传输层（Transport Layer）：主要任务是可靠地、透明地传输报文。在传输层，信息的单位是报文。当报文较长时，先要把它分割成几个分组，然后交给下一层（网络层）进行传输。

（5）网络层（Network Layer）：在计算机网络中进行通信的两个计算机之间既可能经过许多结

点和链路，也可能经过多个通信子网。在网络层，数据的传送单位是分组或包。网络层的任务是要选择合适的路由，使发送站的传输层所传下来的分组能够正确无误地按照地址找到目的站，并交付给目的站的传输层，这是网络的寻址功能。

（6）数据链路层（Data Link Layer）：负责在两个相邻结点间的线路上无差错地传送以帧为单位的数据。帧是数据的逻辑单位，每帧包括一定数量的数据和一些必要的控制信息。在传送数据时，若接收结点检测到所传数据中有差错，则要通知发送方重发这一帧，直到这一帧正确无误地到达接收结点为止。

（7）物理层（Physical Layer）：为其上一层（数据链路层）提供一个物理连接，以便透明地传送比特流。物理层传送数据的单位是比特。

不同系统的同等层之间按相应协议进行通信，同一系统的不同层之间通过接口进行通信。其通信过程如下：将通信数据交给下一层处理，下一层对数据进行加工后再交给它的下一层处理，最终由物理层传递到对方系统的物理层，再逐层向上传递，从而实现对等层之间的逻辑通信。一般而言，用户由最上层的应用层提供服务。

2．TCP/IP 体系结构

TCP/IP（Transmission Control Protocol/ Internet Protocol，传输控制协议/互联网协议或网际互联协议）不仅代表传输控制协议和互联网协议，还代表一个协议簇、一个网络体系。TCP/IP 体系包括应用层、传输层、网络层和网络接口层，如图 6-6 所示。

TCP/IP

	TCP/IP	
应用层	应用层协议（Telnet、FTP等）	
传输层	TCP	UDP
网络层	IP	
网络接口层	各种网络接口	

图 6-6　TCP/IP 体系

（1）应用层：包含许多应用协议，如 Telnet、Web、FTP、E-mail（SMTP）等。

（2）传输层：TCP 协议提供面向连接、可靠的传输服务，而 UDP 协议提供无连接、不可靠的传输服务。

（3）网络层：具有转发和路由功能，即根据分组的目的 IP 地址，将分组从源端转发到目的端。

（4）网络接口层：定义了各种介质物理连接的特性和不同介质上信息帧的格式。

3．TCP/IP 与 OSI 比较

（1）TCP/IP 早于 OSI，OSI 作为国际标准协议兼顾了各方面因素，其协议数量和复杂程度远高于 TCP/IP；而 TCP/IP 的设计满足特殊要求，比 OSI 更具实用性。

（2）TCP/IP 具有良好的网络管理功能，可以越层使用，是高效协议；而 OSI 必须逐层处理，且不具有管理功能。

6.4.2　网络协议

在计算机网络中，实现资源共享、均衡负载和分布处理等功能离不开信息交换，而信息交换必须按照共同约定的规则（包括信息传输顺序、信息格式和信息内容等方面）进行。这组约定或规则即所谓的网络协议。协议一般由以下 3 个要素组成。

（1）语法：确定双方通信的格式和应答方式。

（2）语义：确定通信双方对发布请求、执行动作及返回应答的解释，并确定用于协调和差错处理的控制信息。

（3）定时规则：确定时间顺序及匹配速度。

由此可见，网络协议实质上是实体通信时所用的一种语言。在层次机构中，每层都可能有若

干个协议，当同层的两个实体间相互通信时，必须满足这些协议。也就是说，网络协议用于控制并指导对话过程，发现对话过程中显示差错时能及时确定处理策略。

6.5 Internet 基础

Internet 是由 ARPANET 发展而来、基于 TCP/IP、不属于任何国籍却将各个国家和地区的内部网络连接起来的计算机通信网络。它是计算机和通信两大现代技术相结合的产物，代表着当今计算机网络体系结构发展的一个重要方向。

6.5.1 Internet 的发展

Internet 的雏形是美国国防部的高级研究计划局建立的 ARPANET，是因军事需要而产生的高科技成果。

1969 年 12 月，ARPANET 投入运行，建成了一个由 4 个结点连接的实验性网络。到 1983 年，ARPANET 已连接了 300 多台计算机，供美国各研究机构和政府部门使用。

1983 年，ARPANET 分为 ARPANET 和军用（Military Network，MILNET），这两个网络之间可以进行通信和资源共享。1986 年，美国国家科学基金会（National Science Foundation，NSF）建立了自己的计算机通信网络——NSFNET。NSFNET 将美国各地的科研机构连接到美国不同地区的超级计算机中心，将按地区划分的计算机广域网与超级计算机中心相连，成为 Internet 中的主要部分。NSFNET 逐渐取代了 ARPANET 在 Internet 中的地位，从而开始了 Internet 的快速发展。

Internet 的第二次飞跃归功于 Internet 的商业化。20 世纪 90 年代以后，Internet 的使用不再限于研究领域和学术领域，也不是全部由政府出资，而是由一些私人老板投资，从而可在 Internet 上进行商业活动。

6.5.2 Internet 的接入方式

Internet 的接入方式很多，如调制解调器（MODEM）拨号、ISDN、ADSL、DDN 专线、光纤和卫星等。

1．调制解调器

使用调制解调器接入 Internet 的方法简单、方便，只需要一个调制解调器、一条电话线。但其最高速度相对较低，目前这种接入方式已经基本不使用了。

2．ISDN 和 ADSL

ISDN（Integrated Service Digital Network，综合业务数字网）是指对电话网进行数字化改造，将电话、传真和数字通信业务全部通过数字化方式传输的网络，可以在上网的同时拨打电话、收发传真等。ISDN 的基本速率接口有两条 64kb/s 信息通路和一条 16kb/s 信令通路，简称为 2B+D，当有电话拨入时，它会自动释放一条 64kb/s 信息通路信道来进行电话接听。

ADSL（Asymmetric Digital Subscriber Line，非对称数字用户线）是在 20 世纪末出现的宽带接入技术，目前获得了广泛应用。ADSL 类似于拨号接入，也运行在现在的双绞线电话线上，它使用了一种新的调制解调技术，使得下行速率可达 8Mb/s（从 ISP 到用户），上行速率接近 1Mb/s。

3．DDN 和 X.25 等专线

DDN（Digital Data Network，数字数据网）、X.25、帧中继等许多公共通信线路也支持 Internet

接入，这些接入方式比较复杂、成本高，适合公司、机构或单位使用。采用这些接入方式时，需要在用户和 ISP 两端各加装支持 TCP/IP 路由器，并申请专线。专线方式的连接速度快、可靠性高。

4. 局域网

局域网入网即用路由器将本地计算机局域网作为一个子网连接到 Internet，使得局域网中所有计算机都能访问 Internet。这种连接方式的速率可达 10～100Mb/s，但访问 Internet 的速率受到局域网的出口速率和同时访问 Internet 的用户数量的影响，这种方式适用于用户数量较多且集中的情况。

5. 光纤

一些城市开始组建高速城域网，主干网络可达几十吉位每秒，并且推广宽带接入。光纤可铺设到用户的路边或大楼，可以 100Mb/s 以上的速率接入，适合大型企事业单位使用。

6. 无线

一些 ISP（Internet Service Provider，Internet 服务提供商）可提供无线接入，通过高频天线和 ISP 进行连接，适用距离在 10km 左右，带宽为 2～11Mb/s，费用低廉，但受地形和距离的限制，适用于距离 ISP 比较近的用户。

6.5.3 IP 地址和域名

为了识别 Internet 上的计算机，需要建立一种能被用户普遍接受的标识方法。像邮政寄信一样，收件人必须有地址。Internet 定义了两种方法（IP 地址和域名）来识别网络上的计算机。

1. IP 地址

IP 地址指 Internet 上为每个主机分配的一个在全世界范围内都唯一的标识符。按照 TCP/IP 的规定，IP 地址用二进制标识，每个 IP 地址的长度为 32 位（bit）即 4 字节（4Byte）。使用二进制表示一个 IP 地址为“00001010.00000000.00000000.00000001”，处理起来很不方便。为了方便使用，IP 地址通常采用十进制的形式，中间用“.”分开。因此，前面提到的 IP 地址可以写成“10.0.0.1”，这种表示方法称为“点分十进制表示法”，这显然比二进制容易记忆。

为了便于寻址和层次化网络构造，每个 IP 地址包括两部分：网络 ID 和主机 ID，即 IP 地址=网络标识号+主机标识号。具有相同网络标识的主机连接在一个公共网段上，它们可以直接通信。同一网络内的主机必须有不同的主机号；不同网络内的主机必须有不同的网络号，但可以有相同的主机号。

根据网络规模和应用不同，为充分地利用 IP 地址空间，可将其 32 位划分为不同的地址级别，并定义了 A、B、C、D 和 E 五类地址，如表 6-1 所示，其中常用的有 A 类、B 类和 C 类。

（1）A 类地址用于大型网络，前 8 位为网络地址（其中第 1 位为 0），共有 128 个网络地址，由于 0 和 127 有特殊用途，所以有 126 个网络地址；后 24 位为主机地址，可容纳 $2^{24}-2=16777214$ 台主机（全 0 或全 1 的 IP 地址是特殊地址）。例如，112.56.58.113 属于 A 类 IP 地址。

（2）B 类地址用于中型网络，前 16 位为网络地址（其中第 1 字节的前 2 位为 10），故有 $2^{14}=16384$ 个网络地址；后 16 位为主机地址，可容纳 65534 台主机。

表 6-1　IP 地址分类

类	类标	网络地址位数	主机地址位数	地址范围
A	0	7	24	0.0.0.0～127.0.0.1
B	10	14	16	128.0.0.0～191.0.0.0
C	110	21	8	192.0.0.0～223.0.0.0
D	1110	—	—	组播
E	1111	—	—	未使用

（3）C 类地址用于小型网络，前 24 位为网络地址（其中第 1 个字节的前 3 位为 110），故有 2097152 个网络地址；后 8 位为主机地址，可容纳 254 台主机。

2．子网划分与子网掩码

上述 IP 分类使得 IP 地址空间利用率很低。例如，A 类网络可容纳 16777214 台主机，网络极其庞大，网络容易堵塞。一方面，一般不需要那么多的主机，IP 地址太浪费；另一方面，很多通信都是主机之间的通信，没有必要整个网络都互相通信。解决的办法是划分子网。

（1）划分子网的方法是对主机标识号进行处理，划分成子网标识号和主机标识号，网络的地址由不同的网段共享，即 IP 地址=网络标识号+子网标识+主机地址。具体方法如下：从 IP 地址的主机标识部分借用若干位作为子网号，而主机标识部分相应缩短若干位。

例如，原来的网络为 10.5.0.0（00001010.00000101.00000000.00000000），借用 2 位划分的子网为

10.5.64.0（00001010.00000101.01000000.00000000）

10.5.128.0（00001010.00000101.10000000.00000000）

借用 2 位的形式为 00001010.00000101.SS000000.00000000，2 位 SS 有 4 种组合，分别为 00、01、10、11。按惯例，其中全为 0 或全为 1 的 IP 地址不使用。

（2）子网掩码：子网的技术由子网掩码实现，子网掩码是指定子网的工具，其也是 32 位长的二进制数，由一串连续的 1 后跟 1 串连续的 0 组成，其中前面的 1 和网络号及子网号对应，后面的 0 与主机号对应。未划分子网时，各类 IP 地址默认的子网掩码如下：A 类子网掩码为 255.0.0.0，B 类子网掩码为 255.255.0.0，C 类子网掩码为 255.255.255.0。

当已知 IP 地址和子网掩码时，只需用子网掩码和 IP 地址按位逻辑与（AND）操作，结果即子网地址。例如，IP 地址为 10.5.100.1，子网掩码为 255.255.192.0，按位逻辑与后得到的子网地址为 10.5.64.0。

3．域名

对网络中的计算机而言，IP 地址简洁易用。但是对人而言，IP 地址难以记忆，而且单纯的数字无法对组织机构、企业公司等进行形象和直观描述。许多主机还应有容易记忆的名称，如 www.jlmu.edu.cn 的名称叫作完全资格域名，简称域名。于是，Internet 引入了域名系统（Domain Name System，DNS）。域名采用分层次的方法命名，每层都有一个子域名。子域名之间用圆点分隔，自右至左分别为顶级域名、机构名、网络名和主机名。Internet 在每个子域都设有域名服务器，服务器保存一个域名与 IP 地址的对照表，以便解析域名与 IP 地址的对照关系。例如，通过 www.jlmu.cn 解析的 IP 地址为 125.32.43.200。表 6-2 和表 6-3 列出了常见的顶级域名。

表 6-2　以国别区分域名

域	含义	域	含义
us	美国	sg	新加坡
cn	中国	gb	英国
de	德国	kr	韩国

表 6-3　以机构区分域名

域名	含义	域名	含义
com	商业网	gov	政府机构网
mil	军事网	net	网络机构网
edu	教育网	org	机构网

4．IPv6

现有的互联网是在 IPv4 的基础上运行的。IPv6 是下一版本的互联网协议，它的提出是因为随着互联网的迅速发展，IPv4 定义的有限地址空间将被耗尽，地址空间的不足必将影响互联网的进一步发展。

（1）IPv6 拥有更大的地址空间。IPv4 中规定 IP 地址的长度为 32 位；而 IPv6 中 IP 地址的长度为 128 位，地址空间扩大了 296 倍。扩大地址可应用到各个领域，不仅可以用于计算机网络，

还可以用于电视、冰箱等产品，可通过移动设备进行远程控制。

（2）IPv6 简化了报头格式，增强了扩展报头和选项支持，在身份验证和保密等方面都做了改进。

虽然 IPv6 对 IP 改进较大，但要完善 IPv6 还需要做大量的工作，如硬件设备改进和软件开发等。目前，国内较大的网络机构已经开始试运行 IPv6 网络。

6.6　Internet 应用

6.6.1　WWW 服务

1．万维网

万维网（World Wide Web，WWW）也称 Web、3W 等。

2．统一资源定位标识

任何一个信息文档、图形图像、视频或音频都是资源。为了引用资源，在网络上，每个信息资源都有统一且唯一的地址，该地址称为统一资源定位标识（Uniform Resource Locator，URL）。

URL 由资源类型、存放资源的主机域名和资源文件名组成，基本格式如下：

```
<资源类型>：//<存放资源的主机域名>/<资源文件名>
```

例如，在 http://www.jlmu.cn/newsasp/newshow.asp 中，www.jlmu.cn 是吉林医药学院主机域名，newshow.asp 是资源文件名，http 表示资源类型是超文本信息。

URL 也可以使用其他 Internet 资源类型，如 FTP、Telnet 等。

3．超文本传输协议

超文本传输协议（Hypertext Transfer Protocol，HTTP）是用来在 Internet 上传输超文本的协议。

HTTP 定义了浏览器如何向 Web 服务器发出请求，以及 Web 服务器如何将 Web 页面返回给浏览器，它基于下层的传输层协议进行通信。

若访问吉林医药学院主页（http://www.jlmu.cn），下面的步骤说明了发生的一系列操作。

（1）浏览器分析 URL。

（2）浏览器向 DNS 请求解析主机 www.jlmu.cn 的 IP 地址，并得到其 IP 地址。

（3）浏览器与 Web 服务器建立 TCP 连接，默认使用端口 80。

（4）浏览器通过连接向 Web 服务器发送 HTTP 请求消息，消息中包含了路径及文件名。

（5）Web 服务器接到请求消息后，从本地读取文件，并将该对象封装到一个 HTTP 响应消息中，将 HTTP 响应消息通过 TCP 连接发送给浏览器。

（6）浏览器接收响应后，释放 TCP 连接，并从响应消息中解析出文件，按规定的格式将内容显示出来。

6.6.2　搜索引擎

搜索引擎（Search Engine）是指根据一定的策略、运用特定的计算机程序从互联网上搜集信息，在对信息进行组织和处理后，提供检索服务，将检索到的相关信息显示出来。

1．搜索引擎

搜索引擎一般由搜索器、索引器、检索器和用户接口组成。

（1）搜索器：在互联网中漫游，发现和搜集信息。

（2）索引器：理解搜索器所搜索到的信息，从中抽取出索引项，用于表示文档及生成文档库的索引表。

（3）检索器：根据查询条件在索引库中快速检索文档，进行相关度评价，对将要输出的结果进行排序，并按查询需求合理反馈信息。

（4）用户接口：接纳用户查询、显示查询结果、提供个性化查询项。

2. 搜索技巧

（1）在类别中搜索：许多搜索引擎都显示类别，如计算机和 Internet、商业和经济。如果选择其中一个类别，再使用搜索，则可以搜索当前类别。显然，在一个特定类别下进行搜索所耗费的时间较少，而且能够避免搜索大量无关的 Web 站点。

（2）关键字搜索：搜索以鸟为主题的 Web 站点，可以在搜索引擎中输入关键字“鸟”。搜索引擎即返回大量关于“鸟”的信息，其中大部分可能是无用的信息。

（3）多个关键字搜索：使用多个关键字可缩小搜索范围。例如，要搜索有关王皓的信息，可使用多个关键字，如王皓 乒乓球。搜索到的信息更加精确。

6.6.3 电子邮件

电子邮件（E-mail）是 Internet 上最基本、使用最多的服务之一，据统计，Internet 中 30%以上的业务是电子邮件。

1. 电子邮件系统的组成

电子邮件系统主要由用户代理、邮件服务器和电子邮件协议组成。

（1）用户代理是用户和电子邮件系统的接口，它使用户通过一个友好的接口来发送和接收邮件。

（2）邮件服务器是电子邮件系统的核心构件，其功能是发送和接收邮件，同时向发信人报告邮件传送情况。

（3）电子邮件协议：简单邮件传输协议（Simple Mail Transfer Protocol，SMTP）用于发送邮件；邮局协议版本 3（Post Office Protocol 3，POP3）用于接收邮件。

2. 邮件格式

邮件格式由两部分组成，即邮件头（Header）和邮件体（Body）。

3. 电子邮件地址

电子邮件地址：用户名@用户邮箱所在的主机域名。例如，user001@163.com 中的 user001 为用户名，163.com 为主机域名。

6.6.4 文件传输协议

文件传输协议（File Transfer Protocol，FTP）是简化网络上主机之间文件传送的协议，采用 FTP 可使 Internet 用户高效地从网上的 FTP 服务器上下载大量的数据文件，将远程的文件复制到自己的计算机上，也可以将本机上的文件上传到远程主机上，达到资源共享的目的。FTP 是 Internet 上使用非常广泛的通信协议。

FTP 服务器包括匿名服务器和非匿名服务器。

1. FTP

FTP 是 TCP/IP 协议簇中的一个重要协议，是 Internet 上文件传送的基础协议，默认端口号为 21。

FTP 的作用包括提高文件的共享性；提供非直接的方法使用远程计算机；使主机的存储介质对用户透明；可靠高效地传送数据。

FTP 的传输方式有两种：ASCII 传输模式和二进制数据传输模式。如果传输文本文件，则使用 ASCII 模式。如果传递非文本文件，如程序或数据库，则使用二进制数据传输模式。

2. FTP 站点

FTP 站点像一个大的文件夹。管理员可以对文件加以归类，决定哪些内容是公开的，任何人都能访问；哪些内容是加密的，只有特定用户、特定权限才能访问。登录 FTP 站点，像管理本地计算机上的文件夹一样，可以执行复制、粘贴、删除、修改等操作。

管理员可以设定为使用账号、密码才能访问；也可以设定任何人都能访问，不需要使用用户名和密码，这称为匿名访问。

3. FTP 站点访问方式

（1）匿名访问 FTP 站点：在浏览器地址栏中输入“FTP://FTP 服务器的 IP 地址或域名”即可。

（2）用账号和密码访问 FTP 站点：在浏览器中输入“FTP://用户名:密码@FTP 服务器的 IP 地址或域名”，或使用第一种方式访问，在弹出的登录对话框中输入用户名和密码。

6.6.5 其他应用

1. 动态 IP 地址

IP 地址是一种非常重要的网络资源，节省 IP 地址资源的重要方法是对 IP 地址进行动态分配。对于大多数拨号上网用户来说，由于上网时间不确定，为每个用户分配一个固定的 IP 地址（静态 IP 地址）是不可取的，易造成 IP 地址资源的极大浪费。因此，用户每次连接到 ISP 的主机后，会从 ISP 自动得到一个动态 IP 地址。如果用户关机，IP 地址则被释放，充分利用了 IP 地址资源。

2. DHCP

动态主机配置协议（Dynamic Host Configuration Protocol，DHCP）提供了一种服务机制，用于在 TCP/IP 网络上传递与 IP 地址相关的配置信息。其中，IP 地址动态分配是 DHCP 的一项重要工作，DHCP 服务器保存了一组 IP 地址，当一个用户申请 IP 地址时，DHCP 服务器会为它分配一个未使用的 IP 地址。

6.7 计算机网络安全

随着互联网的快速发展和普及，计算机网络安全问题日益突出，保障网络安全已成为维护国家安全和社会稳定的重要任务之一。

（1）计算机网络安全是国家安全的重要组成部分。计算机网络系统是信息传播的主要渠道之一，如果受到攻击或被非法入侵，可能会导致重要机密信息的泄露，甚至可能造成严重的政治影响和社会危害。因此，加强计算机网络安全管理，保护国家信息安全，是维护国家安全的重要举措。

（2）计算机网络安全也是企业数字化转型的关键因素。在数字化时代，企业的生产经营活动越来越依赖于计算机网络系统。如果遭受了网络攻击或被恶意软件感染，可能会导致业务中断、数据丢失等严重后果，给企业带来巨大的经济损失和社会声誉损害。因此，加强企业计算机网络系统的安全管理，提高员工的安全意识和技能水平，是保障企业数字化转型成功的重要前提。

（3）计算机网络安全关系到每个人的切身利益。个人信息泄露、诈骗等问题时有发生，给人们的生活带来了极大的困扰和风险。只有加强计算机网络安全管理，才能有效地保护个人隐私和财产安全，确保社会的和谐稳定和个人生活的安宁有序。

综上所述，计算机网络安全的重要性不言而喻。我们要深入学习贯彻党的二十大精神，坚持总体国家安全观，强化网络安全意识，加强网络安全技术研究和应用，完善网络安全法律法规和管理制度，全面提升全社会网络安全综合防控能力，为建设网络强国、数字中国贡献力量。

6.7.1 信息安全

加强信息安全保障体系和能力建设，提高防风险、保安全能力，是维护国家安全的战略需要，也是构筑数字时代新优势的必然选择。我们要坚持以习近平新时代中国特色社会主义思想为指导，全面贯彻落实党的二十大精神，深刻认识信息安全在党和国家事业全局中的重要性，加快推进网络强国建设，为实现第二个百年奋斗目标提供强大网上舆论支持、可靠网络安全保障和有力信息化支撑。

信息安全主要包括 5 方面的内容，即需保证信息的保密性、真实性、完整性、未授权复制和所寄生系统的安全性，这是网络安全的核心问题。计算机网络安全包括网络安全和主机系统安全两部分。网络安全主要通过设置防火墙来实现，也可以考虑在路由器上设置数据包过滤阻止来自 Internet 的黑客攻击。而主机系统安全需根据不同的操作系统来修改相关的系统文件，合理设置用户权限和文件属性等。

1. 网络安全问题

计算机网络安全问题是由多方面因素产生的，如覆盖范围过大、自由度高、人为因素干扰和自身存在漏洞等。

（1）Internet 是一个开放式网络，不属于任何国家、组织和个人，是一个自由的“国度”，更没有法律约束，跨国协调难，容易受到攻击。

（2）网络存在自身安全漏洞。Internet 是基于 TCP/IP 的开放网络，黑客可以使用一些工具或软件，跟踪一台计算机登录到另一台计算机的全过程，获取密码和明文。

（3）操作系统存在安全漏洞。厂商不断地生产新系统，同时也产生了新漏洞。

（4）按照网络协议生产的网络互联设备多数存在漏洞，防火墙产品也是如此。

（5）网络上数据库加密强度不够，存在安全漏洞。

（6）安全管理漏洞。有些管理或操作人员的信息安全意识淡薄，操作失误，忽视了网络管理，给了黑客可乘之机。

2. 网络攻击方式

（1）冒名窃取：包括盗用账号密码、非授权访问、电磁/射频截获和攫取网络或网络信任等。

（2）重传、伪造、篡改信息。

（3）植入恶意代码或刺探性恶意代码来破坏、修改文件或者获取权限。

6.7.2　计算机病毒

计算机病毒（Computer Virus）在《中华人民共和国计算机信息系统安全保护条例》中被明确定义，计算机病毒是指“编制或者在计算机程序中插入的破坏计算机功能或者毁坏数据，影响计算机使用，并能够自我复制的一组计算机指令或者程序代码”。与医学上的“病毒”不同，计算机病毒不是天然存在的，是某些人利用计算机软件和硬件所固有的脆弱性编制的一组指令集或程序代码。它能通过某种途径潜伏在计算机的存储介质（或程序）里，当达到某种条件时被激活，通过修改其他程序的方法将自己的精确副本或者可能演化的形式放入其他程序，从而感染其他程序，对计算机资源进行破坏，对被感染用户有很大的危害性。

1．计算机病毒的主要特点

计算机病毒的种类繁多，危害较大，具有如下特点。

（1）繁殖性。

计算机病毒可以像生物病毒一样进行繁殖，当正常程序运行时，它也进行自身复制。是否具有繁殖、感染的特征是判断某段程序为计算机病毒的首要条件。

（2）传染性。

计算机病毒不但本身具有破坏性，而且更具有传染性。一旦病毒被复制或产生变种，其速度之快令人难以预防。传染性是病毒的基本特征。在生物界，病毒通过传染从一个生物体扩散到另一个生物体。在适当的条件下，它可得到大量繁殖，并使被感染的生物体表现出病症甚至死亡。同样，计算机病毒也会通过各种渠道从已被感染的计算机扩散到未被感染的计算机，在某些情况下造成被感染的计算机工作失常甚至瘫痪。与生物病毒不同的是，计算机病毒是一段人为编制的计算机程序代码，这段程序代码一旦进入计算机并得以执行，它就会搜寻其他符合其传染条件的程序或存储介质，确定目标后再将自身代码插入其中，达到自我繁殖的目的。只要一台计算机染毒，如不及时处理，那么病毒会在这台计算机上迅速扩散，计算机病毒可通过各种可能的渠道，如软盘、硬盘、移动硬盘、计算机网络去传染其他的计算机。当在一台机器上发现病毒时，往往曾在这台计算机上用过的软盘已感染了病毒，而与这台机器联网的其他计算机可能也被该病毒感染了。是否具有传染性是判别一个程序是否为计算机病毒的最重要条件。

（3）潜伏性。

① 有些病毒像定时炸弹一样，让它在什么时间发作是预先设计好的。例如，黑色星期五病毒，不到预定时间让人觉察不出来，等到条件具备时会一下子爆发开来，对系统进行破坏。一个编制精巧的计算机病毒程序，进入系统之后一般不会马上发作，因此病毒可以静静地躲在磁盘或磁带里几天，甚至几年，一旦时机成熟，得到运行机会，它就会四处繁殖、扩散，继续造成危害。

② 计算机病毒的内部往往有一种触发机制，不满足触发条件时，计算机病毒除传染外不实施破坏。触发条件一旦得到满足，有的病毒在屏幕上显示信息、图形或特殊标识，有的病毒执行破坏系统的操作，如格式化磁盘、删除磁盘文件、对数据文件进行加密、封锁键盘及使系统死锁等。

（4）隐蔽性。

计算机病毒具有很强的隐蔽性，有的可以通过病毒软件检查出来；有的根本检查不出来；有的时隐时现、变化无常，这类病毒处理起来很困难。

（5）破坏性。

计算机中毒后，可能会导致正常的程序无法运行，它们会把计算机内的文件删除或使文件受到不同程度的损坏。

（6）可触发性。

病毒因某个事件或数值的出现，诱使病毒实施感染或进行攻击的特性称为可触发性。为了隐蔽自己，病毒必须潜伏，少做动作。如果完全不动且一直潜伏，则病毒既不能感染也不能进行破坏，便失去了杀伤力。病毒既要隐蔽又要维持杀伤力，它必须具有可触发性。病毒的触发机制就是用来控制感染和破坏动作的频率的。病毒具有预定的触发条件，这些条件可能是时间、日期、文件类型或某些特定数据等。病毒运行时，触发机制检查预定条件是否满足，如果满足，则启动感染或破坏动作，使病毒进行感染或攻击；如果不满足，病毒会继续潜伏。

有意制造或传播病毒是计算机犯罪的一种形式。计算机病毒一旦扩散，病毒制造者也无法控制它，会造成严重的危害。

2．计算机病毒的分类

计算机病毒的分类方法有多种，常见的分类方法如下。

（1）按病毒存在的媒体分类。

根据病毒存在的媒体，病毒可以划分为网络病毒、文件病毒、引导型病毒。网络病毒通过计算机网络传播感染网络中的可执行文件，文件病毒感染计算机中的文件（如COM、EXE、DOC文件等），引导型病毒感染启动扇区（Boot）和硬盘的系统引导扇区（MBR）。另外，由这三种类型病毒构成的混合型病毒通常具有复杂的算法，使用非常规的办法侵入系统，并且使用了加密和变形算法。

（2）按病毒传染的方法分类。

根据病毒传染的方法可分为驻留型病毒和非驻留型病毒。驻留型病毒感染计算机后，把自身的内存驻留部分放在内存（RAM）中，这一部分程序挂接系统调用并合并到操作系统中，它处于激活状态，一直到关机或重新启动为止。非驻留型病毒在得到机会激活时并不感染计算机内存，一些病毒在内存中留有小部分，但是并不通过这一部分进行传染，它们的传染方式相对较为被动，只有在被执行时才会尝试传染给其他文件或程序。

（3）按病毒破坏的能力分类。

① 无害型：除传染时减少磁盘的可用空间外，对系统没有其他影响。

② 无危险型：这类病毒仅减少内存、显示图像、发出声音及同类音响。

③ 危险型：这类病毒会在计算机系统操作中造成严重的错误。

④ 非常危险型：这类病毒会删除程序、破坏数据、清除系统内存区和操作系统中重要的信息。这类病毒对系统造成的危害，并不是本身的算法中存在危险的调用，而是当它们传染时会引起无法预料的和灾难性破坏。由病毒引起其他的程序产生的错误也会破坏文件和扇区，对这类病毒按照它们引起的破坏能力进行划分。

（4）按病毒的算法分类。

① 伴随型病毒：这类病毒并不改变文件本身，它们根据算法产生EXE文件的伴随体，具有同样的名称和不同的扩展名（COM），例如，XCOPY.EXE的伴随体是XCOPY-COM。病毒把自身写入COM文件并不改变EXE文件，当DOS加载文件时，伴随体优先被执行，再由伴随体加载执行原来的EXE文件。

② “蠕虫”型病毒：通过计算机网络传播，不改变文件和资料信息，利用网络从一台机器的内存传播到其他机器的内存，计算网络地址，将自身的病毒通过网络发送出去。有时，它们在系统中存在，除占用内存外不占用其他资源。

③ 寄生型病毒：除了伴随型病毒和“蠕虫”型病毒，其他类型的病毒均可称为寄生型病毒，它们依附在系统的引导扇区或文件中，通过系统的功能进行传播。

④ 诡秘型病毒：它们一般不直接修改DOS中断和扇区数据，而是通过设备技术和文件缓冲区等进行DOS内部修改，不易看到资源，使用比较高级的技术。

⑤ 变型病毒：又称幽灵病毒，这类病毒使用复杂的算法，使自己每传播一份都具有不同的内容和长度。它们由一段混有无关指令的解码算法和被变化过的病毒体组成。

3. 病毒防范

计算机病毒的侵扰与破坏是一件令人十分头疼的事情。随着办公自动化程度越来越高，以及计算机进入千家万户，抵御计算机病毒已经成为首先要考虑的事情。安装防御软件是必要的，但更重要的是养成良好的使用计算机的习惯，应采用“预防为先”的原则来防范计算机病毒，具体手段如下。

（1）杀毒软件：使用 360 杀毒、瑞星杀毒、金山毒霸和江民杀毒软件等，定期升级杀毒软件。

（2）辅助软件：使用瑞星卡卡、腾讯管家和 360 安全卫士等。

（3）不登录非法网站、谨慎打开不明文件、及时修复系统补丁、防止移动设备感染病毒等。

（4）定期备份：各种资料、文件至少每周备份一次，最好是异地备份。如果计算机内的文件被病毒破坏了，可使用备份文件恢复，前提条件为备份文件是“干净”的。

（5）对于一些未知病毒，应先将其隔离，再通过网络发送到杀毒软件的研究中心以得到帮助。

6.7.3 计算机木马程序

木马程序是一种计算机程序，通常会在计算机网络系统中隐藏并等待机会，以便在未经授权的情况下访问或控制计算机资源。这类恶意软件可能会窃取用户的个人信息或者控制用户的计算机进行恶意操作，给用户带来极大的风险和损失。

（1）木马程序的危害性体现在其隐蔽性和欺骗性上。它们常常伪装成合法的应用程序或系统文件，以迷惑用户并使其难以发现。一旦用户安装了木马程序，它就会在后台运行，收集用户的敏感信息或者执行其他非法操作。这可能会导致用户的个人信息泄露、财产损失或者受到身份盗用等严重后果。

（2）木马程序的另一个危害是能够远程控制用户的计算机。通过使用网络协议和端口扫描等技术手段，攻击者可以远程操控用户的计算机，执行各种恶意操作，如删除数据、修改注册表、关闭系统等。这种行为不仅会对用户的计算机造成损害，还可能破坏整个计算机网络系统的稳定性。

（3）木马程序可以感染其他计算机。当一个木马程序被成功植入一台计算机后，它会释放出多个子木马程序，从而感染更多的计算机。这种传播方式会导致病毒扩散得更快更广，对网络安全造成更大的威胁。

为了防范木马程序的入侵和危害，我们需要采取一系列的安全措施。首先，要保持警惕并避免下载不明来源的软件和应用程序。其次，定期更新系统漏洞并及时安装安全补丁。再次，要学会使用杀毒软件和防火墙等工具来保护自己的计算机免受网络威胁。最后，定期备份数据也是非常重要的，这样可以防止数据丢失带来的损失。

总之，木马程序是一种危险的恶意软件，会给用户带来极大的风险和损失。我们必须时刻保持警惕，采取必要的安全措施来保护自己免受它们的侵害。

6.7.4 安全措施

为了保证网络的正常工作，通常有如下安全措施。

1. 防范网络病毒

针对网络中所有可能的病毒攻击点设置对应的防病毒软件，通过全方位、多层次防病毒系统的配置，以及定期或不定期自动升级，使机器免受病毒侵袭。

2. 配置防火墙

防火墙是一种将内网和外网分开的方法，相当于在它们之间设立一道屏障，对所有进出内网的数据进行分析，或对用户身份进行认证，从而防止有害信息的侵入和非法用户的进入，达到保护网络安全的目的。实际上，防火墙系统可以放置在任何两个网络之间。利用防火墙，可最大限度地阻止来自网络的攻击。

3．使用入侵检测系统

使用入侵检测系统能够识别非法操作，从而限制这些操作，以保护系统安全。

4．使用网络检测系统

使用网络检测系统能够实时跟踪、监视网络，及时发现网络上的非法内容，采取相应措施。

5．使用漏洞扫描系统

使用漏洞扫描系统能查找网络安全漏洞、评估并提出修改建议。利用优化系统配置和安装补丁程序等，能最大限度地保护网络安全，消除安全隐患。

6．增强安全防范意识

对来自网上的东西要持谨慎态度。下载软件应尽量从知名软件开发商的站点下载，执行前要用正版最新杀毒软件进行病毒查杀，对于从网上下载的压缩软件，在解压前要进行病毒查杀工作。

总之，网络安全是一个系统工程，不仅要依靠软、硬件设备，也要从技术和行政等方面入手。除应在硬件和技术方面提供比较完善的控制与服务外，在行政方面也应对网络与信息安全加强立法。

习 题 6

一、选择题

1．以下选项中 IP 地址属于 B 类 IP 地址的是（　　）。

A．192.168.1.15　　B．111.10.56.11

C．202.98.5.68　　D．162.16.6.78

2．在 TCP/IP 模型中，下列选项中不属于应用层的协议是（　　）。

A．IP　　B．Telnet　　C．FTP　　D．SMTP

3．下列选项中不属于计算机病毒特征的是（　　）。

A．破坏性　　B．潜伏性　　C．传染性　　D．免疫性

4．网络常用的基本拓扑结构有（　　）、环形、星形和树形。

A．层次型　　B．总线型　　C．交换型　　D．分组型

5．下列选项中，合法的电子邮件地址是（　　）。

A．wang-em.Hxing.com.cn　　B．em.hxing.com.cn-wang

C．ell.hxng .com. cn@wang　　D．wang@em.hxing.com.cn

二、填空题

1．计算机网络最突出的优点是________。

2．计算机通信网络在逻辑上可分为________。

3．OSI 的中文含义是________。

4．统一资源定位器的英文简称是________。

5．根据计算机网络覆盖地理范围的大小，网络可分为局域网、城域网和________。

第 7 章　数据库技术基础

数据库（Database，DB）是计算机应用领域（科学计算、过程检测与控制、信息管理和计算机辅助系统）的一个重要分支。数据库技术是作为数据处理技术发展起来的。本章主要介绍数据库系统的组成与特点、数据模型、关系运算等。

7.1　数据库技术概述

7.1.1　数据与数据处理

数据（Data）是描述事物的符号记录。

数据有一定的结构，数据有类型（Type）和值（Value）之分。数据类型给出数据表示的类型，如整型、日期型等；而数据的值给出符合类型的值，如整型值 29。随着应用需求的扩大，人们对数据类型的需求有所提高，将多种相关数据以一定的方式组合成特定的数据框架，称为数据结构（Data Structure），数据结构是计算机存储、组织数据的方式。

数据处理是对数据（包括数值的和非数值的）进行分析和加工的技术过程，包括对各种原始数据的分析、整理、计算和编辑等。

7.1.2　数据库、数据库管理系统

1．数据库

数据库是数据或信息的集合。从广义来讲，数据库相当于一个数据仓库。具体来说，数据库是按照数据结构来组织、存储和管理数据的仓库。

2．数据库管理系统

数据库管理系统（Database Management System，DBMS）是一种操纵和管理数据库的系统软件，负责数据库的数据组织、数据操纵、数据维护、数据控制、数据保护及数据服务等。数据库管理系统是数据库系统的核心，主要有以下功能：数据模式定义、数据存取的物理构建、数据操纵、数据库运行管理、数据库的建立和维护、数据库的传输。

为了完成以上功能，DBMS 提供了相应的数据语言。

（1）数据定义语言（Data Definition Language，DDL）：是负责数据结构定义与数据库对象定义的语言。

（2）数据操纵语言（Data Manipulation Language，DML）：通过它可以实现对数据库的基本操作，包括数据的查询、插入、删除和修改等操作。

（3）数据控制语言（Data Control Language，DCL）：指用来设置或者更改数据库用户或角色权限的语句，主要提供数据完整性、安全性的定义与检查，以及并发控制、故障恢复等功能。

3．数据库管理员

数据库的规划、设计、维护和监视等需要由专人管理，他们被称为数据库管理员（Database Administrator，DBA）。其主要工作包括设计数据库、维护数据库、监控和改善系统性能。

7.2 数据库系统

7.2.1 数据库系统的组成

数据库系统（Database System，DBS）一般由以下 4 个部分组成。

（1）数据库：数据库中的数据按一定的数学模型组织、描述和存储，具有较小的冗余、较高的数据独立性和易扩展性，并可共享。

（2）硬件平台：构成计算机系统的各种物理设备，包括存储所需的外部设备。硬件的配置应满足整个数据库系统的需要，主要包括计算机、网络等。

（3）软件平台：包括操作系统、数据库管理系统及应用程序。数据库管理系统是数据库系统的核心软件，在操作系统的支持下工作，可科学地组织和存储数据，可高效地获取和维护数据的系统软件，主要包括操作系统、数据库开发工具和接口软件等。

（4）人员：主要有 4 类。第一类为系统分析员和数据库设计人员；第二类为应用程序员，负责编写使用数据库的应用程序，这些应用程序可对数据进行检索、建立、删除或修改操作；第三类为最终用户，他们利用系统的接口或查询语言访问数据库；第四类是数据库管理员。

7.2.2 数据库管理技术的发展

数据库管理技术是应数据管理任务的需要而产生的。数据库管理技术经历了人工管理、文件系统、数据库系统 3 个阶段。

1. 人工管理阶段

20 世纪 50 年代中期之前，计算机的软、硬件均不完善。硬件存储设备只有磁带、卡片和纸带，软件还没有操作系统，当时的计算机主要用于科学计算。在这个阶段还没有使用软件系统对数据进行管理，程序员在程序中不仅需要规定数据的逻辑结构，还需要设计数据的物理结构。当数据的物理组织或存储设备改变时，则必须重新编制程序。由于数据的组织面向应用，不同的计算程序之间不能共享数据，使得不同的应用之间存在大量的重复数据，很难维护应用程序之间数据的一致性。

2. 文件系统阶段

这一阶段的主要标志是计算机中有了管理数据库的软件——操作系统。20 世纪 50 年代中期到 60 年代中期，计算机大容量存储设备（如硬盘）的出现，推动了软件技术的发展，而操作系统的出现标志着数据库管理步入一个新的阶段。在文件系统阶段，数据以文件为单位存储在外存，并由操作系统统一管理。文件的逻辑结构与物理结构分离，程序与数据分离，使数据与程序有了一定的独立性。程序与数据可分别存放在外存储器上，各个应用程序可以共享一组数据，实现了以文件为单位的数据共享。

3. 数据库系统阶段

从 20 世纪 60 年代末期开始，真正的数据库系统——层次数据库与网状数据库开始发展。层次数据库按层次结构组织数据。网状数据库按网状结构组织数据，更适用于描述客观世界。

网状数据库、层次数据库很好地解决了数据的集中和共享问题，但在数据独立性和抽象级别方面仍有很大欠缺。其原因为网状数据库和层次数据库基于文件系统，受文件的物理结构影响较大，给数据库使用带来了许多不便，其数据模式构造烦琐且不宜推广使用。

关系数据库是在层次和网状数据库之后发展起来的，很好地解决了上述问题，并且在 20 世纪 80 年代得到了蓬勃发展。关系数据库系统结构简单、使用方便、逻辑性强，具有更好的数据独立性和坚实的理论基础。

数据库管理技术的 3 个阶段的特点比较如表 7-1 所示。

表 7-1　数据库管理技术的 3 个阶段的特点比较

特点	人工管理阶段	文件系统阶段	数据库系统阶段
数据的管理者	用户	文件系统	数据库管理系统
数据面向的对象	某一应用程序	某一应用	现实世界
数据的共享程度	无共享，冗余度大	共享性，冗余度大	共享性高，冗余度小
数据的独立性	完全依赖于程序	独立性差	高度物理独立性和一定的逻辑独立性
数据结构化	无结构	记录内有结构，整体无结构	整体结构化，用于数据模型描述
数据控制能力	应用程序自己控制	应用程序自己控制	DBMS 提供数据安全性、完整性、并发控制和恢复能力

目前，数据库管理技术和其他信息技术一样在迅速发展，计算机处理能力的增强和越来越广泛的应用是促进数据库管理技术发展的重要动力。在诸多数据库管理技术中，下面 3 种是比较重要的。

（1）面向对象数据库系统：是面向对象的程序设计技术与数据库管理技术相结合的产物。面向对象的数据库系统的主要特点是具有面向对象技术的封装性和继承性，提高了软件的可重用性。它比关系数据库系统更通用。

（2）知识库系统：采用人工智能中的方法，特别是用逻辑知识表示方法构筑的数据模型，使其模型具有特别通用的能力。

（3）关系数据库系统的扩充：利用关系数据库做进一步的扩展，使其在模型的表达能力与功能上有进一步的加强，如 Web 数据库、数据仓库和嵌入式数据库等。

7.2.3　数据库系统的特点

数据库技术是在文件系统基础上产生的，两者都以数据文件的形式组织数据，但由于数据库系统在文件系统的基础上加入了 DBMS 对数据进行管理，使得数据库系统具备以下特点。

1．数据集成性

（1）在数据库系统中采用统一的数据结构方式，如在关系数据库中采用二维表作为统一结构方式。

（2）在数据库系统中按照多个应用的需要组织全局、统一的数据结构。

（3）数据库系统中的数据模式是多个应用共同的、全局的数据结构，并且每个应用的数据是全局结构中的一部分，称为局部结构（视图），这种全局与局部的结构模式构成了数据库系统数据集成性的主要特征。

2．数据的共享性高、冗余度低、易扩充

数据库系统从整体角度描述数据，数据不再面向某个应用而是面向整个系统，因此数据可以被多个用户、多个应用共享使用。数据共享可以大大减少数据冗余，节约存储空间，同时，可避免数据之间的不相容性与不一致性。所谓数据的不一致性，是指同一数据不同复制处的值不一样。减少冗余性以避免数据的不一致性是保证系统一致性的基础。

数据面向整个系统，是有结构的数据，可以被多个应用共享使用，容易增加新的应用，这使得数据库系统的弹性大，易于扩充，可以满足各种要求。可以取整体数据的各种子集于不同的应用系统，当需求改变或增加时，只要重新选取不同的子集或加上一部分数据便可以满足新的需求。

3．数据的独立性高

数据的独立性是数据库领域的一个常用术语，是指数据与程序间的互不依赖，即数据库中的数据独立于应用程序而不依赖应用程序。数据独立性包括数据的物理独立性和数据的逻辑独立性。物理独立性是指应用程序与存储在磁盘的数据库中的数据是相互独立的，即数据在磁盘上的数据库中的存储是由 DBMS 管理的，应用程序要处理的只是数据的逻辑结构，当数据的物理存储改变时，应用程序却不变。逻辑独立性是指应用程序与数据库的逻辑结构是相互独立的，即数据的逻辑结构改变了，程序也可以不变。数据与程序的独立，把数据的定义从程序中分离出去，加上数据的存取又由 DBMS 负责，从而简化了应用程序的编制，大大减少了应用程序的维护和修改。

4．数据统一管理和控制

数据库的共享是并发的共享，即多个用户可以同时存取数据库中的数据，甚至可以同时存取数据库中的同一数据。为此，DBMS 还提供了数据的安全性保护、数据的完整性检查、并发控制和数据库恢复等功能。

7.2.4 数据库系统内部结构

为了有效地组织、管理数据，提高数据库的逻辑独立性和物理独立性，为数据库设计了严谨的体系结构，数据库领域公认的标准结构为三级模式结构，即概念模式、外模式和内模式。

1．数据库系统的三级模式

（1）概念模式又称逻辑模式，对应于概念级，是由数据库设计者综合所有用户的数据，按照统一的观点构造的全局逻辑结构，是对数据库中全部数据的逻辑结构和特征的总体描述，是所有用户的公共数据视图（全局视图），是由数据库管理系统提供的数据模式描述语言来描述、定义的，体现和反映了数据库系统的整体观。

（2）外模式又称子模式或用户模式，对应于用户级，是某个或某几个用户所看到的数据库的数据视图。用户既可以通过外模式描述语言来描述、定义对应于用户的数据记录（外模式），也可以利用数据操纵语言对这些数据记录进行操作。外模式反映了数据库的用户观。

（3）内模式又称物理模式或存储模式，对应于物理级，是数据库中全体数据的内部表示或底层描述，是数据库最低一级的逻辑描述。它描述了数据在存储介质上的存储方式和物理结构，对应着实际存储在外存储介质上的数据库。内模式由内模式描述语言来描述、定义，是数据库的存储观。

三种模式反映了三个不同的环境和不同的要求，其中内模式位于底层，反映了数据在计算机物理结构中的实际存储形式；概念模式位于中层，反映了设计者对数据库的全局逻辑要求；外模式处于最外层，反映了用户对数据的要求。

2．三级模式间的映射

数据库系统的三级模式使用户能够逻辑地、抽象地处理数据，而不必关心数据在计算机中的物理表示和存储。实际上，对于一个数据库系统而言，只有物理级（内模式）数据库是客观存在的，是进行数据库操作的基础；概念级（概念模式）数据库是物理级数据库的一种逻辑的、抽象的描述；用户级（外模式）数据库则是用户与数据库的接口，是概念级数据库的一个子集。

（1）外模式到概念模式的映射：应用程序根据外模式进行数据操作，通过外模式-概念模式映射，定义和建立某个外模式与概念模式间的对应关系，将外模式与概念模式联系起来，当概念模式发生改变时，只要改变其映射，就可以使外模式保持不变，对应的应用程序也可保持不变。

（2）概念模式到内模式的映射：定义建立数据的逻辑模式（概念模式）与存储结构（内模式）间的对应关系，当数据的存储结构发生变化时，只需改变逻辑模式-内模式映射，保持逻辑模式不变即可，因此应用程序也可以保持不变。

7.3　数据模型

7.3.1　数据模型的概念

数据模型（Data Model，DM）是数据特征的抽象，是数据库系统中用以提供信息表示和操作手段的形式构架。

1．数据模型按内容分类

（1）数据结构：主要描述数据的类型、内容、性质，以及数据间的联系等。数据结构是数据模型的基础，数据操作和约束都建立在数据结构上。不同的数据结构具有不同的操作和约束。

（2）数据操作：主要描述在相应的数据结构上的操作类型和操作方式。

（3）数据约束：主要描述数据结构内数据间的语法、词义联系、它们之间的制约和依存关系，以及数据动态变化的规则，以保证数据的正确、有效和相容。

2．数据模型按应用层次分类

（1）概念数据模型（Conceptual Data Model，CDM）简称概念模型，是面向数据库用户的现实世界的模型，主要用来描述世界的概念化结构，它使数据库的设计人员在设计初始阶段摆脱计算机系统及DBMS的具体技术问题，集中精力分析数据及数据之间的联系等，不必考虑具体的数据管理系统。概念模型必须换成数据模型，才能在DBMS中实现。概念模型是数据模型的基础。目前，较有名的概念模型有E-R模型、面向对象模型及谓词模型等。

（2）逻辑数据模型（Logic Data Model，LDM）简称数据模型，是面向数据库系统的模型，是具体的DBMS所支持的数据模型，有网状模型、层次模型、关系模型及面向对象模型等。

（3）物理数据模型（Physical Data Model，PDM）简称物理模型，是面向计算机物理表示的模型，描述了数据在存储介质上的组织结构，不但与具体的DBMS有关，还与操作系统和硬件有关。每种逻辑数据模型在实现时都有对应的物理数据模型。

7.3.2　概念模型

概念模型是现实世界中有效、自然地模拟现实世界，并给出数据的概念化结构。长期以来，广泛使用的概念模型是E-R模型（实体-联系模型）。该模型将现实世界的要求转化成实体、联系、属性等几个基本概念，以及它们之间的联系，并以图的形式非常直观地表达出来。

1．E-R模型的基本概念

（1）实体：现实世界中的任何事物都可以抽象为实体。实体是概念世界中的基本单位，是客观存在且又能相互区别的事物。由共性实体组成的一个集合称为实体集。

（2）属性：实体均有一些特性，这些特性可以用属性来表示。属性刻画了实体的特征。一个实体往往有若干个属性。每个属性可以有值。

（3）码：唯一标识实体的属性集称为码。例如，学号是学生实体的码。

（4）域：属性的取值范围称为该属性的域。例如，性别的域为（男，女）。

（5）联系：实体间的关联称为联系。例如，教师和学生之间的联系是教学关系，生产者和消费者之间的联系是供求关系。

实体集间的联系既可以有单个，也可以有多个。其联系实际上是函数关系，这种函数关系有如下几种。

① 一对一的联系，简写为1∶1。例如，学校和校长之间的联系。

② 一对多（或多对一）的联系，简写为1∶m（或m∶1）。例如，学生和教室之间的联系是多对一的联系（反之，则是一对多的联系）。

③ 多对多的联系，简写为m∶n。例如，教师和学生之间的联系为多对多的联系，一个学生有多位教师，一个教师也有多个学生。

2．E-R模型的三个基本概念之间的连接关系

E-R 模型由实体、属性和联系三个基本概念组成。三者结合起来才能完整地表示现实世界。实体是概念世界的基本单位，一个实体可以有若干个属性。例如，一个教师（实体）有教师编号、姓名、年龄、性别等若干属性，它们组成了一个教师的完整描述。属性有属性域，每个属性可以取域内的值。

一个实体的所有属性的值构成一个值集，即元组。

实体有型和值之分，实体的所有属性构成了实体的型，所有属性值的集合（元组）构成了实体的值。

一般而言，实体间无法建立直接联系，只能通过联系才能建立起连接关系。例如，教师和学生只能通过教与学建立联系。

E-R 模型可以用一种非常直观的图形来表示，称为 E-R 图。E-R 图中用不同的几何图形表示 E-R 模型中的三个概念与两个连接关系。

（1）实体：在 E-R 图中用矩形表示，矩形框内写明实体名，如学生，如图 7-1 所示。

（2）属性：在 E-R 图中用椭圆形表示，并用无向边将其与相应的实体连接起来，如学生的姓名、学号、性别等都是属性，如图 7-2 所示。

图 7-1　实体表示　　图 7-2　属性表示

（3）联系（Relationship）：在 E-R 图中用菱形表示，菱形框内写明联系名，并用无向边分别与有关实体连接起来，同时在无向边旁标上联系的类型（1∶1，1∶n 或 m∶n）。假设学生和课程、课程和教师之间分别存在着选课、任课关系，如图 7-3 所示。

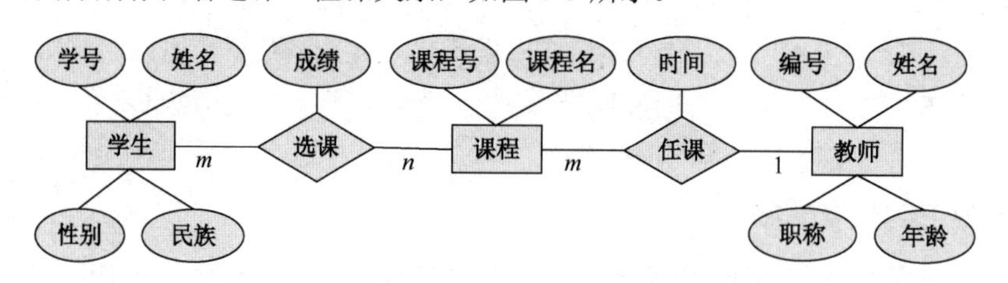

图 7-3　E-R 图示例

7.3.3　逻辑数据模型

逻辑数据模型是概念模型转换的具体的数据模型，也是物理模型机器实现的依据。逻辑数据模型包括层次模型、网状模型、关系模型和面向对象模型等。其中，层次模型、网状模型为非关系模型；面向对象模型既是概念模型，又是逻辑数据模型；关系模型（关系数据库）是目前使用相对广泛的逻辑数据模型。

1．层次模型

层次模型是最早的数据模型，层次模型的基本结构是树形结构。在现实世界中，很多事物是按层次组织起来的。层次模型如图 7-4 所示。

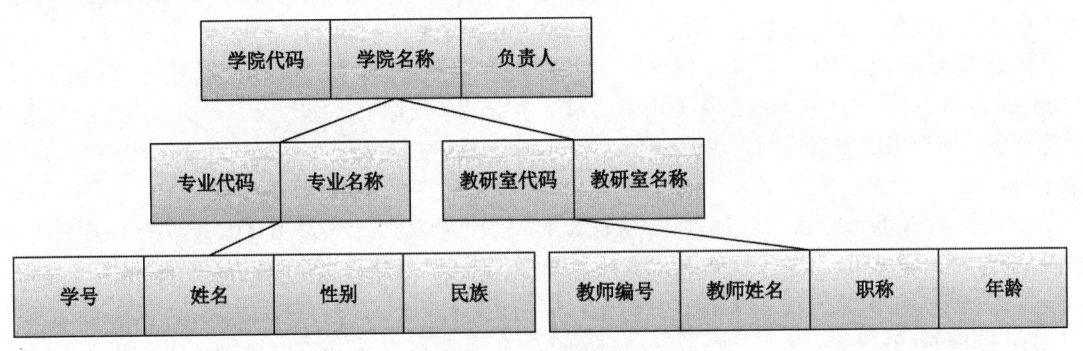

图 7-4　层次模型

层次模型的表示方法如下：树的结点表示实体集（记录的型），结点之间的连线表示相连的两个实体集之间的关系，这种关系只能是 1∶m 的。通常把表示 1 的实体集放在上方，称为父结点，表示 m 的实体集放在下方，称为子结点。层次模型的结构特点如下。

（1）有且仅有一个根结点。

（2）根结点以外的其他结点有且仅有一个父结点。

因此，层次结构是受到一定限制的，从 E-R 模型观点来看，它对于联系也加上了许多限制。

2．网状模型

网状模型的出现略晚于层次模型。从图论角度来看，网状模型是一个不加任何条件限制的无向图。网状模型的数据结构主要有以下两个特征。

（1）允许一个以上的结点无双亲。

（2）一个结点可以有多于一个的双亲。

网状模型中以记录为数据的存储单位，记录包含若干数据项。网状模型的数据项可以是多值的或复合的数据。每个记录有一个唯一的标识它的内部标识符，称为码。它在一个记录存入数据库时由 DBMS 自动赋予。

网状模型是一种比层次模型更具普遍性的结构，它去掉了层次模型的两个限制，明显优于层次模型，不管是数据表示还是数据操纵均显示了更高的效率，更为成熟。网状模型如图 7-5 所示。

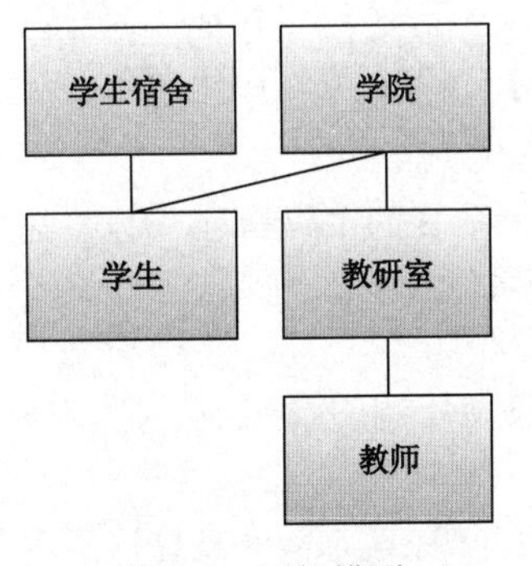

图 7-5　网状模型

3．关系模型

关系模型是建立在严格的数学概念基础上的，采用二维表格结构来表示实体及实体间联系的模型，由行和列组成。以表7-2为例，介绍关系模型中的术语。

表7-2　二维表（关系模型）

学号	姓名	年龄	民族
0901	张力	20	汉族
0902	王明	19	回族

关系模型的相关术语如下。

① 关系：一个关系对应一个满足一定条件的二维表，如表7-2所示。

② 元组：表中的一行为一个元组。

③ 属性：表中的一列为属性，每列的名称称为属性名。

④ 主码：表中的某个属性组，可以唯一确定一个元组。

⑤ 域：属性的取值范围称为域。

⑥ 分量：元组中的一个属性值。

⑦ 关系模式：对关系的描述。一般表示为关系名（属性1，属性2，…，属性*n*）。例如，表7-2的关系模型可表示为学生（学号，姓名，年龄，民族）。

码是关系模型中的一个重要概念。关系中能唯一标识元组的属性或属性集称为候选码（Candidate Key），也称候选键。从关系中选择一个或多个候选码，作为查询、插入或删除元组的操作变量，被选用的候选键称为主码（Primary Key），或称为主关键字。每个关系必定有且仅有一个主码，因为关系的元组无重复，所以至少关系的所有属性的组合可作为主码。

如果关系A的一个或一组属性X不是A的主码，而是另一关系B的主码，则该属性或属性组X称为关系A的外码或外部关键字。一般称关系A为参照关系，关系B为被参照关系。

（1）关系模型中常用的关系操作。

① 数据查询：可以查询关系数据库中的数据，包括一个关系内的查询及多个关系间的查询。一个关系内的查询的基本单位是元组分量，基本过程为先定位后操作。定位包括纵向定位与横向定位，纵向定位是指定关系中的一些属性，横向定位是指定选择符合某些条件的元组。定位后进行查询操作，将数据从关系数据库中取出并放入指定内存。多个关系间的数据查询可以分三步进行：第一步，将多个关系合并成一个关系；第二步，对合并后的关系进行定位；第三步，查询操作。

② 数据删除：基本单位是关系中的元组，功能是关系内指定的元组删除。过程分为定位与删除，其中定位只需要横向定位，定位后再执行删除操作。

③ 数据插入：仅对一个关系而言，在指定的关系中插入一个或多个元组。

④ 数据修改：在一个关系中修改指定的元组或属性。

（2）对关系数据库的操作必须有一定的约束条件，称为关系模型的完整性。

① 实体完整性（Entity Integrity）：指主码的值不能为空或部分为空。关系模型中的一个元组对应一个实体，一个关系则对应一个实体集。例如，一条学生记录对应一个学生，学生关系对应学生的集合。

② 参照完整性（Referential Integrity）：如果关系A的外码X与关系B的主码相符，则X的每个值等于B中主码的某个值，或者取空值。该约束是关系之间相互关联的基本约束，不允许关系引用一个不存在的元组的情况。

③ 用户定义完整性（User-defined Integrity）：针对某一具体关系数据库的约束条件。它反映了某一具体应用所涉及的数据必须满足的语义要求。

④ 实体完整性和参照完整性是关系模型必须满足的完整性约束条件，系统都应该支持这两类完整性。除此之外，不同的关系数据库系统由于应用环境的不同，往往需要一些特殊的约束条件，即用户定义完整性。

4．面向对象模型

20世纪90年代，在关系数据库基础上，面向对象程序设计方法与数据库设计相结合产生了面向对象模型。

面向对象模型用类表示实体，以描述一组对象的共有属性和通用行为（方法）。例如，实体学生可以用 Student 类描述，Student 类不仅含有学生的属性（学号、姓名、性别、民族等），还包括学生的通用动作行为（选课、请假等）。

面向对象模型的数据存储是以对象为单位的，每个对象包含对象的属性和行为。对象是类的一个具体实例，相当于一个具体的实体，对象拥有类的所有属性和动作行为，也可以拥有自身的特殊属性和动作行为。例如，Student 类中包含 1000 个学生（学生 1，学生 2，…，学生 1000），每个学生都是 Student 类的一个对象（实例），1000 名学生都拥有学号、姓名、性别、民族等共同属性，拥有选课、请假等共同动作行为；同时，学生对象还可以拥有个性化行为，如学生 1 拥有潜水、学生 2 拥有驾驶等个性化行为。

面向对象模型注重对象存储而不是单独的数据存储，对象由属性（数据）和对象的动作行为（代码）组成。在面向对象模型的设计过程中，设计人员可以自定义对象的属性、行为，因此面向对象模型没有单一固定的数据结构，设计人员可以设计多种数据结构，如数组、集合等。

面向对象模型与传统的数据模型（层次模型、网状模型、关系模型）不同，解决了关系数据库无法完全适应非事务处理型应用的问题，适合存储不同类型的数据，如图片、声音、视频、文本、数字等。同时，面向对象模型没有准确的定义和建立标准，造成了数据库维护困难和应用范围存在局限性等缺陷。

7.3.4　E-R 模型转换为关系模型

概念模型通常使用实体-联系模型（E-R 模型）表示。在逻辑数据模型中，关系模型使用较为广泛，在数据库设计过程中，E-R 图向关系模型转换的过程尤为重要，本节主要介绍 E-R 模型转换为关系模型的规则和方法。

1. E-R 模型转换为关系模型的规则

（1）将每个实体类型转换成一个关系模式，实体的属性为关系模式的属性。

（2）对于实体间的联系，按联系类型处理，如表 7-3 所示。

2. 实体 A、B 之间联系为 1：*M* 示例

以图 7-3 中教师（实体 A）与课程（实体 B）之间的联系（1：*M*）为例，按照表 7-3 中的规则处理，将教师的主键、联系的属性加入课程，可转换成如下两个关系模式。

（1）教师（编号、姓名、职称、年龄）主键：编号。

（2）课程（课程号、课程名、任课时间、教师编号）主键：课程号。外键：教师编号。

表 7-3　实体间的联系处理方式

实体间的联系	转换后的关系	联系的处理
1：1 （实体 A：实体 B）	关系 A 关系 B	有以下两种处理方式。 第一种：把关系 B 的主键、联系的属性加入关系 A。关系 B 的主键为关系 A 的外键。 第二种：把关系 A 的主键、联系的属性加入关系 B，关系 A 的主键为关系 B 的外键
1：*M* （实体 A：实体 B）	关系 A 关系 B	把关系 A 的主键、联系的属性加入关系 B。关系 A 的主键为关系 B 的外键
M：*N* （实体 A：实体 B）	关系 A 关系 B 关系 AB	联系转换成关系 AB，关系 AB 的属性包括联系的属性、关系 A 的主键、关系 B 的主键。关系 A、B 的主键共同成为关系 AB 的主键

3. 实体A、B之间联系为 M：N 示例

以图7-3中学生（实体A）与课程（实体B）之间的联系（M：N）为例，按照表7-3中的规则处理，联系（选课）转换成选课关系，其属性包括学生关系主键、课程关系主键、联系的属性，可转换如下三个关系模式。

（1）学生（学号、姓名、性别、民族）主键：学号。

（2）课程（课程号、课程名）主键：课程号。

（3）选课（成绩、学号、课程号）主键：学号+课程号。外键：学号、课程号。

7.4 关系运算

对关系数据进行查询时，需要进行一定的关系运算。关系的基本运算有两类：一类是传统的集合运算，另一类是专门的关系运算。有些查询需要几个基本运算的组合。

1. 传统的集合运算

（1）并集：设有两个关系 R 和 S，它们具有相同的结构。R 与 S 的并集是由属于 R 的元组和属于 S 的元组组成的集合，运算符为∪，记为 $T=R\cup S$。

（2）差：R 与 S 的差是由属于 R 但不属 S 的元组组成的集合，运算符为−，记为 $T=R-S$。

（3）交集：R 与 S 的交集是由既属于 R 又属于 S 的元组组成的集合，运算符为∩，记为 $T=R\cap S$，$R\cap S=R-(R-S)$。

2. 专门的关系运算

（1）选择运算：从关系中找出满足给定条件的元组称为选择。其中的条件是以逻辑表达式给出的，值为真的元组将被选取。选择运算是从水平方向抽取元组。

（2）投影运算：从关系模式中挑选若干属性组成新的关系称为投影。这是从列的角度进行的运算，相当于对关系进行垂直分解。

（3）笛卡儿积：对于两个关系的合并操作可以用笛卡儿积表示。n 元关系 R 和 m 元关系 S，它们分别有 p、q 个元组，则关系 R 与 S 的笛卡儿积记为 $R\times S$，该关系是一个 $n+m$ 元关系，元组数是 $p\times q$ 个。

（4）连接运算：连接运算是关系的横向结合，指从两个关系的笛卡儿积中选择属性间满足一定条件的元组。

（5）自然连接：在连接运算中，按照字段的值对应相等为条件进行的连接操作称为等值连接。自然连接是去掉重复属性的等值连接。自然连接是最常用的连接运算。

7.5 SQL Server数据库

SQL Server是由美国Microsoft公司推出的一种关系数据库系统。它是一个可扩展、高性能、为分布式客户机/服务器计算所设计的数据库管理系统，实现了与Windows NT的有机结合，提供了基于事务的企业级信息管理系统方案。

1. 主要特性

（1）高性能设计，可充分利用Windows NT的优势。

（2）系统管理先进，支持Windows图形化管理工具，支持本地和远程的系统管理和配置。

（3）强壮的事务处理功能，采用各种方法保证数据的完整性。

（4）支持对称多处理器结构、存储过程、ODBC，并具有自主的 SQL 语言。SQL Server 以其内置的数据复制功能、强大的管理工具、与 Internet 的紧密集成和开放的系统结构，为广大的用户、开发人员和系统集成商提供了一个出众的数据库平台。

2．发展来源

SQL Server 最初由 Microsoft、Sybase 和 Ashton-Tate 三家公司共同开发，于 1988 年推出了第一个 OS/2 版本。在 Windows NT 推出后，Microsoft 公司与 Sybase 公司在 SQL Server 的开发上就分道扬镳了，Microsoft 公司将 SQL Server 移植到 Windows NT 系统上，专注于开发推广 SQL Server 的 Windows NT 版本。Sybase 公司则专注于 SQL Server 在 UNIX 操作系统上的应用。

3．语言运用

SQL 语句可以用来执行各种各样的操作，如更新数据库中的数据、从数据库中提取数据等。目前，绝大多数流行的关系数据库管理系统，如 Oracle、Sybase、Microsoft SQL Server、Access 等都采用了 SQL 语言标准。虽然很多数据库都对 SQL 语句进行了再开发和扩展，但是包括 Select、Insert、Update、Delete、Create 和 Drop 在内的标准的 SQL 命令仍然可以被用来完成几乎所有的数据库操作。

习　题　7

一、选择题

1．数据库在磁盘上的基本组织形式是（　　）。

A．DB　　B．文件　　C．二维表　　D．系统目录

2．E-R 模型（实体-联系模型）是数据库的设计工具之一，它一般适用于建立数据库的（　　）。

A．概念模型　　B．逻辑模型　　C．内部模型　　D．外部模型

3．对于实体集 A 中的每个实体，实体集 B 中至少有一个实体与之联系，反之亦然，则称实体集 A 与实体集 B 之间具有的联系是（　　）。

A．多对一　　B．一对多　　C．多对多　　D．一对一

4．SQL 是一种数据库软件，它属于（　　）。

A．系统软件　　B．应用软件　　C．操作系统　　D．办公软件

5．SQL 语言是（　　）语言。

A．层次数据库　　B．网络数据库　　C．关系数据库　　D．非数据库

二、填空题

1．在数据库的概念设计中，客观存在且可以相互区分的事物称为________。

2．能唯一标识实体的属性或属性集称为________。

3．DBMS 可分为层次、网状、______、面向对象四种类型。

4．在关系代数运算中，专门的关系操作有选择、投影、除和________。

5．标准的 SQL 命令包括_______、Insert、_______、Delete、Create 和 Drop。

第8章 多媒体技术与应用

多媒体技术（Multimedia Technology）是于20世纪80年代后期兴起的一门以数字化技术为基础，利用计算机技术把文本、图形、图像、声音、动画和电视等多媒体综合起来，并能对它们进行获取、压缩、加工处理、存储和传输等，使多种信息建立逻辑连接并集成为一个交互性系统的技术。多媒体技术的出现使现代计算机的处理能力有了很大的提高，极大地改善了人们的生活方式和操作计算机的方式，使计算机能更加形象逼真地反映现实世界的自然事物，具有能够处理图形、图像、声音和视频等多种媒体的能力，同时拓展了计算机的应用领域，给人类社会带来了巨大的变革。

8.1 多媒体技术基础知识

8.1.1 多媒体技术

多媒体技术是指通过计算机对文字、数据、图形、图像、动画、声音等多种媒体信息进行综合处理和管理，使用户可以通过多种感官与计算机进行实时信息交互的技术，又称为计算机多媒体技术。真正的多媒体技术所涉及的对象是计算机技术的产物，而其他的单纯事物，如电影、电视、音响等，均不属于多媒体技术的范畴。多媒体技术的出现，极大地改变了人们获取信息的方法，拓宽了计算机的使用领域，使计算机由办公室、实验室中的专用品变成了信息社会的普通工具，广泛应用于工业生产管理、学校教育、公共信息咨询、商业广告、军事指挥与训练、家庭生活与娱乐等领域。

在计算机行业里，媒体（Medium）有两种含义：一是指传播信息的载体，如语言、文字、图像、视频、音频等；二是指存储信息的载体，如ROM、RAM、磁带、磁盘、光盘等，主要的载体有 CD-ROM、VCD、网页等。多媒体技术中的媒体主要是指前者，即利用计算机把语言、文字、图形、影像、动画、声音及视频等媒体信息数字化，对其进行编辑、合成、存储等操作后，将其整合在一定的交互式界面上，形成具有交互展示不同媒体形态的能力。

多媒体的含义：把电视式的视听信息传播能力与计算机交互控制功能结合起来，创造出集文、图、声、像于一体的新型信息处理模型，使计算机具有数字化全动态、编辑和创作多媒体信息的功能，具有控制和传输多媒体电子邮件、电视会议等视频传输的功能。

多媒体信息的处理过程，包括数据的采集、压缩、存储、解压缩和显示5部分。多媒体信息处理的关键技术是研究与解决视频、音频信息的获取技术，视频、音频数据的压缩与解压缩技术，数据的实时处理技术与输出技术。

8.1.2 数据压缩技术和大容量信息存储技术

1. 数据压缩技术

随着多媒体技术的发展和应用，人们从计算机上获得的信息不仅有文本、图像，还有视频、音频及各种动画媒体。相对于文字信息，音频、视频等信息媒体需要处理和传送的数据量大得惊人，制约了多媒体信息的存储和传输，阻碍了计算机信息的获取和传送。由于数字化的多媒体信息，尤其是数字视频、音频信号的数据量特别庞大，直接存储和传输这些原始信源数据是不现实的，需要通过多媒体数据压缩编码技术来解决数据存储与信息传输的问题。因此，数据压缩技术和大容量信息存储技术对于多媒体技术的发展极为重要。

图像数据压缩技术研究如何运用图像数据的空间冗余性、时间冗余性等来减少静止图像和活动图像的数据量。数据压缩的主要对象是数据而不是信息。在压缩过程中，数据压缩的目的是减少信息在存储、传输、处理时文件的数据量，尽可能不损失或少损失有效的信息数据。

目前，比较认同的常用的数据压缩编码方法大致分为两大类：无损压缩和有损压缩。

（1）无损压缩也称冗余度压缩。它利用数据的统计冗余进行压缩，这种压缩方法从数学上讲是一种可逆运算，还原后与压缩编码前的数据完全相同。不存在数据丢损的问题是无损压缩的最大优点，它被广泛应用于文本、程序、指纹图像、医学图像等需要完整保存数据的领域。但这种压缩方法由于受到数据统计冗余度的理论限制，无法得到比较大的压缩比，一般压缩比只有 2∶1～5∶1。

（2）有损压缩方法也称信息量压缩。这种压缩方法利用了人类视觉或者人类听觉对图像或声音中的某些频率成分不敏感的特性，从原始数据中将这一部分人类视觉或者人类听觉不敏感的数据去除，以达到压缩的目的。不能完全恢复原始数据是有损压缩方法的最大缺点，但是所损失的部分对理解原始图像或者倾听原始声音的影响较小，却换来了大得多的压缩比。因此，有损压缩广泛应用于语音、图像和视频数据的压缩。

数据压缩的实质是在满足还原信息质量要求的前提下，采用代码转换或消除信息冗余量的方法来实现对采样数据量的大幅缩减。数据压缩相对应的数据处理称为解压缩，又称数据还原。它是将压缩数据通过一定的解码算法还原到原始信息的过程。通常，人们把包括压缩与解压缩的技术称为数据压缩技术。

2．大容量信息存储技术

多媒体的信息包括文字、图像、声音、视频、动画等。由于这些多媒体信息的数据量非常大，数字化处理后仍然要占用大量的存储空间，通常所用的存储工具根本无法满足存储携带和交流的要求。大容量信息存储技术的发展对多媒体技术的发展和应用起到了关键性促进作用。

8.1.3　流媒体技术

随着信息时代的到来，人们用浏览器查看的网页信息是计算机应用 HTTP 方式（直接下载）传送到本地计算机的临时文件夹里的。由于音频、视频信息的数据量巨大，浏览器需要较长的时间才能完全下载，而且用户计算机上的存储空间大小也会影响传输结果。为解决这个问题，流媒体技术应运而生。流媒体技术的出现，使互联网在线播放数字电影和数字音乐的设想成为现实。

所谓流媒体，是指采用流式传输方式在 Internet 上播放的媒体格式，把连续的影像和声音信息经过压缩处理后放到网络服务器上，使用户一边下载一边收听和观看。流媒体技术不是单一的技术，它是建立在很多基础技术之上的一种新的网络实用技术。

流式传输与 HTTP 方式传输的区别是，网络服务器不是一次性发送完所有的媒体文件数据，而是发送一部分，在第一部分开始播放时，媒体文件的其余部分不断地传输，及时到达用户计算机中供播放使用。当网络实际连接速度小于播放所需速度时，播放程序从缓冲区内取资料，以避免播放中断。只有当缓冲区的数据播放完后、新的数据仍未到位时，用户才需等待。因此，流媒体技术的基础是数据压缩，采用高效的压缩算法对数据进行压缩，使原有的庞大的数据能适应流式传输。

流媒体技术被广泛应用于在线直播、视频点播、远程教育、多媒体新闻发布、网络广告、远程医疗、实时视频会议、网络教学课件等互联网信息服务方面，为信息技术和网络技术的发展带来了深远的影响。

8.2 图　　像

图像是客观对象的一种相似性、生动性的描述或写真，是人类社会活动中最常用的信息载体。或者说，图像是客观对象的一种表示，它包含了被描述对象的有关信息。它是人们最主要的信息源。

广义上，图像就是所有具有视觉效果的画面，它包括纸介质上的，底片或照片上的，电视、投影仪或计算机屏幕上的。图像根据图像记录方式的不同可分为两大类：模拟图像和数字图像。模拟图像可以通过某种物理量（如光、电等）的强弱变化来记录图像亮度信息，如模拟电视图像；而数字图像则用计算机存储的数据来记录图像上各点的亮度信息。因为大多数图像是以数字形式存储的，所以图像处理在很多情况下指数字图像处理。

1. 图像的颜色模式

颜色模式是将某种颜色表现为数字形式的模型，或者说是一种记录图像颜色的方式。

颜色实质上是一种光波。它的存在是因为有三个实体：光线、被观察对象与观察者。人眼是把颜色当作由被观察对象吸收或者反射不同波长的光波形成的。当然，人眼所能感受到的只是波长在可见光范围内的光波信号。当不同波长的光信号一同进入人眼的某一点时，我们的视觉器官会将它们混合起来，作为一种颜色接收下来。

同样，在对图像进行颜色处理时，也要进行颜色的混合，但需要遵循一定的规则，即在不同颜色模式下对颜色进行处理。主要的颜色模式有 RGB 模式、CMYK 模式、HSB 模式、Lab 颜色模式、位图模式、灰度模式、索引模式、双色调模式和多通道模式。

（1）RGB 模式。

可见光的波长有一定的范围，但在处理颜色时并不需要将每种波长的颜色都单独表示出来。自然界中所有的颜色都可以用红、绿、蓝三种颜色波长的不同强度组合而得，这就是人们常说的三基色原理。把三种基色交互重叠，就产生了次混合色——青（Cyan）、洋红（Magenta）、黄（Yellow）。现在，所有的显示器都采用 RGB 值来驱动。这个标准几乎包括了人类视力所能感知的所有颜色，是目前应用最广泛的颜色系统之一。RGB 模式为图像中每个像素的 RGB 分量分配一个 0～255 内的强度值，它们按照不同的比例混合后可以获得 256×256×256 = 16777216 种不同的颜色。

（2）CMYK 模式。

CMYK 模式是一种印刷模式。其中 4 个字母分别指青、洋红、黄、黑（Black），在印刷中代表 4 种颜色的油墨。CMYK 模式在本质上与 RGB 模式没有什么区别，只是产生色彩的原理不同，在 RGB 模式中，由光源发出的色光混合生成颜色；而在 CMYK 模式中，由光线照到有不同比例 C、M、Y、K 油墨的纸上，部分光谱被吸收后，反射到人眼的光产生颜色。由于 C、M、Y、K 在混合成色时，随着 C、M、Y、K 4 种成分的增多，反射到人眼的光会越来越少，光线的亮度会越来越低，所以 CMYK 模式产生颜色的方法又称为色光减色法。

（3）HSB 模式。

从心理学的角度来看，颜色有三个要素：色泽（Hue）、饱和度（Saturation）和亮度（Brightness）。HSB 模式便是基于人对颜色的心理感受的一种颜色模式。它可由底与底对接的两个圆锥体立体模型来表示，其中轴向表示亮度，自上而下由白变黑；径向表示色饱和度，自内向外逐渐变高；而圆周方向则表示色调的变化，形成色环。

在该模型中，H 的取值单位是度，即角度（0°～360°），表示色相位于色轮上的位置，（色相是从物体反射或透过物体传播的颜色）；饱和度的取值是百分比，是指颜色的强度或纯度，表示色相中灰色分量所占的比例，在标准色轮上，饱和度从中心到边缘递增，饱和度低的色彩接近灰色；明度也称为亮度，是颜色的相对明暗程度，通常由从 0%（黑色）～100%（白色）的百分量来度量，亮度则高色彩明亮，反之色彩暗淡，亮度最高得到纯白，最低得到纯黑。

（4）Lab 模式。

Lab 模式由一个发光率和两个颜色轴组成。它由颜色轴所构成的平面上的环形线来表示色的变化，其中径向表示色饱和度的变化，自内向外，饱和度逐渐增高；圆周方向表示色调的变化，每个圆周形成一个色环；而不同的发光率表示不同的亮度并对应不同环形颜色变化线。它是一种具有“独立于设备”的颜色模式，即不论使用什么监视器或者打印机，Lab 的颜色不变。其中，L 表示照度（Luminance），相当于亮度；a 表示从洋红至绿色的范围；b 表示黄色至蓝色的范围。

（5）位图模式。

位图模式用两种颜色（黑和白）来表示图像中的像素。位图模式的图像也称黑白图像。因为其深度为 1，也称为一位图像。由于位图模式只用黑、白色来表示图像的像素，在将图像转换为位图模式时会丢失大量细节。在宽度、高度和分辨率相同的情况下，位图模式的图像尺寸最小，约为灰度模式的 1/7 和 RGB 模式的 1/22。

（6）灰度模式。

灰度模式可以使用多达 256 级灰度来表现图像，使图像的过渡更平滑细腻。灰度图像的每个像素有一个 0（黑色）～255（白色）之间的亮度值。灰度值也可以用黑色油墨覆盖的百分比来表示（0%等于白色，100%等于黑色）。使用黑白或灰度扫描仪产生的图像常以灰度显示。

（7）索引模式。

索引模式是网上和动画中常用的图像模式，当彩色图像转换为索引模式的图像后会包含近 256 种颜色。

（8）双色调模式。

双色调模式采用 2～4 种彩色油墨来创建由双色调（2 种颜色）、三色调（3 种颜色）和四色调（4 种颜色）混合其色阶组成的图像。在将灰度图像转换为双色调模式的过程中，可以对色调进行编辑，产生特殊的效果。而使用双色调模式的最主要用途是使用尽量少的颜色表现尽量多的颜色层次，这对于减少印刷成本是很重要的，因为在印刷时，每增加一种色调都需要更高的成本。

（9）多通道模式。

多通道模式对有特殊打印要求的图像非常有用。

2. 图像分类

计算机中的图像从处理方式上可以分为位图和矢量图。

（1）位图。

位图图像也称为点阵图像或绘制图像，是由称为像素（图片元素）的单个点组成的。这些点可以进行不同的排列和染色以构成图样。当放大位图时，可以看见赖以构成整个图像的无数个方块。扩大位图尺寸的效果是增大单个像素，从而使线条和形状显得参差不齐。然而，如果从稍远的位置观看它，位图图像的颜色和形状又显得是连续的。常用的位图处理软件是 Photoshop。

位图适用于表现具有丰富的层次和色彩、包含大量细节的图像，因为位图不需要计算，可以直接、快速地显示在屏幕上。位图的获取：通常用扫描仪、摄像机、激光视盘与视频捕捉卡等设备，把模拟的图像信号变成数字图像数据。位图的质量主要由图像的分辨率和色彩位数决定。由于要存储每个像素的信息位图，因此文件占据的存储空间比较大。

（2）矢量图。

矢量图使用直线和曲线来描述图形，这些图形的元素是一些点、线、矩形、多边形、圆和弧线等，它们都是通过数学公式计算获得的。

矢量图也称为面向对象的图像或绘图图像，在计算机图形学中用点、直线或者多边形等基于数学方程的几何图元表示图像。矢量图的最大优点：无论是放大、缩小还是旋转，它都不会失真。矢量图的最大缺点：难以表现色彩层次丰富的逼真图像效果。矢量图主要适用于线形的画图、美术字和工程制图等。但复杂的图形不适合用矢量图表示，尤其是处理复杂的彩色照片，因为真实世界的彩照很难用数学来描述。常用的矢量图绘画工具有 Illustrator、Flash、CorelDRAW、3D Max 等。

矢量图和位图的对比如表 8-1 所示，显示位图文件比显示矢量图要快，矢量图侧重于“绘制”和“创造”，而位图偏重于“获取”和“复制”；矢量图与分辨率无关，放大不影响图像的清晰度，位图会随着放大而模糊，甚至产生马赛克现象，位图和矢量图可以通过软件进行转换。

表 8-1 矢量图与位图的对比

图像类型	组成	优点	缺点	常用工具
位图	像素	只要有足够多的不同色彩的像素，就可以制作出色彩丰富的图像，逼真地表现自然界的景象	缩放和旋转容易失真，文件容量较大	Photoshop、画图等
矢量图	数学向量	文件容量较小，在进行放大、缩小或旋转等操作时，图像不会失真	不易制作色彩变化太多的图像	Illustrator、Flash、CorelDRAW 等

3. 分辨率

分辨率可以从显示分辨率与图像分辨率分类。

（1）显示分辨率（屏幕分辨率）是屏幕图像的精密度，指显示器所能显示的像素有多少。由于屏幕上的点、线和面都是由像素组成的，显示器可显示的像素越多，画面就越精细，在同样的屏幕区域内能显示的信息也就越多，所以分辨率是非常重要的性能指标之一。可以把整个图像想象成一个大型的棋盘，而分辨率就是所有经线和纬线交叉点的数目。在显示分辨率一定的情况下，显示屏越小，图像越清晰；当显示屏大小固定时，显示分辨率越高，图像越清晰。

（2）图像分辨率则是单位英寸中所包含的像素点数，其定义更趋近于分辨率本身的定义。

分辨率决定了位图图像细节的精细程度。通常情况下，图像的分辨率越高，所包含的像素就越多，图像就越清晰，印刷的质量也就越好。同时，它也会增加文件占用的存储空间。

4. 存储格式

常见的图形图像文件格式如表 8-2 所示。

表 8-2 常见的图形图像文件格式

格式	说明
BMP	BMP（Bitmap，位图）格式是 Windows 中的标准图像文件格式，它以独立于设备的方法描述，占用的空间很大，各种常用的图形图像软件都可以对该格式的图像文件进行编辑和处理
TIFF	TIFF（Tag Image File Format，标签图像文件格式）是一种较为通用的图像文件格式，具有任意大小的尺寸和分辨率，用于打印、印刷输出的图像建议存储为该格式。TIFF 支持多种编码方法，其中包括 RGB 无压缩、RLE 压缩及 JPEG 压缩等
JPEG	JPEG（Joint Photographic Expert Group，联合照片专家组）格式的文件扩展名为.jpg 或.jpeg，是最常用的图像文件格式，是一种有损压缩格式，能够将图像压缩在很小的存储空间内，图像中重复或不重要的资料会被丢失，因此容易造成图像数据的损伤。JPEG 格式是目前网络上最流行的图像格式，可对图像进行大幅度的压缩，最大限度地节约网络资源，提高传输速度，因此用于网络传输的图像一般存储为该格式。 JPEG 2000 是 JPEG 的升级版，其压缩率比 JPEG 高 30%左右，也支持有损和无损压缩。JPEG 2000 格式有一个极其重要的特征，即它能实现渐进传输，先传输图像的轮廓，然后逐步传输数据，不断提高图像质量，让图像由朦胧到清晰显示。此外，JPEG 2000 格式还支持所谓的“感兴趣区域”特性，可以任意指定影像上感兴趣区域的压缩质量，还可以选择指定的部分先解压缩
GIF	GIF（Graphics Interchange Format，图形交换格式）是 CompuServe 公司在 1987 年开发的图像文件格式。该格式可在各种图像处理软件中通用，是经过压缩的文件格式，其压缩率一般在 50%左右，因此一般占用空间较小，适用于网络传输，一般用于存储动画效果图片。GIF 的文件是 8 位图像文件，最多为 256 色，不支持 Alpha 通道

续表

格式	说明
PSD	PSD（Photoshop Document，Photoshop 文件）格式是 Photoshop 软件中使用的一种标准图像文件格式，可以保留图像的图层信息、通道蒙版信息等，是一种非压缩的原始文件保存格式
CDR	CDR（CorelDRAW）格式是 CorelDRAW 软件专用的一种图形文件存储格式。由于 CorelDRAW 是矢量图形绘制软件，所以 CDR 格式可以记录文件的属性、位置和分页等。它的兼容性比较差，虽然在所有 CorelDRAW 应用程序中均能使用，但其他图像编辑软件打不开此类文件
PCD	PCD（Photo CD，照片激光唱片）格式是 Kodak 公司开发的一种文件格式，其他软件系统只能对其进行读取。Photo CD 图像大多具有非常高的质量
DXF	DXF（Drawing eXchange Format，图纸交换格式）是 AutoCAD 软件的图形文件格式，该格式以 ASCII 方式存储图形，在表现图形的大小方面十分精确，可以被 CorelDRAW、3ds Max 等软件调用和编辑
UFO	UFO 格式是著名图像编辑软件 Ulead PhotoImpact 的专用图像格式，能够完整地记录所有经 Ulead PhotoImpact 处理过的图像属性。值得一提的是，UFO 文件以对象来代替图层记录图像信息
EPS	EPS（Encapsulated PostScript，封装式页描述语言）格式是一种通用格式，可用于矢量图形、像素图像及文本的编码，即在一个文件中同时记录图形、图像与文字。EPS 格式采用 PostScript 语言进行描述，并且可以保存其他类型的信息，如多色调曲线、Alpha 通道、分色、剪辑路径、挂网信息和色调曲线等，因此 EPS 格式常用于印刷或打印输出
PNG	PNG（Portable Network Graphics，便携式网络图形）格式能够提供长度比 GIF 格式小 30%的无损压缩图像文件。它同时提供 24 位和 48 位真彩色图像支持，以及其他诸多技术性支持。由于 PNG 格式非常新，所以目前并不是所有的程序都可以用它来存储图像文件，但 Photoshop 可以处理 PNG 图像文件，Photoshop 图像文件也可以用 PNG 格式存储
AI	AI（Adobe Illustrator）格式是 Adobe Systems 公司开发的矢量文件格式，是 Adobe Illustrator 软件专用的一种图形文件存储格式
RAW	RAW 格式是一种无损压缩格式，其数据是没有经过相机处理的原文件，因此它的大小比 TIFF 格式略小
PCX	PCX（Personal Computer eXchange，个人计算机交换）格式是 PC 画笔的图像文件格式，是最早支持彩色图像的一种文件格式，现在最高可以支持 256 种彩色，由于这种文件格式出现较早，因此它不支持真彩色
TGA	TGA（Tagged Graphics，已标记图形）格式是 Truevision 公司设计并负责解释的图像格式。TGA 格式的结构比较简单，属于一种图形、图像数据的通用格式，在多媒体领域有很大影响，是计算机生成图像向电视转换的一种首选格式。TGA 格式的最大特点是可以制作不规则形状的图形、图像文件，一般图形、图像文件都为四方形，当需要圆形、菱形甚至镂空的图像文件时，就要使用 TGA 格式了。TGA 格式支持压缩，使用不失真的压缩算法
EXIF	EXIF（EXchangeable Image File Format，可交换的图像文件格式）格式是数码相机图像文件格式，其实它与 JPEG 格式相同，区别是它除能保存图像数据外，还能存储摄影日期、使用光圈、快门、闪光灯数据等曝光资料和附带信息，以及小尺寸图像
FPX	FPX（Flash PiX，闪光照片）格式由 Kodak、Microsoft、HP 及 Live Picture 等公司联合研制，并于 1996 年 6 月正式发表。FPX 格式是一个拥有多重分辨率的影像格式，即影像被存储成一系列高低不同的分辨率，这种格式的好处是当影像被放大时仍可维持影像的质素。另外，当修饰 FPX 影像时，只会处理被修饰的部分，不会把整幅影像一并处理，从而减小处理器及记忆体的负担，使影像处理时间减少
SVG	SVG（Scalable Vector Graphics，可缩放矢量图形）格式基于 XML（标准通用标记语言的子集），由万维网联盟开发。它是一种开放标准的矢量图形语言，可任意放大图形显示，边缘异常清晰，文字在 SVG 图像中保留可编辑和可搜寻的状态，没有字体的限制，生成的文件很小，下载很快，十分适用于设计高分辨率的 Web 图形页面
PDF	PDF（Portable Document Format，可携带文件格式）被用于 Adobe Acrobat。PDF 文件可以包含矢量和位图图形，还可以包含电子文档查找和导航功能，如电子链接。它具有跨平台的特性，包括对专业的制版和印刷生产有效的控制信息，可以作为印前领域通用的文件格式

5. 图像处理技术

图像处理（Image Processing）技术是用计算机对图像信息进行处理的技术。一般分为两大类：模拟图像处理和数字图像处理。

（1）模拟图像处理包括光学处理（利用透镜）和电子处理，如照相、遥感图像处理、电视信号处理等。模拟图像处理的特点是速度快，一般为实时处理，理论上讲可达到光速，并可同时并行处理。模拟图像处理的典型例子是电视图像，处理的是 25 帧/秒的活动图像。模拟图像处理的缺点是精度较差、灵活性差，很难有判断能力和非线性处理能力。

（2）数字图像处理一般采用计算机处理或实时硬件处理，因此也称为计算机图像处理。其优点是处理精度高，处理内容丰富，可进行复杂的非线性处理，有灵活的变通能力，一般来说只要改变软件就可以改变处理内容。其缺点是处理速度慢，特别是进行复杂的处理时。一般情况下，处理静止画面居多，如果实时处理一般精度的数字图像，则需要具有100MIPS（Million Instructions Per Second，百万级指令/秒）的处理能力。其分辨率及精度尚有一定限制，如一般精度图像是512像素×512像素×8bit，分辨率高的可达2048像素×2048像素×12bit，如果精度及分辨率再高，所需处理的时间将显著增加。

8.3 音　　频

声音是人们用来传递信息、交流感情最方便、最熟悉的方式之一，它是由物体振动产生，并以空气为媒介传送的。通常，人们听到的声音是用一种模拟的连续波形表示的，称为声波。波形描述了空气的振动，波形最高点（或最低点）到基线点的距离称为振幅。波形中连续两个波峰之间的距离称为周期。声波的振幅与频率决定了声音的效果，声音的响亮程度在专业上用振幅来表示，振幅越大，波峰越高，声音越响。声音的音调高低用频率表示，其单位是赫兹（Hz），波峰之间的距离越小，频率越高，音调越高。声音按频率可以分为三种：次声波（频率低于20 Hz）、声波（20 Hz～20 kHz）、超声波（频率高于20 kHz）。人耳听不到次声波和超声波，人耳可听到的声音是频率为20 Hz～20 kHz的声波。

多媒体计算机中产生声音的方式主要有三种，由外部声源进行录制和重放（Wave波形音频）、MIDI音乐（MIDI音频）、CD-Audio（CD音频）。根据获得途径和存储方式的不同，音频文件有多种文件格式，每种格式有各自的特点，可以使用不同的音频处理工具进行编辑。

为使计算机能够处理音频信息，便于存储和操作，必须先将声音的模拟信号转换为数字信号，按照固定的时间间隔对声波的振幅进行采样，每秒钟的采样次数称为采样频率。在采样过程中，记录所得到的值序列，并转换为二进制序列，即可得到声波的数字化表示。采样频率越高，数字化音频的质量就越高，但数据的存储量就越大。

常见的音频文件格式如表8-3所示。

表8-3　常见的音频文件格式

格式	说明
CD	CD音轨可以说是近似无损的，因此它的声音基本上是忠于原声的。一个CD音频文件是一个*.cda文件，这只是一个索引信息，并不是真正包含声音信息。注意：不能直接复制CD格式的文件到硬盘上播放，需要使用EAC这样的抓音轨软件把CD格式的文件转换成WAV格式，在该转换过程中，如果光盘驱动器的质量过关且EAC的参数设置得当，则基本上是无损抓音频的
WAV	WAV是Microsoft公司开发的一种声音文件格式，它符合RIFF（Resource Interchange File Format，资源交换文件格式），用于保存Windows平台的音频信息资源，受Windows平台及其应用程序支持。WAV格式的声音文件质量和CD格式相差无几，也是PC上广为流行的声音文件格式，几乎所有的音频编辑软件都支持WAV格式，但它对存储空间需求较大
MP3	MP3格式是当前较流行的一种数字音频编码和有损压缩格式，其扩展名为.mp3。MP3音频编码具有10∶1～12∶1的高压缩率，同时基本保持低音频部分不失真，但牺牲了声音文件中12kHz～16kHz高音频的质量来换取文件的尺寸，相同长度的音乐文件用MP3格式存储，一般只是WAV文件的1/10，而音质次于CD格式或WAV格式的声音文件
MIDI	MIDI（Musical Instrument Digital Interface，乐器数字接口）文件的扩展名为.mdi。MIDI文件是音乐与计算机技术结合的产物。MIDI文件并不是一段录制好的声音，而是先记录声音的信息，然后告诉声卡如何再现音乐的一组指令。MIDI文件重放的效果完全依赖声卡的档次。MIDI文件节省空间，但缺乏重视真实自然声的能力，常用来存放背景音乐

续表

格式	说明
WMA	WMA（Windows Media Audio，Windows 媒体音频）格式来自 Microsoft 公司，其高保真声音通频带宽，音质更好，后台强硬，音质强于 MP3 格式，远胜于 RA 格式，WMA 格式的压缩率一般可以达到 1∶18 左右。WMA 格式还支持音频流技术，适用于网上在线播放。WMA 格式在录制时可以对音质进行调节
RealAudio	RealAudio 主要适用于在线音乐欣赏，有的下载站点会提示用户选择最佳的 Real 文件。RealAudio 的文件格式主要有 RM（RealMedia，RealAudio G2）、RMX 等。这些格式的特点是可以随网络带宽的不同而改变声音的质量，在保证大多数人听到流畅声音的前提下，令带宽较富裕的听众获得较好的音质
OGG	完全开源，完全免费。与 MP3 类似，OGG 也对音频进行有损压缩编码，但通过使用更加先进的声学模型来减少损失，因此，相同码率编码的 OGG 比 MP3 的音质更好，文件也更小
APE	APE 是一种无损压缩音频技术，文件大小大概为 CD 的一半，APE 可以无损失高音质地压缩和还原

8.4　视　　频

视频技术泛指将一系列静态影像以电信号的方式加以捕捉、记录、处理、存储、传送与重现的各种技术。连续的图像变化每秒超过 24 帧以上时，根据视觉暂留原理，人眼无法辨别单幅的静态画面；看上去是平滑连续的视觉效果，这样连续的画面称为视频。

网络技术的发达也促使视频的记录片段以串流媒体的形式存在于 Internet 之上，并可被计算机接收与播放。视频与电影属于不同的技术，后者利用照相术将动态的影像捕捉为一系列的静态照片。

常见的视频文件格式如表 8-4 所示。

表 8-4　常见的视频文件格式

格式	说明
MPEG/MPG/DAT	MPEG（Motion Picture Experts Group，动态图像专家组）建于 1988 年，专门负责为 CD 建立视频和音频标准，扩展名为.mpg 或.mpeg。这类格式包含 MPEG1、MPEG2 和 MPEG4 在内的多种视频格式。大部分的 VCD 是用 MPEG1 格式压缩的（刻录软件自动将 MPEG1 转为 DAT 格式），使用 MPEG1 的压缩算法，可以把一部 120min 的电影压缩到 1.2 GB 左右。MPEG2 则是应用在 DVD 上的格式，在一些 HDTV（高清晰电视广播）和一些高要求视频编辑、处理上也有相当多的应用。使用 MPEG2 的压缩算法，可以把一部 120min 的电影压缩到 5～8 GB，但 MPEG2 的图像质量是 MPEG1 无法比拟的
AVI	AVI（Audio Video Interleaved，音频视频交错）是 Microsoft 公司推出的音视频交错（音频和视频交织在一起进行同步播放）格式，是一种桌面系统上的低成本、低分辨率的视频格式。它的一个重要特点是具有可伸缩性，性能依赖于硬件设备。它的优点是可以跨多个平台使用，缺点是占用空间大
RA/RM/RAM	RM 是 Real Networks 公司制定的音频/视频压缩规范 Real Media 中的一种，它的特点是文件小，但画质仍能保持相对良好，适用于在线播放。RM 格式的另一个特点是，用户使用 Real 播放器可以在不下载音频或视频内容的条件下实现在线播放
ASF	ASF（Advanced Streaming Format，高级流格式）是 Windows Media 的核心，它是可以直接在网上观看视频节目的文件压缩格式。ASF 格式使用了 MPEG4 的压缩算法，有较高的压缩率和较好图像的质量。因为 ASF 格式是以一个可以在网上即时观赏的视频“流”格式存在的，所以它的图像质量比 VCD 格式差一点，但比 RAM 格式好
WMV	WMV（Windows Media Video，Windows 媒体视频）是 Microsoft 公司推出的一种流媒体格式，是一种独立于编码方式的在 Internet 上实时传播多媒体的技术标准。WMV 格式的主要优点：可扩充的媒体类型、本地或网络回放、可伸缩的媒体类型、流的优先级化、多语言支持、扩展性等
NAVI	NAVI 是 New AVI 的缩写，是由名为 Shadow Realm 的组织发展起来的一种新视频格式。它是由 Microsoft ASF 压缩算法修改而来的（并不是想象中的 AVI）。因为视频格式追求的无非是压缩率和图像质量，所以 NAVI 格式为了追求这个目标，改善了原始的 ASF 格式的一些不足，让 NAVI 格式可以拥有更高的帧率。可以这样说，NAVI 格式是一种去掉视频流特性的改良型 ASF 格式

续表

格式	说明
DivX	DivX格式是由MPEG4衍生出的另一种视频编码（压缩）标准，它在采用MPEG4压缩算法的同时又综合了MPEG4与MP3各方面的技术，即它是使用DivX压缩技术对DVD盘片的视频图像进行高质量压缩，同时用MP3或AC3对音频进行压缩，再将视频与音频合成并加上相应的外挂字幕文件而形成的视频格式。这种编码对机器的要求并不高，得到了广泛应用
RMVB	这是一种由RM格式升级出来的新视频格式，它在保证平均压缩比的基础上合理利用比特率资源，即静止和动作场面少的画面场景采用较低的编码速率，留出更多的带宽空间供在出现快速运动的画面场景时使用。这样在保证了静止画面质量的前提下，大幅地提高了运动图像的画面质量，从而图像质量和文件大小之间达到了微妙的平衡
FLV	FLV（Flash Video，Flash视频）格式是随着Flash MX的推出而发展出来的新视频格式。 由于它形成的文件极小、加载速度极快，使得网络观看视频文件成为可能，它的出现有效地解决了视频文件导入Flash后，导出的SWF文件体积庞大、不能在网络上很好地使用等问题。各在线视频网站均采用此视频格式
F4V	F4V格式是Adobe公司为了迎接高清时代而推出的继FLV格式之后的支持H.264的流媒体格式。它和FLV格式的主要区别是，FLV格式采用H.263编码，而F4V格式支持H.264编码的高清晰视频，码率最高可达50Mb/s。 主流的视频网站都开始使用H.264编码的F4V文件。使用H.264编码的F4V文件，在相同文件大小情况下，清晰度明显比On2 VP6和H.263编码的FLV文件好
MOV	MOV是Apple公司开发的一种音频、视频文件格式，是其QuickTime视频处理软件默认的视频文件格式。它具有跨平台、存储空间要求小等技术特点，采用了有损压缩方式，画面效果较一般格式要稍好一些
DAT	DAT是Video CD（VCD）数据文件的扩展名，也是基于MPEG压缩方法的一种文件格式，是VCD的视频文件
MP4	MP4是一种常见的多媒体容器格式，它是在“ISO/IEC 14496-14”标准文件中定义的，属于MPEG4的一部分，是“ISO/IEC 14496-12（MPEG4 Part 12 ISO base media file format）”标准中所定义的媒体格式的一种实现，后者定义了一种通用的媒体文件结构标准。MP4是一种描述较为全面的容器格式，被认为可以在其中嵌入任何形式的数据，如各种编码的视频、音频等，但常见的大部分的MP4文件存放的是AVC（H.264）或MPEG4（Part 2）编码的视频和AAC编码的音频。MP4格式的官方文件扩展名是.mp4，还有其他的以MP4为基础进行的扩展或者非扩展版本的格式，包括M4V、3GP、F4V等
3GP	3GP格式是由3GPP（3rd Generation Partnership Project，第三代合作伙伴项目）制定的流媒体视频文件格式，主要是为了配合3G网络的高传输速度而开发的，也是目前手机中最为常见的一种视频格式

习　题　8

一、选择题

1．能方便地与计算机进行交流，以便对系统的多媒体处理功能进行控制的多媒体属性是（　　）。

A．交互性　　B．集成性　　C．多样性　　D．实时性

2．音频按其频率可分为三种，不属于该范畴的是（　　）。

A．次声波　　B．微波　　C．声波　　D．超声波

3．以下选项中不属于音频文件格式的是（　　）。

A．WAV文件　　B．JPEG文件　　C．MIDI文件　　D．VOC文件

4．以下选项中叙述错误的是（　　）。

A．位图图像由数字阵列信息组成，阵列中的各项数字用来描述构成图像的各个点（称为像素）的亮度和颜色等信息

B．矢量图中用于描述图形内容的指令可构成该图形的所有图元（直线、圆、圆弧、矩形、曲线等）的位置、维数和形状等

C．矢量图不会因为放大而产生马赛克现象

D．位图图像放大后，不会产生马赛克现象

5．以下关于 Windows 下标准格式 AVI 文件的叙述中正确的是（　　）。

A．AVI 文件采用了音频-视频交错无损压缩技术

B．将视频信息与音频信息混合交错地存储在同一文件中

C．较好地解决了音频信息与视频信息同步的问题

D．较好地解决了音频信息与视频信息异步的问题

二、填空题

1．一个像素值往往用 R、G、B 三个分量来表示，R、G、B 分别代表________、________、________。

2．数据压缩算法可分为__________压缩和__________压缩。

3．表示图像的色彩位数越多，同样大小的图像所占的存储空间越__________。

4．人的听觉可以感应的声音频率在__________和__________之间。

5．JPEG 文件格式采用的压缩方式为__________。

三、简答题

1．什么是有损压缩？什么是无损压缩？

2．列出三种常用的图像格式。

3．相对于位图技术，用矢量图表示图像有哪些优点？

第9章　计算机新技术

9.1　人工智能

1956年夏，麦卡锡、明斯基等科学家在美国达特茅斯学院开会研讨“如何用机器模拟人的智能”，首次提出“人工智能（Artificial Intelligence，AI）”这一概念，标志着人工智能学科的起步。人工智能这一概念的诞生，使计算机设备的重要性进一步提升，并应用于各项与人类思维认知相关的功能，如感知、推理、学习、与环境交互、解决问题。

9.1.1　人工智能的定义

人工智能是研究开发能够模拟、延伸、扩展人类智能的理论、方法、技术及应用系统的一门新技术科学，研究目的是促使智能机器会听（语音识别、机器翻译等）、会看（图像识别、文字识别等）、会说（语音合成、人机对话等）、会思考（人机对弈、定理证明等）、会学习（机器学习、知识表示等）、会行动（机器人、自动驾驶汽车等）。

人工智能加速了计算机技术与其他学科领域的交叉渗透。人工智能本身是一门综合性的前沿学科和高度交叉的复合型学科，研究范畴广泛而又异常复杂，其发展需要与计算机科学、数学、认知科学、神经科学和社会科学等学科深度融合。随着超分辨率光学成像、光遗传学调控、透明脑、体细胞克隆等技术的突破，脑与认知科学的发展开启了新时代，能够大规模、更精细解析智力的神经环路基础和机制，人工智能进入生物启发的智能阶段，依赖于生物学、脑科学、生命科学和心理学等学科的发展，将机理变为可计算的模型，同时人工智能也会促进脑科学、认知科学、生命科学甚至化学、物理、天文学等传统科学的发展。

9.1.2　人工智能的研究领域

人工智能是一个结合计算机科学和强大数据集来解决问题的领域。它还包含机器学习和深度学习的子领域，这些领域经常与人工智能一起被提及。人工智能学科主要由人工智能算法组成，旨在创建专家系统，根据用户输入的数据或遇到的实际问题进行预测或分类。人工智能的常见应用领域如下。

1. 自动驾驶

自动驾驶的历史可以追溯到20世纪20年代的无线电遥控汽车，而在20世纪80年代首次展示了没有特殊向导的自动道路驾驶。在2005年的212公里沙漠赛道DARPA挑战赛和2007年繁忙城市道路的城市挑战赛上，自动驾驶汽车成功展示之后，自动驾驶汽车的开发竞赛正式开始。2018年，Waymo的测试车辆在公共道路上行驶超过1600万公里，没有发生严重事故，其中人类司机每9650公里才介入一次接管控制。不久之后，该公司开始提供商业机器人出租车服务。目前，我国各大汽车制造商与IT公司都在智能驾驶方面投入大量人力、物力，旨在提升人们在日常出行过程中获得更多的便利与帮助。智能驾驶目前被分为L0～L5共六个等级。其中L1、L2级别是辅助驾驶，还需要司机来操控或随时去接管；L3及以上级别的智能驾驶才是真正的自动驾驶，但L3级别的仍需要司机坐在驾驶位以在出现问题后及时接管；L4和L5级别的才属于真正的无人驾驶，人在车内不再需要关注车况与路况信息。目前，智能驾驶的主要应用级别是 L3，在特定条件下工作，如高速公路、封闭园区等场景。在这些场景下，道路状况相对简单，交通规则也更为明确，因此更容易实现自动驾驶。同时，通过局部试点，积累了更多的数据和经验，为未来的技术升级和普及打下基础。

我国上海的洋山港码头率先使用自动驾驶以解决货物运输的难题。2005 年 12 月，洋山港一期开港，一个由数十个岛屿组成的世界级大深水港横空出世。2021 年，洋山港的总吞吐量达到了惊人的 4703.3 万箱，不仅超过了美国所有港口的吞吐量总和，还连续 12 年排名世界第一。除了巨大的吞吐量值得称赞，最新完成的洋山港四期的独特之处还在于汇聚了众多高尖端技术。洋山港四期的码头仅配备了 9 个工作人员，大部分工作都由计算机操作完成。庞大的码头上几乎“空无一人”，自动化设备会将集装箱运送到正确的位置，如图 9-1 所示。

在洋山港码头上，自动引导运输车（Automated Guided Vehicle，AGV）到处移动，鲜有人工驾驶的货运车辆。AGV 作为自动化码头的“搬运工”，集装箱需要通过它从岸桥转运到堆场的轨道吊下方，或从堆场转运到岸桥处。目前，洋山港所使用的锂电池驱动 AGV 采用了当今最前沿的技术，除能无人驾驶、自动导航、路径优化、主动避障外，还支持自我故障诊断、自我电量监控等功能。通过无线通信设备、自动调度系统和地面上敷设的 6 万多个磁钉引导，AGV 可以在繁忙的码头现场平稳、安全、自如地穿梭，并通过精密的定位准确到达指定停车位置。独特的液压顶升机构，让 AGV 与轨道吊彼此之间无需被动等待，解决了水平运输与堆场作业间的“解耦”问题，有效提高了设备利用率。大容量锂电池的使用让 AGV 在满电后可以持续运行 12h，这么长的运输时间是建立在大容量的电池的基础上的，电池质量约为 6t；振华重工国内首创的自动化换电站技术，使 AGV 更换电池全程只需 6min，电池充满电仅需 2h。

图 9-1　上海洋山港码头

2．语音识别

语音识别也称为自动语音识别（Automatic Speech Recognition，ASR）。计算机语音识别或语音转文字是一种使用自然语言处理（Natural Language Processing，NLP）将人类语音处理为书面格式的功能。许多移动设备将语音识别集成到其系统中以进行语音搜索，如各品牌手机的智慧语音助手，在语音控制方面提供更多辅助功能，大大节省手动操作工作量。

3．客户服务

在线虚拟客服正在逐步取代客户服务过程中的人工客服。它们可以提供有关运输、产品信息等主题的常见问题解答（Frequently Asked Question，FAQ），或者提供个性化建议、交叉销售产品，或者为用户建议规格等，从而改变了我们所设想的网站和社交媒体平台中的客户参与方式。例如，电子商务网站上带有虚拟客服的消息传递机器人；Slack 和 Facebook Messenger 等消息传递应用平台；电子、机械设备中通常由虚拟助手和语音助手完成的任务。

4. 计算机视觉

计算机和系统能够从数字图像、视频和其他视觉输入中获取有意义的信息，并根据这些输入采取行动。这种提供建议的能力让计算机视觉技术有别于图像识别任务。在卷积神经网络的支持下，计算机视觉可应用于社交媒体中的照片标记、医疗保健中的放射成像及汽车行业中的自动驾驶。

利用过去的消费行为数据，人工智能算法可以帮助发现数据趋势，从而制定更有效的交叉销售策略。在线零售商可在结账过程中使用此引擎向客户进行相关的附件推荐。

5. 金融领域

人工智能在金融领域的崛起带来了更智能和更高效的金融服务。通过使用AI算法和大数据分析，金融机构可以更准确地进行风险评估、交易分析和预测。人工智能驱动的高频交易平台旨在优化股票投资组合，每天可进行数千甚至数百万笔交易，而不需要人为干预。此外，在信用评估、投资组合优化、风险管理等方面，AI模型可在分析大量金融数据后，识别潜在的市场风险、信用风险和操作风险，并提供相应的决策支持。

6. 机器翻译

在线机器翻译系统可以阅读超过100种语言的文档，涵盖99%的人类使用的母语，每天为数亿个用户翻译数千亿个词语。虽然翻译结果还不完美，但通常足以让人理解。对于具有大量训练数据的语言（如法语和英语），在特定领域内的机器翻译效果已经接近于人类的水平。

目前，中文在全球的普及度越来越高，与中文相关的翻译软件日渐成熟，中文AI模型日趋完善，我们可以在互联网中用中文解决更多问题，不再单纯依赖英文去处理各领域的问题。但文化自信并不是说要盲目排除外来文化，在尊重并相信自身文化实力的基础上，要包容和借鉴外来文化先进的部分。在文化全球化的现代，难免会有各种外来文化与本国文化相互碰撞摩擦，我们要在对自身文化高度自信的基础上，勇敢接受外来文化的冲击与洗礼，并大胆吸收和引进外来文化先进的部分，着眼于未来，着眼于发展和创新，创造出更优秀的文化成果，繁荣并发展中国特色社会主义文化。

7. 医学

现在，人工智能算法在多种疾病的诊断（尤其是基于图像的诊断），如对阿尔茨海默病、转移性癌症、眼科疾病和皮肤病的诊断已经达到或超过了专家医生的水平。一项系统回顾和汇总分析发现，人工智能程序的平均表现与医疗保健专业人员相当。目前，医疗人工智能的重点之一是促进人机合作。例如，人工智能系统在诊断转移性乳腺癌方面达到了99.6%的总体准确性，优于独立的人类专家，但两者联合的效果会更好。

人工智能逐渐应用于各个领域并占据越来越重要的位置，但人工智能无法在专业领域完全替代人类，只能承担部分日常、重复性工作。只有不断加强自身的专业素养，不断探索前沿技术，时刻保有创新、改革的精神，成为相关领域的精英，才能在工作中占据主导，成为卓越的设计师。

9.2 大 数 据

大数据通常是指无法在合理时间内用传统数据库管理工具进行捕获、管理和处理的大规模数据集合。大数据具有以下特点。

（1）大量化（Volume）：数据量巨大，从TB（太字节）到PB（拍字节）甚至更多。

（2）多样化（Variety）：数据类型繁多，包括结构化数据、非结构化数据和半结构化数据。

（3）高速度（Velocity）：数据流入的速度非常快，需要实时或近实时的处理能力。

（4）真实性（Veracity）：数据的质量和准确性对于分析结果的可靠性至关重要。

（5）价值密度（Value）：大数据的价值密度低，但通过分析可以提取出有价值的信息。

此外，大数据的概念不只局限于数据的规模，还包括数据的处理方式和技术。随着技术的发展，大数据已经从单纯的数据收集与存储转向更加注重数据分析和价值挖掘。大数据分析可以帮助企业和个人发现潜在的趋势、模式、关联，从而做出更加明智的决策。

9.2.1　从数据到大数据

1. 大数据萌芽期（1997—2008 年）

大数据一词来源于英文 Big Data。尽管它在近年来才受到人们的高度关注，但早在 1980 年，美国社会思想家阿尔文·托夫勒（Alvin Toffler）在《第三次浪潮》一书中就使用了大数据（Big Data）一词。托夫勒在该书中说道："如果说 IBM 的主机拉开了信息化革命的大幕，那么大数据才是第三次浪潮的华彩乐章。"

1997 年 10 月，美国宇航局研究员迈克尔·考克斯和大卫·埃尔斯沃思在第八届美国电气与电子工程师协会（IEEE）关于可视化的会议上，首次使用"大数据"这一术语来描述 20 世纪 90 年代的挑战：模拟飞机周围的气流是不能被处理和可视化的，其数据集相当大，超出了主存储器、本地磁盘，甚至远程磁盘的存储容量。他们称这个问题为"大数据"问题。

2001 年 2 月，梅塔集团分析师道格·莱尼发布了一份研究报告《3D 数据管理：控制数据容量、处理速度及数据种类》。10 年后，该报告中提到的 3V（Volume、Velocity、Variety，海量、高速、多样）作为大数据的三个主要特征而被广泛接受。

2. 大数据成长期（2009—2012 年）

截至 2009 年底，中国网民规模达到 3.84 亿人，互联网普及率达到 28.9%，宽带网民规模达到 3.46 亿人，国际出口带宽近 87 万 Mb/s，互联网数据呈现爆发式增长。

2010 年 2 月，肯尼斯库克尔在《经济学人》上发表了长达 14 页的大数据专题报告《数据，无处不在的数据》。

2011 年 6 月，麦肯锡发布研究报告《大数据：下一个创新、竞争和生产率的前沿》，该报告指出"大数据的时代已经到来"。

2011 年 11 月，我国工业和信息化部印发《物联网"十二五"发展规划》。信息技术是 4 项关键技术创新工程之一。海量信息存储和处理、数据挖掘、图像视频智能分析是大数据的重要组成部分。

2012 年 7 月，我国《"十二五"国家战略性新兴产业发展规划》指出，加强以网络化操作系统、海量数据处理软件等为代表的基础软件、云计算软件、工业软件、智能终端软件、信息安全软件等关键软件的开发。

2012 年底，赛迪智库软件与信息服务研究所发布了《2012 年大数据蓝皮书》，该蓝皮书对大数据进行了全面、深入地分析和解读，在业内引起了广泛的关注。

3. 大数据爆发期（2013—2015 年）

2013 年称为大数据元年，诸多知名 IT 企业各显身手分别推出创新性的大数据应用。与此同时，国家自然科学基金、"973"计划、"863"计划等重大研究计划都已把大数据研究列为重要研究课题。

2014 年 4 月，世界经济论坛以"大数据的回报与风险"为主题发布了《全球信息技术报告（第

13版）》。该报告认为，在未来几年中针对各种信息通信技术的政策甚至会显得更加重要。在接下来将对数据保密和网络管制等议题展开积极讨论。全球大数据产业的日趋活跃、技术演进和应用创新的加速发展，使各国政府逐渐认识到大数据在推动经济发展、改善公共服务，增进人民福祉，乃至保障国家安全方面的重大意义。

2014年5月，美国发布了2014年全球"大数据"白皮书的研究报告《大数据：抓住机遇、守护价值》。该报告鼓励使用数据以推动社会进步，特别是在市场与现有的机构并未以其他方式来支持这种进步的领域；同时，也需要相应的框架、结构与研究，来帮助保护美国人对于保护个人隐私、确保公平或防止歧视的坚定信仰。

2014年，"大数据"首次出现在我国《政府工作报告》中。该报告指出，设立新兴产业创业创新平台，在新一代移动通信、集成电路、大数据、先进制造、新能源、新材料等方面赶超先进，引领未来产业发展。"大数据"成为国内热议词汇。

2015年，国务院正式印发《促进大数据发展行动纲要》，明确指出，立足我国国情和现实需要，推动大数据发展和应用，在未来5至10年逐步实现以下目标：打造精准治理、多方协作的社会治理新模式；建立运行平稳、安全高效的经济运行新机制；构建以人为本、惠及全民的民生服务新体系；开启大众创业、万众创新的创新驱动新格局；培育高端智能、新兴繁荣的产业发展新生态。这标志着大数据正式上升为国家战略。

4. 大数据快速发展期（2016年至今）

2016年1月，《贵州省大数据发展应用促进条例》出台，成为中国第一部大数据地方法规。

2016年2月，教育部发布的《2015年度普通高等学校本科专业备案和审批结果》中首次增加了"数据科学与大数据技术专业"，设计了相对完善的大数据课程体系。

2016年2月，我国国家发展和改革委员会（简称国家发改委）、工业和信息化部、中央网信办（全称：中央网络安全和信息化委员会办公室）同意贵州省建设国家大数据（贵州）综合试验区，这也是首个国家级大数据综合试验区。同年，京津冀、珠三角、上海、重庆、河南等区域的国家大数据综合试验区建设全面开展。

2017年1月，工业和信息化部印发大数据产业"十三五"发展规划。

2017年11月，《中国大数据人才培养体系标准》正式发布，加强大数据人才培养。

2018年1月，国家发改委宣布了政务信息系统整合共享工作最新进展，已有71个部门、31个地方实现了与国家共享交换平台的对接。

2019年5月，《2018全球大数据发展分析报告》显示，中国大数据技术创新能力有了显著的提升。

伴随着国家部委有关大数据行业应用政策的出台，国内的金融、政务、电信、物流等行业中大数据应用的价值不断凸显。同时，伴随着我国大力发展数字经济，推进数字中国建设，大数据产业发展将迎来高速发展。

9.2.2 大数据技术

大数据技术是一套综合性的解决方案，它不仅包括数据处理的技术，还涉及业务分析和人工智能等多个领域。大数据技术目前正不断得以应用，主要类型如下。

1. 大数据采集

这是大数据生命周期的起点，涉及从各种来源收集数据的过程。大数据采集技术需要能够处理不同格式和类型的数据，包括结构化数据、非结构化数据和半结构化数据。

2．大数据预处理

在分析数据之前，通常需要对数据进行清洗和转换，以确保数据的质量和一致性。大数据预处理步骤包括去除重复数据、填充缺失值、数据标准化等。

3．大数据存储

由于大数据存储量巨大，传统的数据库系统往往无法满足需求。分布式文件系统和分布式数据库，如 Hadoop 和 Spark 等能够高效地存储和处理大数据。

4．大数据分析

分析是大数据技术的核心，它包括数据分析、数据挖掘、机器学习和人工智能等方法。这些技术支持从大量数据中提取有价值的信息，发现趋势和模式，支持决策制定。

5．大数据应用

大数据应用非常广泛，涵盖了金融、医疗、交通、零售等多个行业。通过大数据分析，企业可以更好地了解客户需求，提高运营效率，创新产品和服务。

6．大数据发展

随着各种技术的不断进步，大数据技术也在不断发展。新技术如云计算平台、可扩展存储系统等，为大数据的处理和分析提供了更多的可能性。

总的来说，大数据技术的发展与应用对企业和社会的各个方面都有深远的影响。

9.3　云　计　算

云计算是一种基于互联网的分布式计算技术。云计算的核心概念是通过网络将计算任务分解成多个小任务，然后由远程服务器集群处理并返回结果给用户。云计算以虚拟化技术为基础，旨在通过互联网提供动态可扩展的服务。用户可以根据需求付费使用这些服务，而不需要关心底层硬件和复杂的配置过程。云计算的常见应用领域如下。

（1）按需自服务：用户可以自行选择所需的资源和服务，不需要人工干预。

（2）广泛的网络访问：通过标准机制在网络上提供服务，用户可以随时随地访问。

（3）资源池化：云服务提供商汇集大量系统资源，根据用户需求加以分配。

（4）快速弹性：资源可被迅速提供或释放，以应对负载变化。

（5）定向用量计费：用户通常只为实际使用或特定收费的服务支付费用。

9.3.1　云计算的发展

1．萌芽期

在萌芽期，主要对云计算理念和技术进行探索，以及建立基础设施。

2．发展期

在发展期，云计算开始得到实际应用，出现了许多云计算提供商，如 Amazon、Google 等。

3．成熟期

在成熟期，云计算技术日臻完善，应用领域也日益广泛，安全性、稳定性、灵活性成为云计算发展的关键因素。

4．技术创新

云计算继续推动技术创新，如人工智能、区块链等新技术的应用为云计算带来新的发展机遇。

5．行业协同

未来的云计算将更加注重与各行业的协同发展，通过深度融合，推动各行业的数字化转型。

6．全球化和本地化

随着全球互联网的发展，云计算将更加注重全球化和本地化的结合，以满足不同国家和地区的需求。

7．绿色发展

在可持续发展成为全球共识的背景下，云计算更加注重绿色发展。通过优化能源使用和提高资源利用率，更加注重环保和可持续发展的理念，云计算可帮助我们建立更美好、更优越的生态环境。

9.3.2 云计算的特点

1．超大规模

云计算具有超大规模，企业私有云一般拥有数百上千台服务器。“云”能赋予用户前所未有的计算能力。

2．便捷性

虚拟化云计算支持用户在任意位置、使用各种终端获取应用服务。所请求的资源来自“云”，而不是固定的有形的实体。只需要一台笔记本或者一个手机，就可以通过网络服务来实现我们需要的一切，甚至包括超级计算这样的任务。

3．可靠性

“云”使用了数据多副本容错、计算节点同构可互换等措施来保障服务的高可靠性，使用云计算比使用本地计算机更可靠。

4．灵活性

云计算不针对特定的应用，在“云”的支撑下可以构造出千变万化的应用，同一个“云”可以同时支持不同的应用运行。

5．扩展性

“云”的规模可以动态伸缩，其高可扩展性满足应用和用户规模增长的需要。

6．低成本

由于“云”的特殊容错措施可以采用极其廉价的节点来构成云，“云”的自动化集中式管理使大量企业不需要负担日益高昂的数据中心管理成本，“云”的通用性使资源的利用率较传统系统有大幅提升，因此用户可以充分享受“云”的低成本优势。

9.3.3 云计算的服务层次

云计算的服务模型主要有三种：IaaS（基础设施即服务）、PaaS（平台即服务）和SaaS（软件即服务）。每种模型都提供了不同层次的抽象和服务，以满足不同的业务需求。

1．IaaS

IaaS 提供的是云基础设施，包括虚拟机、存储网络和操作系统等服务。用户可以通过这些服务构建和管理自己的应用程序、托管软件、存储数据与运行操作系统。

2．PaaS

PaaS 是介于应用层和服务层之间的中间层，它提供一个集成的开发、运行和管理平台。这样，研发人员可以专注于开发软件和应用程序，而不需要关心底层的基础设施和系统的管理。PaaS 通常包含应用程序框架、云数据库、云服务总线等组件，并支持高可扩展性和弹性架构环境。

3．SaaS

SaaS 是直接面向最终用户的服务模型，它允许用户通过互联网访问基于云平台的软件应用。这些应用可以是电子邮件、ERP、CRM 等，用户只需通过 Web 浏览器便可使用这些服务，而不需要在本地安装和维护应用程序。SaaS 提供商通常会采用租赁商业模式，这样可以显著降低用户的成本和维护负担。

总的来说，云计算技术的发展和应用正在不断进步，它已经成为现代 IT 架构的重要组成部分，对于促进企业创新、降低成本和提高效率具有重要意义。随着技术的成熟和市场的扩大，云计算将继续在全球范围内发挥其独特的价值。

9.4 物　联　网

物联网（Internet of Things）作为一种新兴的技术范式，正在逐步改变人们的生活和工作方式。它的应用前景非常广阔，预计将在未来的发展中扮演越来越重要的角色。

9.4.1 物联网的定义

物联网的概念在 1999 年提出。它的核心是通过网络将物理世界中的物品连接起来，实现智能化的管理和控制。随着技术的不断进步，物联网已经从最初的理论和概念阶段，发展到实际应用和技术成熟阶段。

9.4.2 物联网的发展

1998 年，美国麻省理工学院提出了物联网的构想，当时称其为 EPC 系统。1999 年，美国 Auto-ID 公司正式提出了“物联网”这一概念，其主要基于物品编码、RFID 技术和互联网的基础上。

物联网技术发展开始于 20 世纪 80 年代，随着 TCP/IP 技术和以太网技术的出现，数据通信网络进入了新的发展阶段，局域网和广域网的普及最终催生了全球互联网。物联网作为传感网的一部分，也逐步将这些技术应用于数据传输。

2005 年，国际电信联盟（International Telecommunication Union，ITU）在突尼斯举行的信息社会世界峰会上发布了《ITU 互联网报告 2005：物联网》，标志着物联网通信时代的到来，预示着所有物体都可以通过 Internet 进行交换。

随着互联网速度和接入方式的不断提升，物联网被视为互联网的应用扩展，其核心在于应用创新，特别是以用户体验为核心的创新。物联网将新一代 IT 应用于各行各业，例如在电网、铁路、桥梁等基础设施中嵌入感应器，并与现有互联网整合，实现人类社会与物理系统的融合。

目前，我国物联网技术迅速发展，在全球各项主要工程建设中，智能化的中国装备占据了重要位置，物联网与中国传统的工匠精神完美融合，不断向世界展示着中国人民实现中华民族伟大复兴的决心。

9.4.3 物联网的应用

物联网的应用主要具备以下三个特点。

（1）普通对象设备化：将日常生活中的物品转化为可通过网络交互的设备。

（2）自治终端互联化：物联网设备能够自主地连接和交换信息。

（3）普适服务智能化：通过设备的相互协作，提供智能化的服务。

设备能够接入网络，一方面根据用户的指令做出相应的反馈，另一方面根据设备用途和实际部署环境自动运行并达到某一预期目的，其主要应用如下。

（1）智慧物流：物联网技术在物流行业中实现了货物的实时追踪和管理，根据物流信息或商品的尺寸自动进行分类、分流，提高了物流效率和安全性。

（2）智能交通：通过物联网技术，交通管理系统能够实时监控交通流量，优化信号灯控制，减少拥堵。

（3）安全监控：物联网设备，如摄像头和传感器用于安防系统，实现远程监控和即时警报。

（4）能源管理：物联网技术用于监测和优化能源，例如智能电网和智能家居中的能源消耗。

（5）医疗健康：物联网设备，如可穿戴设备和远程监测设备使医疗服务更加便捷、个性化。

（6）智能制造：物联网在制造业中实现了机器间的通信，提高了生产效率和质量控制。

（7）智能家居：家庭中的物联网设备可以实现家电的自动化控制，提高生活便利性。

（8）零售业：物联网技术在零售业中用于库存管理和顾客体验提升，如智能货架和无人商店。

（9）精准农业：物联网技术在农业中的应用包括土壤成分检测、作物生长监测和无人机使用，提高了农业生产的效率和可持续性。如今，农民不需要来来回回地在田间巡查，相反，在田间部署物联网传感器及无人机，可让农业团队更好地控制作物生长及其收成。这些物联网传感器提供关于湿度、阳光照射、温度、土壤条件和潜在毒素的实时更新信息。无论是在手机还是平板电脑上，这些更新信息都使用基于软件的工具通过现代技术进行传递。农民可以利用这些更新信息做出调整，以比以往更快的速度改善不利条件，以实现更高的粮食产量、更好的质量、更少的浪费和更智能的操作。智慧大棚监控系统如图 9-2 所示。

图 9-2 智慧大棚监控系统

习 题 9

一、选择题

1．研究目的是促使智能机器会思考的表现是（　　）。

A．语音识别　　B．文字识别　　C．人机对弈　　D．语音合成

2．不属于人工智能研究领域的是（　　）。

A．计算机视觉　　B．机器翻译　　C．医学　　D．植物种植

3．以下选项中不属于大数据分析技术的是（　　）。

A．数据分析　　B．数据挖掘　　C．分布式数据库　　D．机器学习

4．以下叙述中错误的是（　　）。

A．云计算具有超大规模，企业私有云一般拥有数百上千台服务器

B．虚拟化云计算支持用户在任意位置、使用各种终端获取应用服务。只需要一台笔记本或者一个手机，就可以通过网络服务来实现我们需要的一切

C．云计算不针对特定的应用，在“云”的支撑下可以构造出千变万化的应用，同一个“云”只能支持一个应用运行

D．高可扩展性“云”的规模可以动态伸缩，满足应用和用户规模增长的需要

5．以下选项中不属于物联网特点的是（　　）。

A．普通对象设备化　　B．网络接入无线化

C．自治终端互联化　　D．普适服务智能化

二、填空题

1．数据流入的速度非常快，需要实时或近实时的__________。

2．由于大数据存储量巨大，传统的数据库系统往往无法满足需求。___________能够高效地存储和处理大数据。

3．云计算的核心概念是通过网络将计算任务___________，然后由远程服务器集群处理并返回结果给用户。

4．SaaS 是直接面向最终用户的服务模型，它允许用户通过互联网访问_________的软件应用。

5．物联网将新一代 IT 应用于各行各业，例如在_______、_______、_______等基础设施中嵌入感应器，并与现有互联网整合，实现人类社会与物理系统的融合。

参 考 文 献

[1] 教育部高等学校大学计算机课程教学指导委员会．新时代大学计算机基础课程教学基本要求[M]．北京：高等教育出版社，2023．
[2] 胡娟，李焕．大学计算机[M]．北京：电子工业出版社．2022．
[3] 苑俊英，张鉴新．计算机应用基础[M]．5 版．北京：电子工业出版社．2022．
[4] 刘辉，张志强．大学计算机基础[M]．北京：电子工业出版社．2023．
[5] 唐培和，徐奕奕．计算思维——计算科学导论[M]．北京：电子工业出版社．2023．
[6] 张鉴新，钟晓婷．计算机应用基础实验教程．5 版．北京：电子工业出版社．2022．
[7] Excel Home．WPS Office 应用大全[M]．北京：北京大学出版社．2023．
[8] 王彦丽．大学计算机应用基础[M]．北京：高等教育出版社，2012．
[9] 刘艳华．大学计算机应用基础[M]．北京：电子工业出版社，2017．
[8] 陈静．大学计算机基础[M]．北京：高等教育出版社，2013．
[9] 陆家春．大学计算机文化基础[M]．北京：北京交通大学出版社，2010．
[10] 李秀．计算机文化基础[M]．北京：清华大学出版社，2001．
[11] 傅晓锋．局域网组建与维护实用教程[M]．北京：清华大学出版社，2011．